健康宝宝喂养百科全书

营养需求 喂养方法 喂养难题 营养餐桌

岳然/编著

上海科学普及出版社

图书在版编目（CIP）数据

健康宝宝喂养百科全书 / 岳然编著. —上海：上海科学普及出版社，2013. 1(2015. 4重印)
（百科全书系列）
ISBN 978-7-5427-5555-1

Ⅰ. ①健…　Ⅱ. ①岳…　Ⅲ. ①婴幼儿—哺育—基本知识
Ⅳ. ①TS976. 31

中国版本图书馆CIP数据核字(2012)第254430号

责任编辑　徐丽萍
统　　筹　徐丽萍　刘湘雯

健康宝宝喂养百科全书
岳　然 编著
上海科学普及出版社出版发行
（上海中山北路832号　邮政编码200070）
http://www.pspsh.com

各地新华书店经销　北京市昌平开拓印刷厂
开本720×1000　1/16　印张25　字数480 000
2013年1月第1版　2015年4月第3次印刷

ISBN 978-7-5427-5555-1　定价：24.90元

Contents 目录

Part 1 宝宝0～1个月

Contents

Part 2 宝宝1～2个月

Part 3 宝宝2～3个月

目录

Contents

Part 5 宝宝4~5个月

Part 6 宝宝5~6个月

目录

聪明宝宝的美食

聪明宝宝的一日饮食安排

Part 7 宝宝6～7个月

宝宝身心发育情况

聪明宝宝的营养需求

聪明宝宝的喂养

聪明宝宝的美食

聪明宝宝的一日饮食安排

Contents

Part 8 宝宝7~8个月

Part 9 宝宝8~9个月

目录

Contents

Part 11 宝宝10～11个月

目录

Part 12 宝宝11～12个月

宝宝身心发育情况

聪明宝宝的营养需求

聪明宝宝的喂养

聪明宝宝的美食

聪明宝宝的一日饮食安排

Part 13 宝宝1岁1～3个月

宝宝身心发育情况

聪明宝宝的营养需求

聪明宝宝的喂养

Contents

聪明宝宝的美食

聪明宝宝的一日饮食安排

Part 15 宝宝1岁7～9个月

宝宝身心发育情况

聪明宝宝的营养需求

聪明宝宝的喂养

聪明宝宝的美食

聪明宝宝的一日饮食安排

Contents

Part 16 宝宝1岁10个月～2岁

Part 17 宝宝2岁1～3个月

Contents

目录

Part 1 宝宝0~1个月

宝宝身心发育情况

历经了十月怀胎的艰辛，宝宝终于呱呱坠地了。如果你的宝宝在出生时体重超过了2500克，那么可以说宝宝已经顺利地度过了人生的第一关了。

身体发育	
体　重	2500～4000克
身　长	47～53厘米
头　围	33～34厘米
胸　围	约32厘米
坐高（从颅顶到臀）	约33厘米

新生儿指的是刚生下来1～28天的婴儿。新生儿的头部形状与婴幼儿的头部形状会有一些区别，这主要表现在以下几个方面：

头部严重变形

顺产的新生儿，由于分娩的时候在产道中受到挤压，出生时头部会严重变形。不过妈妈们用不着担心，因为这种现象是很正常的，慢慢地新生儿的头形就会恢复正常了。

新生儿头部大多呈椭圆形，头皮肿胀，摸上去手感像橡胶一样。初产妇和高龄产妇所生的婴儿头会扁得更厉害。这种现象一般会自愈，妈妈及家人没有必要考虑用枕头之类的来帮宝宝矫正。

脸肿眼鼓的现象

新生儿出生后有时还会有脸面水肿的现象，小脸看起来红红干干的，眼皮也总是鼓鼓肿肿的。这种现象一般会在1周内消失，宝宝也会变得越来越可爱。所以妈妈不必着急，但是如果是肿得像肉球，那就要及时去医院治疗了。

1周内的新生儿几乎整天都在安睡，有时也会睁开眼睛，但由于视力发育还不成熟，还看不见东西。在将近1个月时，新生儿的视力还不是很好，但如果情绪好，也会露出让妈妈心醉的笑。

新生儿眼屎多

有一些细心的妈妈还会发现自己的宝宝有眼屎，一般一侧较多，另一侧较轻或几乎没有。有的宝宝还会出现眼屎过多的情况。有时厚厚的眼屎还会把小眼睛糊得都睁不开了，为此爸爸妈妈都很担心。

这些大多是因为一些医院在婴儿出生时，为了防止分娩时受到衣原体和细菌的感染，为宝宝点上抗生素之类的眼药水，妈妈不用担心。

新生儿早上醒来眼睛上可能有眼屎，这是因为这个时期眼睫毛容易向内生长，眼球受到摩擦刺激就产生了眼屎。一般1岁左右，宝宝的睫毛自然会向外生长，眼屎便渐渐少了，所以用不着治疗。用温毛巾擦干净就可以了，也可以用消毒棉轻轻擦拭。

本月宝宝喂养重点

对于出生1个月以内的新生儿来说，最理想的营养来源莫过于母乳了。虽然在将母乳和牛奶放在密闭容器中测量热卡得出的结果是两者的营养相差无几，但进入婴儿的体内后，两者并不相同。母乳中的蛋白质比牛奶中的蛋白质易于同化，婴儿只有到了3个月后才能很好地利用牛奶中的蛋白质，所以至少前3个月应采用母乳喂养。母乳和牛奶中均含有铁，母乳中的铁50%可被吸收，但牛奶中铁的吸收则不足一半。而且这个阶段婴儿的消化吸收能力还不强，母乳中的各种营养无论是数量比例，还是结构形式，都最适合小宝宝食用。在母乳喂养中，还应注意以下问题：

1. 宝宝出生后做到早接触，早吸吮。改变将刚出生的婴儿与母亲分开，放到新生儿室的做法，大力提倡母婴同室，以利于母乳喂养。很多母亲在生完孩子后却没有分泌乳汁，这个时候，不必考虑母亲出不出奶，婴儿出生30分钟后，就要开始哺乳。其后，根据乳房发胀的程度决定婴儿吃奶的欲望，决定喂奶的次数。
2. 初乳喂养必不可少。产后2～3天的初乳蛋白质的含量高，脂肪和糖的含量较少，从营养学的角度来看，初乳并不一定有多么大的优点，但对婴儿喂养来说是必不可少的。泌乳不好的母亲，以后需要加用牛奶或换成牛奶喂养，但都有初乳。所以，至少应该坚持哺乳1周。初乳的分泌与营养供给无关，每天分泌10～40毫升。即使以后采用人工喂养，初乳的供给也是必不可少的。
3. 授乳的时间间隔没必要太死板。由于母乳的分泌不固定，因此可以让宝宝自己来掌握吃奶的量。
4. 不要轻易放弃母乳喂养。不能因为婴儿不吃奶而只喂糖水，也不能因

为3天内还没有分泌乳汁就放弃母乳喂养，改用牛奶喂养宝宝。

5 母乳量充足与否直接影响婴儿的生长发育。为了增加泌乳量，妈妈要注意自身的营养，生活要有规律。如果母乳确实不足，就要考虑采取配方奶哺喂的办法了。

6 如果母乳不足或完全没有，就要选择相应阶段的配方奶粉，定时定量地哺喂。配方奶粉中的营养成分与母乳十分接近，基本能满足宝宝的营养需要。

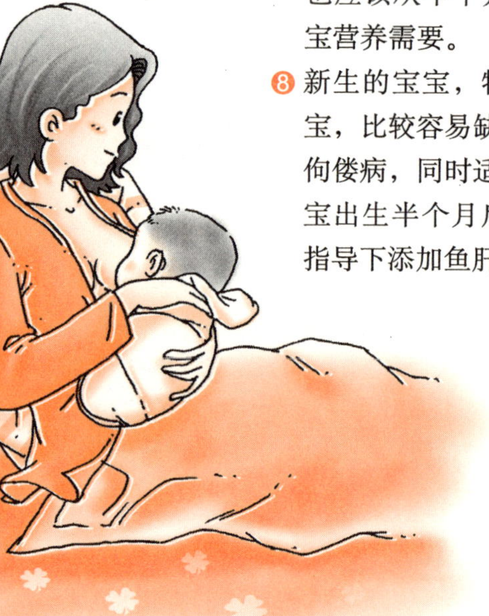

7 用配方奶喂养宝宝的时候，牛奶的配置以不太浓为佳，配100～120毫升牛奶，所用奶粉量以不超过奶粉包装盒上的说明为宜。复合维生素也应该从半个月开始添加，确保宝宝营养需要。

8 新生的宝宝，特别是冬季出生的宝宝，比较容易缺乏维生素D，为预防佝偻病，同时适量补充维生素A。宝宝出生半个月后可以开始在医生的指导下添加鱼肝油。

聪明宝宝的营养需求

母乳是宝宝最好的营养品

母乳中所含有的各种营养成分特别适合宝宝的消化吸收，宝宝对母乳有着最高的生物利用率，最微妙的是母乳的质和量会随着宝宝的生长和需要而产生相应的改变，能自动调节适应宝宝不同时期生长发育所需的营养。

母乳是新生宝宝必需和理想的食品，一般来说，充足的纯母乳喂养可以保证4个月以内宝宝的生长发育需要。

母乳的营养成分与作用

◎ 母乳中含有较多的优质蛋白质，适合宝宝消化吸收；

◎ 母乳中脂肪酸比例适宜，尤其对体弱儿和早产儿适宜，用母乳喂养的宝宝不易引发脂肪性消化不良；

◎ 母乳中天然乳糖含量丰富，比例适当，并能抑制大肠杆菌的生长，可减少宝宝腹泻；

◎ 母乳中含有牛磺酸，而牛磺酸对新生儿神经系统的功能、智力发育、视力保护和胆汁代谢等具有重要意义；

◎ 母乳中维生素充足，且温度适宜、新鲜，可随时喂哺，极少污染；

◎ 初乳中含有母体中的抗体，可增强宝宝的抗病能力；

◎ 母乳中含有丰富的吞噬细胞和极强的杀菌活力，还有分泌型免疫球蛋白抗体，具有抗呼吸道和肠道疾病的作用；

◎ 母乳具有抗过敏的作用，喂养宝宝极少会有过敏反应；

◎ 母乳有助于预防婴幼儿某些过敏性疾病，如湿疹、哮喘等；

◎ 宝宝在吮吸母乳的过程中，可促进面部和牙齿的正常发育，并有预防龋齿的作用。

哺乳过程中的乳汁变化

每次哺乳过程，乳汁的成分也有所变化，刚开始的乳汁为前乳，吸大约15分钟以后为后乳。前乳含蛋白质较多，后乳的脂肪含量较高。

细心的妈妈会注意到，每次哺乳开始的乳汁稀，后来的乳汁变稠，因此哺乳时应先让婴儿吸空一侧乳房，再吸另一侧乳房，这样才能保证婴儿获得足够的营养。乳汁充足的母亲要注意吃完一侧乳房再吃另一侧，否则婴儿吃的只是前乳，没有吃到后乳会影响婴儿成长。

不可忽视的母乳情感作用

母乳喂养不仅供给了婴儿必需的营养素，还给予婴儿感情与温暖，促进婴儿的身心发育。

喂奶时，宝宝躺在妈妈的怀抱里，能接触到妈妈温暖的肌肤，闻到妈妈身上亲切的气味，能够再次听到早在宫内已熟悉的妈妈心跳的节律，再加上妈妈爱抚的动作和温柔的言语，这一切都能使宝宝感受到母爱，产生愉快的情绪，对婴儿的身心健康发育很有好处。

在母乳喂养的过程中，妈妈和宝宝进行着最直接的情感交流，这增进了母婴之间的感情，使宝宝在心理上更贴近妈妈，有利于宝宝的身心发育。母爱不仅影响着宝宝的健康成长，还对宝宝未来的精神、性格的发育有着不容忽视的作用。

妈妈的营养决定乳汁的好坏

宝宝的生长发育，完全依赖于妈妈的乳汁供给的各种营养物质，因此乳汁的质量决定了宝宝的身高、体重及智力发育，妈妈的营养状况又决定了乳汁质的好坏和量的多少。

妈妈营养不良时，除泌乳量减少外，乳汁中的脂肪成分、脂酸和脂溶性维生素A、维生素D、维生素E、维生素K以及水溶性B族维生素、维生素C等都会受到影响。特别当妈妈营养素的摄入量变动较大时，其乳汁中营养成分受到的影响更明显。

- 当妈妈膳食中的蛋白质质量较差、摄入量又严重不足时，将会影响乳汁中蛋白质的含量和组成。
- 母乳中脂肪酸、磷脂和脂溶性维生素的含量受妈妈膳食摄入量的影响。如维生素A在乳汁中的含量与妈妈膳食关系密切，当妈妈膳食中维生素A丰富时，则乳汁中也会有足够量的维生素A；而水溶性维生素的含量则有的受母亲膳食的影响，有的不一定受影响。

◎ 母乳中钙的含量一般比较恒定，如果妈妈膳食中钙供给不足，首先会动用母体内的钙，用以维持乳汁中钙含量的恒定。妈妈膳食中长期缺钙也可能导致乳汁中钙含量的降低。

◎ 母乳中的铁含量很低，妈妈膳食中铁含量的多少对乳汁中铁含量的影响甚微；而母乳中锌含量与膳食中锌的摄入量有一定的关系；母乳中铜的含量也与妈妈动物性蛋白质的摄入量有关；妈妈膳食中的硒和碘的摄入量与乳汁中这两种元素的浓度更是密切相关。

随着宝宝一天天长大，妈妈膳食中的营养成分不应减少，反而应逐渐增加。

新妈妈的营养补充

妈妈除自身所需的营养外，还需分泌乳汁喂养婴儿。坐月子期间的妈妈主要以帮助自身生殖器官的恢复，以及补充妊娠与分娩时的消耗，为分泌充足的乳汁创造条件。那么，哺乳期母亲究竟应该吃些什么、吃多少呢?

一般来讲，哺乳期妈妈每日的泌乳量为500～1000毫升，多者可达2000毫升以上。为了泌乳的需要，妈妈每日应保证摄入3000～4000卡热量，而这些热量均需从食物中获取。

妈妈应科学地安排好膳食，食物中应有充足的热量、生理价值较高的蛋白质、丰富的无机盐和维生素以及充足的水分等。在进食量上应掌握好，量要适宜，不是越多越好；在食物选择上也要合理，要营养均衡，不要偏食；在烹调方法及食物调配上应多样化，经常变化，且每餐要干稀搭配、荤素搭配。

具体每日各种食物的摄入量为：

主　食	0.5千克
肉　类	0.25千克
牛　奶	0.25～0.5升
蛋	2个以上
蔬　菜	0.5千克
水　果	0.25～0.5千克
豆制品	若干
钙剂及鱼肝油	适量，遵医嘱

总之，哺乳期妈妈的营养应合理均衡，做到菜肴荤素搭配、粮食粗细搭配，应多吃些肉、鱼、蛋、奶、豆制品、新鲜蔬菜及时令水果。

新生宝宝的维生素补充

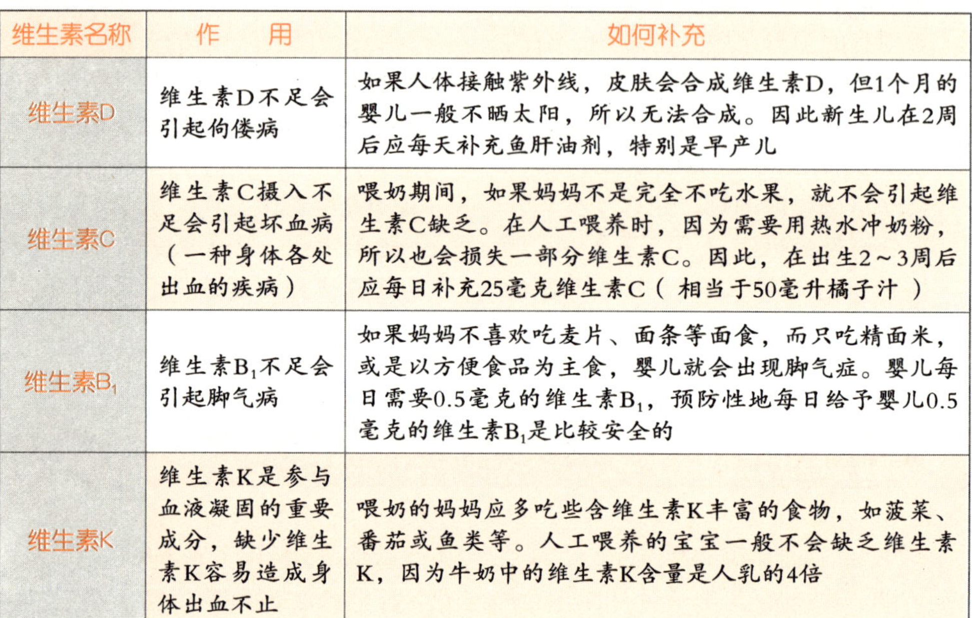

维生素名称	作　用	如何补充
维生素D	维生素D不足会引起佝偻病	如果人体接触紫外线，皮肤会合成维生素D，但1个月的婴儿一般不晒太阳，所以无法合成。因此新生儿在2周后应每天补充鱼肝油剂，特别是早产儿
维生素C	维生素C摄入不足会引起坏血病（一种身体各处出血的疾病）	喂奶期间，如果妈妈不是完全不吃水果，就不会引起维生素C缺乏。在人工喂养时，因为需要用热水冲奶粉，所以也会损失一部分维生素C。因此，在出生2～3周后应每日补充25毫克维生素C（相当于50毫升橘子汁）
维生素B_1	维生素B_1不足会引起脚气病	如果妈妈不喜欢吃麦片、面条等面食，而只吃精面米，或是以方便食品为主食，婴儿就会出现脚气症。婴儿每日需要0.5毫克的维生素B_1，预防性地每日给予婴儿0.5毫克的维生素B_1是比较安全的
维生素K	维生素K是参与血液凝固的重要成分，缺少维生素K容易造成身体出血不止	喂奶的妈妈应多吃些含维生素K丰富的食物，如菠菜、番茄或鱼类等。人工喂养的宝宝一般不会缺乏维生素K，因为牛奶中的维生素K含量是人乳的4倍

聪明宝宝的喂养

不要浪费珍贵的初乳

初乳是指妈妈生下宝宝后，5～7天内乳房分泌出来的乳汁。初乳味道清淡，量少，因为含有较多的胡萝卜素而呈黄色，以至于有的妈妈认为它是不清洁的而不给宝宝喂食。

其实产后第一天分泌的乳汁中，蛋白质含量最高，以后乳汁的蛋白质含量会慢慢下降。大约在产后第六天，乳汁中的蛋白质含量开始稳定。

初乳令宝宝获得强大的免疫力

初乳中的优质蛋白质内含有多种抗细菌、病毒和真菌的物质，尤以分泌型免疫球蛋白质含量最多，它可以保护婴儿呼吸道和胃肠道的黏膜。初乳中的乳铁蛋白能阻碍细菌的代谢和繁殖。初乳中还含有丰富的淋巴细胞、中性粒细胞和吞噬细胞，它们能吞噬和消灭各种微生物。初乳可以使宝宝获得强大的免疫力，所以初乳滴滴都是宝，一滴也不要浪费。

及早喂奶好处多

新生儿出生后，从什么时候开始给宝宝喂奶成了困扰妈妈们的一个问题。

世界卫生组织和联合国儿童基金会推荐，在宝宝出生后半小时内，妈妈就应该把宝宝抱进怀中让他吸吮乳头。因为：

◎ 初乳营养丰富适于新生儿的需要；

◎ 初乳含有丰富的免疫物质，可提高新生儿的免疫力；

◎ 初乳可预防传染性疾病的发生，对新生儿有保护作用；

◎ 提前喂奶可促进乳腺提早分泌乳汁，还有利于妈妈的子宫恢复；

◎ 能够强化宝宝的吸吮能力。

新生儿如不及时补充能量，出生后2～4小时血糖就会明显下降，可能会影响新生儿的智力发育；早喂奶还有助于新生儿排净胎便，这样就不至于因胎便中的胆红素通过肠道黏膜的毛细血管吸收到血浆中而使新生儿黄疸加重，甚至由生理性黄疸转为病理性黄疸而影响新生儿的智力发育。

从乳汁的生成和分泌过程看，一个健康的母亲自然分娩后半小时内是完全可以喂奶的。所以，聪明的妈妈千万别错过了这母乳喂养的第一时间。

小贴士

妈妈要特别注意保证母乳的卫生。喂奶前妈妈应该把手洗干净，用温水清洗乳房，避免用肥皂水之类清洗乳房。先将乳头清洗干净，然后再用温热干净的毛巾热敷乳房3～5分钟，同时按摩乳房以刺激排乳反射。

呵护宝宝的母乳喂养步骤

喂奶前的准备

◎ 喂奶前，先检查婴儿的尿布，如果尿湿，要立即更换，否则宝宝吃奶的时候会不安心。

◎ 换完尿布后，洗干净手，用湿热毛巾擦洗乳头乳晕，同时双手柔和地按摩乳房3～5分钟，促进乳汁分泌。

◎ 抱起宝宝，坐在较矮的靠背椅上，让宝宝与你胸贴胸、腹贴腹，嘴与乳头成同一水平位。

◎ 用乳头从宝宝的上唇掠向下唇引起觅食反射，当宝宝嘴张大、舌向下的一瞬间，快速将乳头和大部分乳晕送入宝宝口腔。

母乳喂养的步骤

◎ 挺直身子，用稍倾斜、稳定的姿势抱住宝宝。

◎ 用温柔、爱抚的目光看着宝宝的眼睛。

◎ 吃空一侧乳房，再换另一侧，下次哺乳时相反，轮流进行。

◎ 喂奶时间以左右乳房合计20分钟为宜。新生儿吃奶时间不受限制，只要幼儿想吃就喂。2～3个月以后以20分钟为宜。

◎ 哺乳结束时，让宝宝自己张口，乳头自然从口中脱出，然后用清洁纱布擦掉宝宝嘴角的奶迹。

◎ 将宝宝抱起来，靠在妈妈肩头，然后由下而上轻轻拍背或摩擦，让宝宝打个嗝，避免溢奶。

◎ 如果宝宝喝奶时睡着了，妈妈应当采取右侧卧位，防止宝宝吐奶呛入气管引起窒息。

◎ 喂奶后一定要记得挤出残奶。如果乳房中有残奶，容易影响乳汁的分泌。

妈妈的正确喂奶姿势

采用正确的喂奶姿势，不仅妈妈不会觉得累，宝宝也更容易吸吮乳汁。那么，正确的喂奶姿势是怎样的呢？

舒适的体位

体位舒适和全身肌肉放松有益于乳汁排出。喂奶时妈妈的体位舒适、乳头不疼才是正确的姿势。

妈妈可以选择坐在椅子上，并将与喂奶乳头同侧的脚放在小凳子上，这样就不用拉紧背部和手臂的肌肉来把宝宝搂在乳房前。若是在妈妈的胳膊下和大腿上各放一个枕头，会让宝宝有个更舒适的吸吮姿势。

妈妈也可以选择侧卧着喂奶，这适合于夜间喂奶和哄宝宝睡觉时的喂奶。一个较高的枕头、一床被子，就可以完全地撑住妈妈的腰背部，不至于全身肌肉紧张而太累，再用一个垫脚用的靠垫。在宝宝尚无法自行侧卧时，还需要一个小靠垫以顶住宝宝的背部。

正确地抱住宝宝

刚出生的宝宝脖子上的肌肉还没有足够的力量来支持他的头，所以看上去总是软塌塌的。这时候给宝宝喂奶，应该用一只手托住宝宝的脖颈。如果是坐姿喂奶，则用喂奶乳头同侧的大腿支起宝宝的背，使宝宝和妈妈腹部贴腹部，宝宝的鼻子和妈妈的乳头相对，宝宝的头和身体保持在一条直线上。

帮助宝宝含住乳头

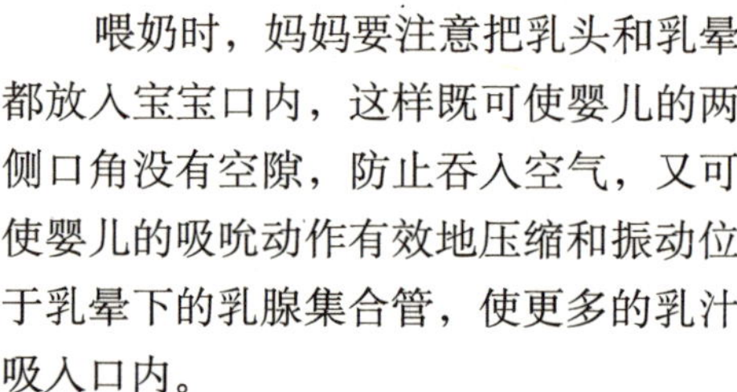

喂奶时，妈妈要注意把乳头和乳晕都放入宝宝口内，这样既可使婴儿的两侧口角没有空隙，防止吞入空气，又可使婴儿的吸吮动作有效地压缩和振动位于乳晕下的乳腺集合管，使更多的乳汁吸入口内。

当妈妈的乳房碰到宝宝的面颊和口唇时，我们会发现宝宝会产生神奇的吸吮反射。但他常常不能很好地含住乳头和整个乳晕，这就需要妈妈的帮助。

妈妈应该将拇指和四指分别放在乳房的上下方，托起乳房，将乳头送到宝宝嘴边，让宝宝的嘴吮住妈妈的乳头，并且要让宝宝一直吮至乳晕部位。

当宝宝开始吮吸时，牙龈挤压充满了乳汁的乳晕，舌头挤压乳房使乳汁流出，这样宝宝既可吮吸到乳汁，又不会因为牙龈摩擦乳头而引起乳头疼痛。

宝宝在吃奶时，如果不是由于奶流过急，妈妈尽量不要用食指和中指剪刀式地夹挤乳房。因为这样的手势会反向推压乳腺组织，阻碍宝宝含住乳晕，宝宝不能有效地吸吮出乳汁，越吸越用力，甚至会把妈妈的乳头弄破。

小贴士

在喂奶的过程中应保持宝宝头和颈略微伸张，以免宝宝鼻部挤压乳房而影响宝宝呼吸，同时也要防止宝宝头部与颈部过度伸展造成吞咽困难和咬伤乳头。

母乳喂养的时间和量

从理论上讲，母乳喂养是按需哺乳，没有严格的时间限制。但从生理角度看，新生儿的胃每3小时左右会排空一次，因此，给新生宝宝的喂奶间隔应控制在3小时以内。

以下是一个母乳喂养宝宝的喂奶时间，供妈妈参考：

1～7天	按需哺乳。每隔1～2小时喂奶1次，每次喂10～15分钟
8～14天	每3小时喂奶1次，每次喂15～20分钟
15～28天	每隔2～3小时喂奶1次，每次15～20分钟

以上时间安排只是原则性的，宝宝吃奶的量次不是一成不变的，今天也许多些，明天也许少些；不同的宝宝每次吃奶的量也可能有所差异。只要没有其他异常，妈妈就不要着急。即使是刚刚出生的宝宝，也知道饱饿，什么时候该吃奶，宝宝会用自己的方式告诉妈妈。所以，如果到了喂奶时间，宝宝不吃，那就过一会儿再喂。如果还没到喂奶时间，宝宝就哭闹，喂奶就不哭了，就不要等时间。

要不要叫醒宝宝喂奶

如果宝宝晚上睡得很香，就不要轻易叫醒宝宝，等他饿了自然会醒来吃奶。睡觉时宝宝对热量的需要量相对少一些。当然，如果宝宝晚上超过3个小时还没醒来，妈妈担心宝宝饿的话，可将乳头放到宝宝嘴里，宝宝会自然吮吸起来，再慢慢将宝宝唤醒比较好。或妈妈可以给宝宝换尿布，触摸宝宝的四肢、手心和脚心，轻揉其耳垂，将宝宝唤醒。

如果上述方法无效，妈妈可以用一只手托住宝宝的头和颈部，另一只手托住宝宝的腰部和臀部，将宝宝水平抱起，放在胸前，轻轻地晃动数次，宝宝便会睁开双眼。宝宝清醒后，妈妈就可以给宝宝哺乳了。

哺乳妈妈要有好情绪

哺乳期的妈妈在愤怒、焦虑、紧张、疲劳时，内分泌系统会受到影响，分泌的乳汁质量也会产生变化，甚至会直接影响到新生儿的健康成长。

人体在生气发怒时，可兴奋交感神经系统，使其末梢释放出大量的去甲肾上腺素，同时肾上腺髓质也过量分泌肾上腺素。这两种物质在人体如分泌过多，就会出现心跳加快、血管收缩、血压升高等症状，危害妈妈健康。

妈妈经常生气发怒，体内就分泌出有害物质。若“有毒”的乳汁被宝宝吸入，会影响其心、肝、脾、肾等重要脏

器的功能，使宝宝的抗病能力下降，消化功能减退，生长发育迟滞。经常吸入"有毒"的乳汁还会使宝宝中毒而长疖疮，甚至发生各种病变。

稳定情绪才能保证乳质

要保持充足的乳汁，哺乳期的妈妈除了要有充分的睡眠和休息外，还要避免精神和情绪上的不稳定，所以最好不要做令情绪大起大落的事情，而应讲求张弛有度，多听听音乐，读一些好书，做一点运动，通过各种方式稳定好自己的情绪，尽量保持平和的心情，这对保证乳汁分泌的质和量都会起到较好的作用。

妈妈生气了该怎样哺乳

哺乳期的妈妈尽量不要发怒生气，一旦发怒生气，妈妈切勿在生气时或刚生完气之后给宝宝喂奶，以免不利于宝宝健康。如果需要哺乳，最少要隔半天或一天，先要挤出一部分乳汁，然后用干净的布擦干乳头后再哺乳。

小贴士

妈妈可多喝水及牛奶以保证水分和钙量，另外，还可吃些海带、紫菜、虾米等都含有丰富的钙及碘的海产品。在饮食上也要注意营养搭配，多吃动物性食品和豆制品、新鲜蔬菜水果等。

不要轻易放弃母乳喂养

在母乳不足或客观上无法授乳的情况下，选用奶粉是完全可以的。但有些母亲完全可以用母乳喂养，却不愿意喂奶，这是非常可惜的，因为婴儿配方奶粉与母乳有着极大的区别。

营养成分的比较

从营养成分上看，母乳与配方奶粉中蛋白质及非蛋白氮两者不一样。母乳中约有25%的非蛋白氮，而奶粉中只有5%。更重要的是人乳中的牛磺酸是奶粉中的30～40倍，而牛磺酸对婴儿的大脑发育极为有益。所以，为了使宝宝更聪明，请尽量用母乳喂养。

人乳中的脂肪含有150多种不同的脂肪酸，配方奶粉根本就不可能将人乳中这么多的脂肪酸复制出来。而且，人乳中脂肪的吸收率比奶粉中的要好。

另外，人乳中的糖主要是乳糖，其中低聚糖含量每100毫升为1～2克，是奶粉的十多倍。而人体对低聚糖的吸收、利用和需要尤其重要。

从维生素方面来看，人乳中的维生素D是以水溶性的硫酸维生素D为主要成分，很容易被人体吸收，人乳中还含有B族维生素和叶酸的配体，也能促进维生素D的消化吸收。而且由于母乳喂养时，不像牛奶、奶粉或配方乳要加热，所以对其中的维生素A、B族维生素和维生素C破坏很少。母乳中还有一种特殊的脂肪酶，它几乎在消化道的所有部位都能分解脂肪。母乳中的一些激素如甲状腺素、促性腺激素等也可通过喂奶而促进宝宝的生长发育。

从免疫能力上看

奶粉中虽然也含有免疫球蛋白IgG与免疫球蛋白IgM，但在母乳中除有这些外，还含有可分泌的免疫球蛋白IgA。免疫球蛋白IgA能阻止细菌附着于肠黏膜，并且能使肠毒素失活，甚至可以对母体没有感染过的细菌有免疫保护作用。

奶粉中虽然也含有少量溶菌酶，但在加热制成奶粉与配制配方奶粉的过程中几乎全部消失了。而母乳中的溶菌酶含量是牛奶的300倍，这种溶菌酶能溶解细菌壁而杀死细菌。母乳中还含有能杀死链球菌和葡萄球菌的溶菌酶。此外，母乳中还含有其他一些非特异性抗病毒因子，能抗流感病毒。

小贴士

现代高科技还不可能将婴儿配方奶粉复制得与母乳完全一样。几乎所有的配方奶粉都是以牛奶作为主要原料，再按照母乳的营养成分添加各种营养素制成的。但奶粉都是经过喷雾干燥高温处理后所制成的，鲜牛奶中许多不耐热的有效成分在加工过程中被丢失了。

双胞胎宝宝喂养小妙招

十月怀胎，一朝分娩。随着一高一低两声清脆的啼哭声，你幸福地成了两个孩子的母亲。惊喜过后，你是否担心乳汁不够他们俩吃呢?

神奇的乳房

不用担心，大多数妈妈都有足够的乳汁喂哺双胞胎。这是因为乳房是一个很有活动能力的器官，宝宝吮吸得越勤，乳房受到的良好刺激越多，乳汁分泌也就越多。一般认为新生儿期妈妈分泌量为每日500毫升，6周时可增至每日700毫升，3个月时可增加到每日800毫升，而在7个月时则每日可分泌1500毫升。如果双胞胎吮吸，则可增至每日泌乳2500毫升，因此双胞胎妈妈无须担心。

日常双胞胎的喂养

在日常生活中，由于妈妈同时喂养两个宝宝会有许多困难，所以很多妈妈就放弃了母乳喂养，这并不是因为母乳不足。

妈妈应相信乳汁足够喂哺两个宝宝，因为吸吮越多，乳汁分泌也就越旺盛，也就是说，两个宝宝吸吮乳房就一定会有足够的乳汁供两个孩子吃。妈妈

可以一次同时喂哺两个宝宝，也可以两个宝宝轮换着喂。

当然，因为妈妈同时喂哺两个宝宝，所以应当适当地加强营养素的补充，同时也要休息好，以保证精力的旺盛。

早产儿怎么养育

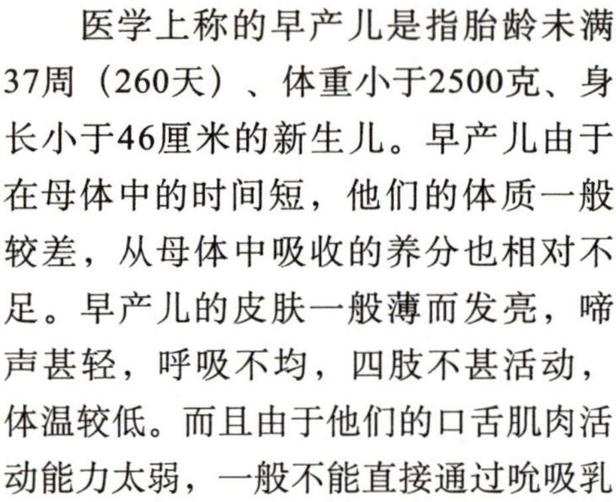

医学上称的早产儿是指胎龄未满37周（260天）、体重小于2500克、身长小于46厘米的新生儿。早产儿由于在母体中的时间短，他们的体质一般较差，从母体中吸收的养分也相对不足。早产儿的皮肤一般薄而发亮，啼声甚轻，呼吸不均，四肢不甚活动，体温较低。而且由于他们的口舌肌肉活动能力太弱，一般不能直接通过吮吸乳头而获取乳汁。

早产儿的喂养

早产儿由于体质较差，因此若不注意喂养就容易造成营养不良，使生长发育受阻。所以多主张尽早喂养早产儿。生活能力强一些的早产儿，可在出生后4～6小时开始喂养；体重在2000克以下的早产儿，应在出生后12小时开始喂养；若是情况较差，则可推迟到24小时后喂养，先用5%或10%葡萄糖液喂，每2小时1次，每次1.5～3汤匙，24小时后可喂乳类。

对于有吸吮能力的早产儿，妈妈应尽量直接哺喂母乳；吮吸能力差一些的，妈妈可先挤出母乳，然后用滴药管将母乳缓缓滴入宝宝口中。一般每2～3小时喂1次。如果没有母乳，可用牛奶代替，开始给半脱脂或稀释乳（2：1或3：1）加5%糖液，1个月后改用全脂奶粉喂养。

早产儿的喂养量

早产儿最初2～3日内的喂哺量为每日每千克体重喂奶60毫升，以后随着宝宝体重的增长而逐渐增加奶量，至15日时一般喂奶量为70～100毫升。每日喂8次，即每3小时喂1次，在2次中间可喂洁净凉开水1次。

早产儿如果喂哺得当，每日应增重15克，到1岁左右体重和正常儿就差不多了，妈妈不必太过担心。

应给早产宝宝添加必要的营养物质

由于早产儿体内的各种物质储量少，所以应给宝宝添加必要的营养物质，可以给予：

复合B族维生素，每次1片，每日2次；

维生素C每次50毫克，每日1次；

维生素E每日10～15毫克，分2次服用；

出生后的第2周开始服鱼肝油滴剂，开始每日1滴，后逐渐增至每日5～10滴；

出生后1个月可补充硫酸亚铁，每日0.3克，分3次口服。

人工喂养的方法

由于种种原因，很多妈妈不得不放弃母乳喂养宝宝，改为人工喂养。这时妈妈的心里一定有些遗憾，但也不必过于内疚，只要科学喂养，宝宝也可以健康成长。

新妈妈应采取正确的人工喂养方法，注意做好以下几点：

◎ 人工喂养的正确姿势

喂养时，一定要让宝宝保持一个好体位，采用斜抱位、半卧位或坐位都可以，千万不可图省事而将宝宝平放于床上喂养。宝宝肠胃发育不完善，加上进食难免吞进一些空气，故在喂养过程中或喂食后不久，食道或胃里的食物常会反流入咽喉部、口腔或鼻腔中。宝宝的耳咽管比成人的要平、短、直、粗一些，这些被污染的返流物很容易通过这条管道侵入耳内，引起耳内黏膜发炎，出现发烧、耳痛、听力下降、耳道流脓等症状。

◎ 宝宝的喂奶量

宝宝出生的10天里，每天的吃奶量是不尽相同的。出生7～15天的新生儿一般每次吃牛奶70～100毫升，并在10～20分钟内吃完较为合适。出生15天的宝宝一般每3小时吃1次奶，每次100毫升左右。也有的每次吃120毫升，每日只吃6次。当然，和成人的食量有大有小一样，也有的宝宝每次只吃70毫升，每天只吃6次。只要婴儿精神好，爸爸妈妈就不必担心。但1周左右的宝宝也有吃一点就不吃了的，即使妈妈动动奶嘴或是捅捅其脸颊也不继续吃，也有休息2～3分钟后重新开始吃奶的。

◎ 怎样具体地调制奶粉

奶粉是用鲜牛奶加热喷雾干燥而制成的，1千克奶粉可还原8千克鲜奶，所以将奶粉按重量以1：8的比例稀释，即可得到全奶。然后在调好的奶汁中按100毫升加糖5～8克，摇匀后根据新生儿的周龄，适当加水稀释（出生后1周再加1/2量的水，2周加1/3，3周加1/4），煮沸消毒后待温度适宜后即可喂哺。

若按容积配制，则奶粉和水的比例为1：4，也就是1匙奶粉配4匙水，其余的按上法配制即可。

◎ 适量补充水

常常会有吃牛奶的宝宝出现便秘的情况，老人会说这是吃牛奶的宝宝“火”大，得多喂水，这是有道理的。母乳中水分充足，因此母乳喂养的宝宝在6个月以前一般不需要喂水。人工喂养的宝宝则必须在两顿奶之间补充适量的水，一方面有利于宝宝对高脂蛋白的消化吸收；另一方面保持宝宝大便的通畅，防止消化功能紊乱。

宝宝奶具的选择和消毒

◎ 橡胶奶嘴的选择

奶嘴的孔应选择合适的，如果奶嘴孔太大，牛奶出得过急，就容易呛着宝宝；而如果奶嘴孔太小，宝宝吃起来太费劲，弱小的宝宝容易在吃奶的途中累得不想吃。而对于体质较好的健壮宝宝，让他在吮吸时费点工夫会有一些好处，所以在开始时应购买孔小一点的奶嘴。孔小奶嘴的标准，是将奶瓶倒过来时，每秒钟滴1滴左右（水平放置时牛奶不流出来）。

◎ 奶具要彻底消毒

许多妈妈不明白为什么喝奶粉的宝宝爱闹肚子，其中，奶具消毒是关键。宝宝用的奶瓶、奶嘴必须每天消毒，先应分别洗净残留在上面的奶渍，之后高温蒸煮10分钟左右即可；配奶前必须先洗手，即便洗过手，在配奶过程中也要注意不要用手接触奶瓶内部和奶嘴，以免污染。奶具消毒至少应坚持到宝宝满1周岁。

小贴士

用奶瓶喂奶时，为避免婴儿吞下空气，应将奶瓶的奶嘴处始终充满牛奶。但即使这样也可能会倾斜45°，有空气被婴儿吞入，所以在喂完奶后不要让婴儿马上睡觉，而要抱婴儿使其直立，抚摸或轻拍其后背，把随奶一起吞入的空气通过打嗝排出。

新生宝宝怎么选择奶粉

1岁以内的小婴儿，适合喂养母乳化奶粉，也就是配方奶，婴儿奶粉也比较适合。1岁以后的幼儿可以喝牛奶。早产宝宝应选择专为他们设计配制的早产儿配方奶，待长到足月儿大小的时候，再换用普通婴儿配方奶。

至于选择什么品牌的奶粉更好，妈妈无须过分纠结。无论什么品牌的奶粉，其基本原料都是牛奶，只是所添加的维生素、矿物质、微量元素的含量有细微的差别，但都要按照国家统一的奶制品的标准加工制作。只要是国家批准的正规厂家生产、正规渠道经销的奶粉，适合这个月的宝宝，都可以选用。妈妈无须特别在意产品的成分含量，质量过关才是重点。

一旦选择了一种品牌的奶粉，没有特殊情况，不要轻易更换奶粉品牌和种类，如果频繁更换，就会导致宝宝消化功能紊乱，引起宝宝肠胃不适。

混合喂养的方法

一般混合喂养有两种方法，一种是补授法，一种是代授法。

补授法是指先母乳，等母乳喝完后，再给宝宝喂些配方奶。

代授法是指妈妈根据乳汁的分泌情况，每天用母乳喂3次，其余3次或4次用人工营养品来喂宝宝。

混合喂养时，如果想长期用母乳来喂养，最好采取补授法。因为每天用母乳喂，不足部分用人工营养品补充的方法可相对保证母乳的长期分泌。如果妈妈因为母乳不足，就减少喂母乳的次数，就会使母乳量越来越少。

而如果宝宝消化系统不是很好，最好要取代授法，因为一顿既吃母乳又吃奶粉或牛奶，不利于宝宝消化。如果宝宝一次吃母乳没吃饱，妈妈不要马上给宝宝喂奶粉，可以将下一次喂奶时间提前。另外，每次冲奶粉时，不要放太多，尽量不让宝宝吃搁置时间过长的奶粉。

注意：有些妈妈觉得把母乳吸出来和配方奶混在一起喂宝宝非常方便，其实这种方法并不好。首先，宝宝的吸吮比人工挤奶更能促进母亲乳汁的分泌；其次，如果冲调配方奶的水温较高，会破坏母乳中含有的免疫物质；再次，这样做不容易掌握需要补充的配方奶的量。

暂时没有奶可以给宝宝喂奶粉吗

妈妈最好不要在开奶前给宝宝喂奶粉，因为首先新生宝宝容易对牛奶产生过敏；其次宝宝吃习惯奶粉后会不爱吃妈妈的奶，妈妈就只能放弃母乳喂养，这对宝宝的成长不利。

其实，新生儿出生前，体内已贮存了足够的营养和水分，可以维持到妈妈开奶，而且只要尽早给新生儿哺乳，少量的初乳就能满足刚出生的正常新生儿的需要。

宝宝出生前三天可以让宝宝多吮吸、多刺激妈妈的乳头，直到乳汁分泌充盈。不过，如果妈妈超过3天仍然没有下奶，就不能盲目地坚持不给宝宝喂奶粉了。

如果担心给宝宝喂奶粉后可能引起宝宝乳头错觉，以后不吸母乳，可以把奶粉放在小杯子里面冲开，再放一根细的软管，一头放在杯子里，一头在宝宝吮吸乳头的时候从宝宝嘴角塞到他嘴巴里，这样，他一边吮吸乳头一边可以吃到奶粉。这是“善意的欺骗”，宝宝不知道吃的是奶粉，以后就不容易产生乳头错觉。

要记住一定要让宝宝充分吸吮乳房，下奶后逐步减少奶粉，实现纯母乳喂养。

宝宝的奶粉是越浓越好吗

新生儿出生后，由于母乳尚未分泌或母乳不足，可用全脂牛奶粉喂哺，但是千万不要配制得太浓了。

◎ 全脂奶粉或强化奶粉中均含有较多的钠离子，如不进行适当稀释，就会使新生儿钠摄入过高，而钠摄入过高对人体会有极大伤害。

◎ 强化奶粉中由于补充了加工制作中损失的维生素与牛奶中容易缺少的元素，只有加以稀释后才能适用于新生儿。

◎ 给新生儿喂浓奶，会使内脏功能尚未成熟的婴儿肾脏负担加重，有时还会引起婴儿轻度脱水。

◎ 奶粉中的蛋白质经高温凝固，虽较牛奶中的蛋白质好消化，但由于新生儿消化能力差，若奶粉过浓，新生儿则难以消化。长期喂给新生儿浓奶，会使新生儿产生厌奶，所以必须稀释才可代替母乳喂养。

纯母乳喂养能满足宝宝的需要吗

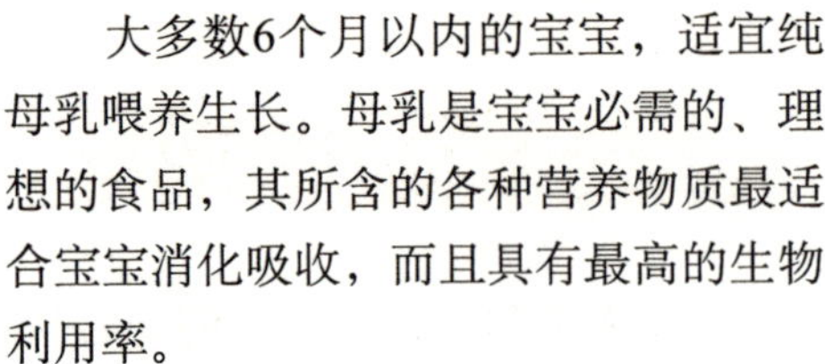

大多数6个月以内的宝宝，适宜纯母乳喂养生长。母乳是宝宝必需的、理想的食品，其所含的各种营养物质最适合宝宝消化吸收，而且具有最高的生物利用率。

母乳的质与量随着宝宝的生长和需要呈相应改变。宝宝吸得越勤，乳汁分泌得越多。一般公认宝宝6周时乳房每日分泌700毫升乳汁，到3个月时可增加到800毫升。宝宝6个月以后，每天需要的能量增多，母乳仅能满足此时婴儿需要量的80%。

坚持纯母乳喂养至少4个月

奶类是宝宝的主食，无法母乳喂养时以配方奶粉喂养，母乳不够时添加配方奶粉。有母乳尽量给孩子吃母乳，至少4个月，最好6个月，6个月后开始添加辅食，不能早于4个月。一个月的宝宝，最好不要添加配方奶粉，因为最初的一个月很多妈妈的喂养潜力并没有全部发挥出来，而通过婴儿对妈妈乳头的吸食力度，会促进乳腺充分分泌。

警惕母乳喂养不足症

母乳喂养不足症是指母乳不足，造成纯母乳喂养儿进食不足。母乳不足表现为：喂奶时听不到宝宝吞咽的声音；宝宝吃奶时不安静，吃奶后过不了多久又想吃奶；尿量少且每日少于6次；出生10天后体重仍在下降，生长曲线平坦，等等，甚至出现早发性母乳性黄疸。

大多数的妈妈出现母乳不足往往是由于哺乳方式不当引起的。此外，妈妈营养充足，但饮食不平衡；妈妈过度紧张、忧虑、愤怒、惊恐等不良精神状态；哺乳期乳腺病导致乳腺管堵塞，都有可能造成母乳不足或哺乳困难症。

乳头凹陷还能哺乳吗

据统计，孕妈妈中约有3%的人乳头凹陷。婴儿难以含住内陷的乳晕，从而影响母乳喂养。那么如何才能顺利哺喂婴儿呢？

如果你的乳头只是稍微有些扁或是脐状乳头，那么不必太担心哺乳的问题。虽然在哺乳之初可能会有些困难，但仍应坚持哺乳。

每次喂奶前，可以用乳泵或吸奶器将乳头轻轻拉出，送进宝宝嘴里，等他能含住乳头并能吸吮就可以了。

医生建议从孕期开始做好乳房保健：

不提倡怀孕晚期牵拉乳头

以前有人主张在怀孕晚期每天牵拉乳头数次，改善乳头凹陷。后来研究发现，这样会过度刺激乳头，促进子宫收缩激素的释放，甚至触发早产，所以怀孕晚期的妈妈最好不要牵拉乳头。

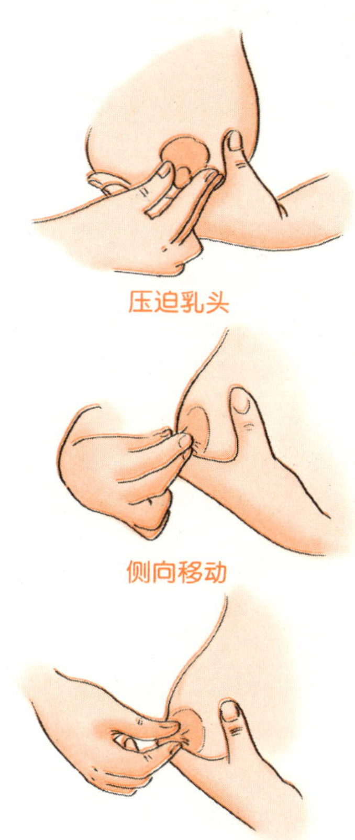

压迫乳头

侧向移动

从8个方向按摩

怎么矫正乳头凹陷

如果在分娩前几周或几个月发现乳头凹陷时，可佩戴一个中空的圆锥形乳罩，对乳晕施以柔和而均匀的压迫，纠正乳头凹陷。也可以用双手拇指轻压乳晕两旁，再向上下左右推开，每天1～2次，每次10下。

如果在分娩后才发现乳头凹陷，可用手指将乳头向外轻轻牵拉，并按、捏乳头、乳晕，每天1次，每次10～30下。

分娩后要把乳头和乳晕部分一起给婴儿吸吮，帮助乳头恢复正常。

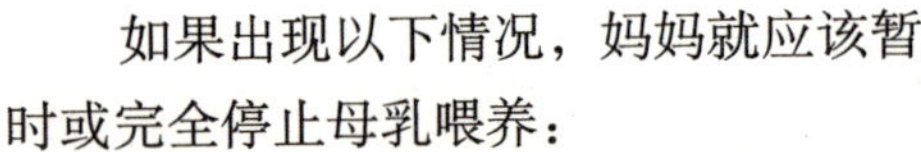

什么情况下不能母乳喂养

如果出现以下情况，妈妈就应该暂时或完全停止母乳喂养：

1. 患传染病（如肝炎、肺病）时不能采取母乳喂养，以防将疾病传染给宝宝。
2. 服药期间不能采取母乳喂养，待病愈停药后再喂。
3. 患有消耗性疾病，如患心脏病、肾病、糖尿病的妈妈，可根据医生的诊断决定是否可授乳。一般情况下，患有上述疾病但能够分娩的妈妈，就能够哺乳，但要注意营养和休息，根据身体情况适当缩短母乳喂养的时间。
4. 患有严重乳头皲裂和乳腺炎时，妈妈应暂停哺乳，及时治疗，以免加重病情，但可以把母乳挤出喂哺宝宝。
5. 进行放射性碘治疗的妈妈，应该暂时停止哺乳，待疗程结束后，检验乳汁中放射性物质的水平达到正常后可以继续喂奶。
6. 宝宝如有代谢性病症，如半乳糖血症（症状：喂奶后出现严重呕吐、腹泻、黄疸、肝脾大等），不宜母乳喂养。明确诊断后确定为先天性半乳糖症缺陷，应立即停止母乳及奶制品喂养，应给予特殊不含乳糖的代乳品喂养。
7. 患严重唇腭裂而致使吮吸困难的宝宝不宜母乳喂养。

小贴士

如果妈妈只是暂时不能采取母乳喂养，应注意每天按喂哺时间把奶挤出，保证每天泌乳在3次以上，否则长时间不喂奶，不挤奶，妈妈的乳汁会变得越来越少，直至完全消失到无法再进行母乳喂养。挤出的母乳不能喂给宝宝喝的可直接倒掉。

妈妈患乳腺炎能否给宝宝哺乳

乳腺炎通常发生在产后第一个星期到第二个星期，习惯以某侧乳房喂食宝宝的新妈妈感染率更高。妈妈如果乳腺发炎，会感到乳房胀痛，能摸到肿块，并有压痛，同时伴有轻度发热。

如果一侧乳房患有乳腺炎，用另一侧的健康乳房给宝宝喂奶即可；如果两侧乳房均患有乳腺炎，则建议先暂停哺喂母乳。

医生开的抗生素药剂并不会影响母乳的成分或通过母乳影响宝宝的健康，但是因为乳头或乳晕上已有伤口，若再加上吸吮的刺激，可能会让妈妈感到很不舒服。加上妈妈可能也有担心宝宝若碰触到伤口，细菌可能会跑入宝宝体内的顾虑，因此，多半会建议妈妈患有乳腺炎的该侧乳房先暂停哺喂。

此外，患有乳腺炎的乳房更要将奶水排空，避免奶水又继续囤积在乳房内。若妈妈实在无法自行处理，可以找原接生医生或家人帮忙将奶水挤出。

同时，妈妈要注意卧床休息，多饮水，加强营养。乳房用乳罩托起。

小贴士

橘核有预防乳汁淤积的功效，可以把30克橘核用水煎服，喝2～3剂，可以预防妈妈产后乳汁淤积，在一定程度上也可预防产后乳腺炎的发生。

怎样判断宝宝是不是吃饱了

妈妈可以根据下列信号来判断宝宝是否已经吃饱：

◎ 喂奶前乳房丰满，喂奶后乳房较柔软。

◎ 喂奶时可听见吞咽声（连续几次到十几次）。

◎ 妈妈有下乳的感觉。

◎ 尿布24小时湿6次及6次以上。

◎ 宝宝大便软，呈金黄色、糊状，每天2～4次。

◎ 在2次喂奶之间，宝宝很满足、安静。

◎ 宝宝体重平均每天增长18～30克或

小贴士

一般来说，宝宝在开始喂奶5分钟后即可吸到一侧总奶量的80%～90%，8～10分钟吸空一侧乳房，这时应再换吸另一侧乳房。让两个乳房每次喂奶时先后交替，这样可刺激产生更多的奶水。

每周增加125～210克。

如果经过上面表现的观察，妈妈仍不确定宝宝是否吃饱，可以每次在宝宝吃完奶后，用手指点宝宝的下巴，如果他很快将手指含住吸吮则说明没吃饱，应稍加奶量。

妈妈乳头皲裂如何喂养宝宝

有很多妈妈在连续哺乳几天之后，乳头变得粗糙僵硬，并且出现细微裂纹，严重时会出血，这就是乳头皲裂。

乳头皲裂常在哺乳的第1周发生，初产妇多于经产妇。那是因为妈妈初次哺乳难以瞬间适应，加上内分泌失衡，容易出现乳头皲裂症状，甚至会引发局部疼痛。乳头皲裂后，当宝宝吮吸时，会觉得乳头发生锐痛，指它会流血，流脓水，并结黄痂。

此时妈妈应该这样喂养宝宝：

1. 每次喂奶前用温热毛巾敷乳房和乳头3～5分钟，同时按摩乳房以刺激泌乳。先挤出少量乳汁使乳晕变软再开始哺乳。
2. 每次喂奶前后，都要用温开水洗净乳头、乳晕，保持干燥清洁，防止再发生裂口。
3. 哺乳时应先在疼痛较轻的一侧乳房开始，以减轻对另一侧乳房的吸吮力，并让乳头和一部分乳晕含吮在宝宝口内，以防乳头皮肤皲裂加剧。
4. 如果只是较轻的小裂口，可以涂些小儿鱼肝油，喂奶时注意先将药物洗净；也可外涂一些红枣香油蜂蜜膏，即取1份香油，1份蜂蜜，再把红枣洗净去核，加适量水煮1个小时，过滤去渣留汁，将枣汁熬浓后放入香油、蜂蜜以微火熬煮一会儿，除去泡沫后冷却成膏，每次喂奶后涂于裂口处，效果很好。
5. 勤哺乳，以利于乳汁排空，乳晕变软，利于宝宝吸吮。
6. 哺乳后穿戴宽松内衣和胸罩，并放正乳头罩，有利于空气流通和皮损的愈合。
7. 如果乳头疼痛剧烈或乳房肿胀，宝宝不能很好地吸吮乳头，可暂时停止哺乳24小时，但应将乳汁挤出，用小杯或小匙喂养宝宝。

小贴士

妈妈要学会预防乳头皲裂：哺乳时应尽量让宝宝吸吮住大部分乳晕；每次喂奶时间以不超过20分钟为好；喂奶完毕，一定要待宝宝口腔放松乳头后，才将乳头轻轻拉出，不能硬拉。

聪明宝宝的一日饮食安排

母乳喂养新生宝宝一日饮食安排

刚出生的宝宝一般采取“按需哺乳”的原则进行喂养，只要宝宝饿了或妈妈感到乳房发胀，就可以给宝宝喂奶。

出生后的第1周，大约每隔2个小时就要喂1次奶，每天需要喂10～12次。1周后，喂奶的次数可以比刚出生时适当减少，每天需要喂8～10次。

这里需要强调的是，给新生儿喂奶时要严格遵循“按需哺乳”的原则，不要因为贪图方便而按固定的时间给宝宝喂奶。这个时期如果定时喂奶会使宝宝丧失正确传递自己感觉的能力，不利于宝宝的成长发育。

人工喂养新生宝宝一日饮食安排

人工喂养的宝宝每天所需的奶量可以按宝宝的体重进行计算，一般以每天每千克体重供给热量50～120千卡为准。例如，一个体重为3千克的宝宝，每日需要150～360千卡热量。每100毫升鲜牛奶中所含的热量是75千卡左右。照此换算下来，一个体重为3千克的宝宝每天需要喝200～450毫升左右的鲜牛奶。

完全吃牛奶或配方奶的宝宝除了喝奶，每天还应该加喂100～150毫升的白开水。

从宝宝出生的第3周开始，妈妈最好根据情况为宝宝添加鱼肝油，以补充维生素A和维生素D。

新生宝宝一日饮食表

主要食物	配方奶	
辅助食物	温开水、鱼肝油（维生素A、维生素D比例为3：1）	
餐　次	每3小时喂1次，或按宝宝需求喂哺	
哺喂时间	上　午	6时、9时、12时各喂10～15分钟
	下　午	15时、18时各喂10～15分钟
	夜　间	21时、0时、3时各喂10～15分钟
水	7时、10时、4时各喂1次，或在宝宝吃奶的1～1.5小时之间喂水	
鱼肝油	每天1～3次，喂奶前半个小时加1滴，1天不超过5滴	

Part 2

宝宝1~2个月

宝宝身心发育情况

1个月的时间在妈妈与宝宝的不断摸索学习中过去了。在妈妈的精心照看和殷殷期盼中，宝宝顺利地从新生儿期过渡到了婴儿期。

身体发育		
体重	男婴约5.03千克	女婴约4.68千克
身长	男婴约57.06厘米	女婴约56.17厘米
头围	男婴约38.43厘米	女婴约37.56厘米
胸围	男婴约37.88厘米	女婴约37厘米
坐高	男婴约37.94厘米	女婴约37.35厘米

婴儿的面部表情和活动情况

1个月过去了，可以看出宝宝的眼睛能稍微看到点东西的样子，表情也变得丰富了，醒着的时间变长了，情绪好的时间也增多了，露出笑脸的时候也日益增多。手脚活动的范围日益增大，握着拳的小手会自己往嘴里送。

容易醒的婴儿由于胃肠发育好了，所以每次的睡眠时间变长了。不过也有的婴儿在半夜里会多次醒来，不给喂奶就不安静。由于逐渐长大，力量增加，所以这个时候的宝宝哭声更高，疲劳的时间更短，哭闹的时间就更长。

婴儿的头部发育情况

由于婴儿在睡觉的时候一般都是只朝着一个方向，所以头部有一侧被压扁了，看起来像一个平行四边形。当然，婴儿也并不是只朝亮光的方向转头。

由于婴儿颅骨的发育速度增快，而左右两侧的生长速度稍有区别，所以头形像个平行四边形，等过了周岁后，一般头部就会变圆。对此，妈妈们不用担心。

本月宝宝喂养重点

从满月起，宝宝便进入一个快速生长的时期，对各种营养的需求也迅速增加。此阶段婴儿生长发育所需的热能占总热量的25%～30%，每天热量供给约需95千卡/千克体重。

此阶段继续提倡母乳喂养，如果母乳量足，完全可以不必添加其他配方奶。如果母乳不足者由于妈妈体力不支，不能完全母乳喂养时，首先应当选择混合喂养，采取补授法。当补授法也不能坚持时，再采用代授法，最后才选择实行人工喂养。

人工喂养的宝宝可以适当添加一些蔬菜汁和果汁。由于宝宝的消化功能还不发达，所以最好是将蔬果汁稀释后给宝宝食用；而且蔬果汁最好是鲜榨的，确保宝宝的营养供给。

原来吃稀释奶的宝宝，现在可以喂全奶了，根据孩子的食欲情况而定奶量。一般全天奶量在500～750毫升，按每天喂6次计算，每次喂75～125毫升。由于每个孩子的活动量不同，每个孩子的食量也不同，这要根据每个孩子的具体情况确定，不能强求一致。

妈妈平时要注意孩子的大便情况、体重增长情况、孩子的精神状态，等等。人工喂养的孩子与母乳喂养的孩子不同，不要孩子一哭就以为是饿了，马上喂奶，要养成按时喂养的好习惯。

每日喂奶的时间可以安排在5时、9时、13时、17时、21时、夜间1时。白天在2次喂奶中间，应加喂蔬菜水、鲜果汁水，每次25～50毫升。

聪明宝宝的营养需求

打造聪明宝宝“智力食谱”

宝宝脑细胞生长发育有3个高峰阶段，即孕早期，孕中、晚期的衔接期和出生后3个月内。打造聪明宝宝的“智力食谱”应该是满足这样几个条件的：

全面原则

人脑主要由脂类、蛋白类、糖类、B族维生素、维生素C、维生素E和钙等营养成分构成，所以营养摄取必须全面。营养学家建议人们每天最好摄取40种食品，至少也要14种以上。

均衡原则

当脂肪摄取量占人体总热能的30%、蛋白质占15%、糖类占55%左右时，人体就会达到一个良好的平衡状态。不过，生活中要如此细化很难操作，只要你做到了广吃博食，不偏食，不挑食，也就大致差不多了。

自然原则

即从家常天然食物中精选对宝宝智力有突出贡献的食物，作为三餐结构的主体，列在这张清单上的有大米、小米、玉米、红小豆、黑豆、核桃、芝麻、红枣、黑木耳、金针菇、海带、紫菜、花生、鹌鹑蛋、肉、鸡肉、鱼虾、草莓、金橘、苹果、香蕉、猕猴桃、柠檬、芹菜、柿子椒、莲藕、番茄、胡萝卜、鹌鹑、葡萄、果仁、桂圆等。

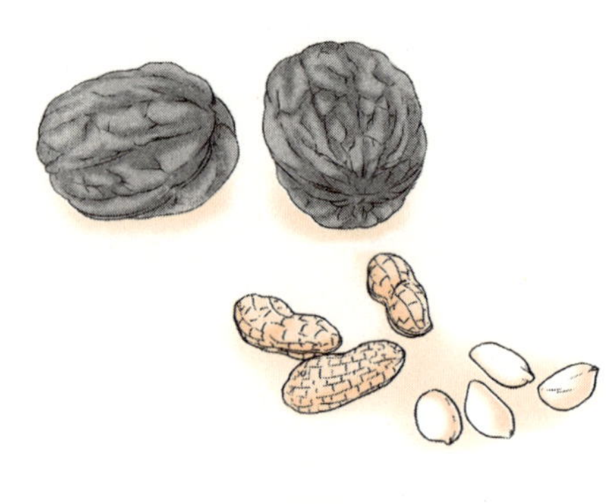

坚果为宝宝大脑加油

◎ 干果中蕴藏有丰富的不饱和脂肪酸，可为宝宝脑发育提供充足的“建筑材料”。

◎ 核桃富含健脑成分磷脂，可作为妈妈的首选零食。核桃可以生吃或加入适量盐水煮熟吃，也可以与薏苡仁、栗子等一起煮粥吃。

◎ 花生蛋白质含量高达30%，营养可与鸡蛋、牛奶、瘦肉媲美，且易被人体吸收。其可与黄豆一起炖食，或与莲子一起放在粥里或是米饭里，但不可油炸。

◎ 葵花子、南瓜子和西瓜子是不饱和脂肪酸的富矿，可炒熟或煮熟后食用。

◎ 松子以维生素A、维生素E与人体必需脂肪酸含量丰富著称，生吃或做成美味的松仁玉米皆可。

◎ 榛子可以单吃，也可压碎拌入冰激凌或是麦片里食用。

蛋白质可促进宝宝语言中枢发育

宝宝的语言能力较其他方面更能反映宝宝的智商水平。在提高婴儿语言能力的众多方法中，最重要的一条是保证孩子获得足够的滋养大脑神经的物质，以促进其语言中枢的正常发育。

宝宝需要足够的蛋白质

蛋白质是脑细胞的主要成分之一，占脑干重量的30%～35%，在促进语言中枢发育方面起着极其重要的作用。如果妈妈蛋白质摄入不足，不仅使宝宝的脑发育发生重大障碍，还会影响到乳汁蛋白质含量及氨基酸组成，导致乳汁减少；婴幼儿蛋白质摄入不足，更会直接影响到脑神经细胞发育。因此，宝宝应摄食足够的优质蛋白质。

优质蛋白质的来源

大豆富含优质蛋白质，而且是植物中唯一类似于动物蛋白的完全蛋白质。并且，大豆蛋白不含胆固醇，还可降低人体血清中的胆固醇，这一点显然又使它优于动物蛋白。因此，可以经常给宝宝补充豆类食品及各种豆制品。

小贴士

人体对大豆蛋白的吸收多少跟食用方式有关，其中，对干炒大豆的蛋白消化率不超过50%，煮大豆也仅为65%，而制成豆浆蛋白消化率则高达95%左右。因此，妈妈每天喝1杯豆浆不失为摄取优质蛋白的一个有效途径。

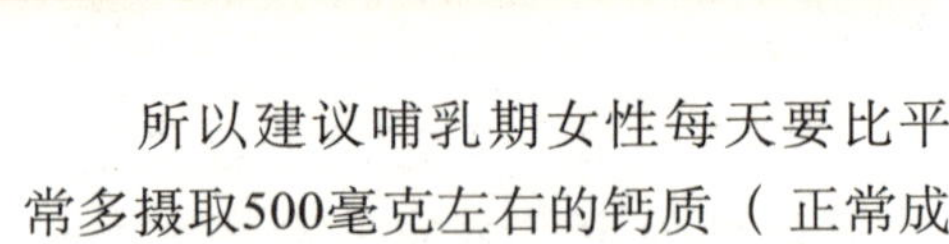

妈妈如何补足营养

哺乳期的妈妈，不仅要满足自身的营养需要，还要通过哺乳给予宝宝生长发育所必需的一切营养成分，妈妈有必要增加热量及各种营养物质的摄取，饮食必须做到营养均衡而且充足。

增加水溶性及脂溶性维生素的摄入

◎ **维生素A**

能促进婴儿骨组织的生长发育，缺乏时可引起小儿夜盲症，富含于动物的肝脏、蛋黄、胡萝卜等。

◎ **维生素B_1和维生素B_3**

它们是人体细胞运行必不可少的营养元素，会影响到婴儿的生长发育，富含于猪瘦肉、牛瘦肉、鱼类等。

◎ **维生素C**

能促进婴儿的骨骼发育，缺乏时婴儿会出现全身出血症状，宜多吃一些新鲜的水果和蔬菜，不仅能够补充足够的维生素C，还可以防止哺乳期女性便秘。

因为维生素类不能在体内储存，所以，每天都要在饮食上给予补充。只要在饮食上注意均衡补充维生素，根本不必再服用维生素类药物。

增加钙质的摄入

钙能促进婴儿骨骼和牙齿的形成，母乳喂养能够满足婴儿对钙质的需要，但母体内的钙质就容易流失，引起母体缺钙，宝宝也容易吸取不到足够的钙质。

所以建议哺乳期女性每天要比平常多摄取500毫克左右的钙质（正常成人每天摄取量为600毫克），可以每天喝2杯牛奶，还可吃一些绿叶蔬菜、酸奶、瘦肉、鱼虾等。

增加铁质的摄入

缺铁容易引起贫血，而哺乳期女性在生产时已大量失血，现还需保证母乳中铁的含量，所以更应补充铁质。豆类和干果类中的铁质很容易被人吸收，可适量多吃一些核桃、干杏仁、大豆、豆腐等。

增加镁的摄入

缺镁会引起女性精神不振、肌肉无力等，还可引起婴儿发生惊厥。所以哺乳期女性宜适量多吃一些含镁的食物，如小米、燕麦、大麦、小麦和豆类等。

增加必需脂肪酸的摄入

必需脂肪酸能促进婴儿的脑部发育。植物油和鱼类中都含有大量的脂肪酸，日常饮食中宜适量多吃一些青菜（又称小白菜、油菜）、核桃、大豆、鱼类等。

增加水分的摄入

因为喂哺母乳会使母体每天流失约1000毫升的水分，水分不足会使母乳的量减少。每天宜饮用6～8杯水（每杯约240毫升），以满足母乳的供应以及妈妈自身的需求。

早产宝宝要注意补铁

铁是制造运输氧气的血红蛋白必不可少的成分，铁不足就会造成血红蛋白不足，引起贫血。

早产宝宝体内铁含量不足

正常的足月宝宝从母体中吸收铁贮存在肝脏中，可够用到5～6个月；但早产宝宝由于提前降生，从母体中吸收的铁剂量少，多在出生后6周就差不多用完了。而此时的婴儿其骨髓造血功能尚未完善，因而极易发生缺铁性贫血。

早产宝宝如何补充铁

早产的婴儿在出生1个月后就必须开始补铁。母乳中的铁比牛乳中的铁生物效应高，易被消化，但是含量低，因此，只用母乳喂养的婴儿需到医生那里去开铁剂。

牛奶中铁的含量更低，所以早产宝宝，尤其是吃牛奶的早产宝宝、多胎宝宝，或是妈妈患有缺铁性贫血的足月儿，从第2个月起就要开始补充铁剂以预防贫血。如果是吃强化高铁奶粉的婴儿，则不需另外补充铁剂。

严格地说，应该通过婴儿的血液检测来确定补铁量，然而婴儿一旦开始吃牛奶以外的东西就很难计算铁的摄取量了。随着婴儿的不断成长、辅助食品的不断增加，婴儿可以从辅食中获取铁质了。但为了安全起见，出生后1年内早产宝宝都需补充铁质。

母乳喂养的宝宝需要补钙吗

母乳每100毫升中虽然只含有34毫克的钙，但母乳中钙和磷的比例为2∶1，最适于钙的吸收。如果母乳的量比较充足，每天在700～800毫升以上，6个月以内母乳喂养的宝宝基本上不需要额外补钙；而6个月至1岁母乳喂养的宝宝也只需要通过添加含钙的米粉等来获得额外的钙质就可以了。总之，孩子如果没有明显缺钙的症状，就没有必要补充钙剂。

此外，如果是母乳喂养，只要妈妈的营养充足，而且经常带宝宝晒太阳，可不必服维生素D。如果出现缺钙的症状，需要在医生的指导下补充钙和维生素D。

人工喂养的宝宝需要补钙吗

对于人工喂养或混合喂养的宝宝，钙剂的补充量主要根据下面两种情况来决定：一是宝宝喝的是什么种类的奶，二是宝宝每天喝入的奶量和所吃食物的种类。

如果宝宝喝的是配方奶，而且每天摄入的钙量足够，一般不需要额外补充钙剂。你的宝宝每天摄入的配方奶大约是640毫升，一般来说，每100毫升的配方奶中所含的钙是40～60毫克（具体的含钙量，你需要查看奶粉外包装中的配料表）。依此计算，你的宝宝每天摄入的钙量是256～384毫克。0～6个月，宝宝每天需要补充的钙量是300毫克，你宝宝钙的摄入量基本能够满足需要，不需要额外再补钙。如果宝宝喝的是鲜牛奶，含钙量高，不用额外补充钙。

聪明宝宝的喂养

母乳喂养1～2个月的婴儿

如果母乳很充足，从1个月到2个月这段时期将是一个非常平和的时期，一是经过一个月的磨合，母婴已达成了一定程度的默契；二是母乳一般在这个时候都会分泌得比较多，比较容易满足婴儿的需要。

母乳喂养时，一般来说，每次喂奶15～20分钟就可以了，最多不要超过30分钟。在开始喂奶的5分钟，婴儿已吮吸到了一半以上的乳汁，8～10分钟可以吸空一侧乳房，这时可换另一侧乳房。

每次喂奶时，让两个乳房先后交替，这样就可刺激乳房产生更多的乳汁。喂哺新生儿时，由于妈妈乳汁较少，且母婴还处于学习阶段，故喂奶的次数可相对多些，时间也可相应缩短一些。

喂奶时要注意保护乳头

过了一个月，婴儿吸奶的力量就会变得非常大，所以经常会咬伤或挤伤妈妈娇嫩的乳头。如果细菌从伤口入侵就容易引起乳腺炎，所以妈妈要注意保护好乳头。

妈妈应注意每侧乳头不要让婴儿连续吸吮15分钟以上。喂奶前妈妈要用洁净水洗净双手，乳房要保持清洁，不可弄脏乳头。

人工喂养1～2个月的婴儿

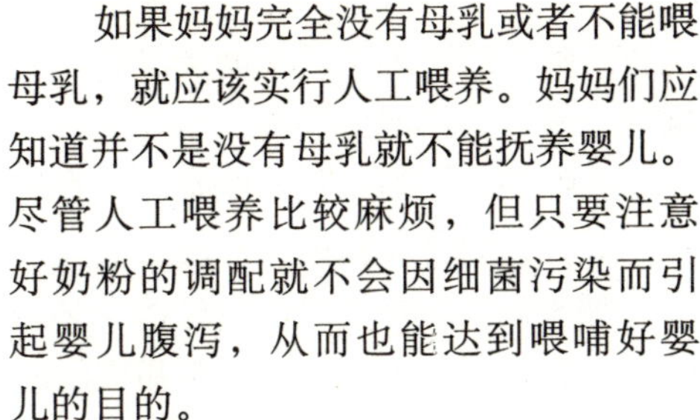

如果妈妈完全没有母乳或者不能喂母乳，就应该实行人工喂养。妈妈们应知道并不是没有母乳就不能抚养婴儿。尽管人工喂养比较麻烦，但只要注意好奶粉的调配就不会因细菌污染而引起婴儿腹泻，从而也能达到喂哺好婴儿的目的。

人工喂养时不可喂过量

出生1个月后的婴儿在用牛奶喂养时，最重要的是不可喂过量，以免加重婴儿消化器官的负担。

人工喂养不足时婴儿会哭闹，告诉大人他饿了。然而配方奶喂多了，婴儿却不会发牢骚。食量大的婴儿即使是已经喝了足够的牛奶，也会显出还要喝的样子。如果妈妈以为牛奶量不够而逐渐增加牛奶，就会在不知不觉中喂多了，从而加重了婴儿的消化器官负担。

人工喂养时喂多少牛奶合适

人工喂养大致的标准是：出生时体重在3000～3500克的婴儿，到1个月时每日喝奶700毫升左右；在1～2个月期间，每日喝800毫升左右。如果分成7次喂，每次喂120毫升；若是分作6次喂，则每次喂140毫升。

不过，这仅仅是一个大致的标准。因为经常哭闹的婴儿，会吃得更多，而经常安静地睡觉的婴儿却吃得很少。食量小的婴儿不吃到标准量也可以，食量大的婴儿可以吃到150～180毫升，但是一般婴儿最好不

小贴士

用配方奶喂养的婴儿，即使是每日排便4～5次，只要宝宝健康就不用担心。另外，不是每日排便的婴儿，可在牛奶中加入2～3克麦芽糖，只要宝宝每日能排便就可以了。不过，若是没有达到这种程度，只要婴儿很健康地成长，妈妈也不必放在心上。

要喂到150毫升以上。如果喝了150毫升婴儿还哭闹时，就拿30毫升左右的温开水喂给婴儿。

需要注意的是：不要在奶粉中加入白糖喂婴儿，因为这样会使婴儿发胖。

维生素的补充

在这一时期，一般需要把复合维生素加在奶粉中。因为平常简单的消毒方式是用热水消毒，而热水却会破坏牛奶中的一部分维生素，所以需选用复合维生素或果汁来补充维生素。

混合喂养1～2个月的婴儿

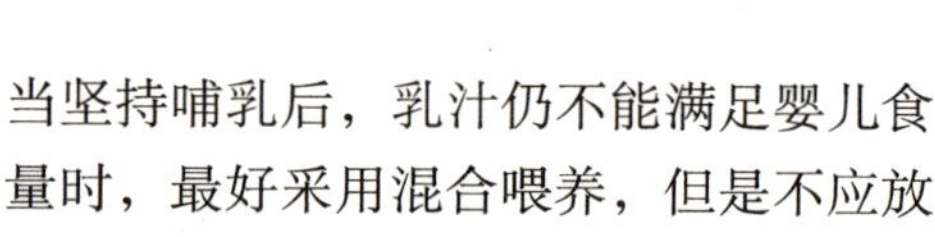

当母乳分泌不足或由于某种原因不能完全用母乳喂养时，在母乳喂养后需要用代乳品来补充。如果在一天之内需要用一次或数次代乳品来代替母乳喂哺，那么就是混合喂养。

如何计算婴儿所需的代乳品量

婴儿所需的代乳品的量是根据婴儿实际获得的母乳的量计算出来的。测量婴儿在用母乳喂哺前后的体重（称量器的最小刻度以5克为宜），体重的增加量就是获得的母乳量，再用人工喂养方法计算出婴儿所需的奶量，从中减去已获的母乳量即是应用代乳品的量。

这里应该注意的是，一天之中，母乳的分泌量不会完全相同，早晨的会多于下午，所以应在上午、下午各测几次体重，然后取平均值。

混合喂养时也应坚持母乳喂养

在应用代乳品补充的同时，妈妈也要坚持母乳喂养宝宝。按喂奶时间让婴儿吸空乳房，保证乳房按时得到婴儿吮吸的刺激，这有利于母乳分泌量的增加。当坚持哺乳后，乳汁仍不能满足婴儿食量时，最好采用混合喂养，但是不应放弃母乳喂养。如婴儿每日能吃2～3次母乳，对婴儿的身体健康仍有较大益处。

如果妈妈乳汁充足，只是由于某些原因不能喂奶，那么也应该在相应的时间内挤掉母乳以保证乳房排空，从而分泌乳汁，否则会因乳房得不到刺激、不得排空而引发乳汁分泌不足。

混合喂养的方法

混合喂养的效果比纯母乳喂养差，但比完全人工喂养好。根据混合喂养的原因不同，其喂养的方法也不同。

若是因母乳不足引发的混合喂养，则应让婴儿每次先吃母乳，之后再给予人工喂哺，以补充母乳不足；若是其他原因引起的混合喂养，则可在两次授乳之间人工喂养一次。

需要注意的是：混合喂养中，母乳喂养的次数每日不得少于3次，若是每日减到只喂1～2次，则会影响到乳汁的分泌。

妈妈上班时的哺乳方法

如果妈妈上班工作，不方便哺乳，那么就可以进行混合喂养。妈妈最好仍按哺乳时间将乳汁挤出或用吸乳器将乳房吸空，以保证下次乳房充分泌乳。

吸出的乳汁在可能的情况下，放置在冰箱中或其他凉爽的地方，注意清洁地存放起来，煮沸后仍可喂哺。但要注意乳汁挤出后存放时间一般不要超过30分钟。

小贴士

母乳喂养的1～2个月婴儿，一般较少患病。有时尽管会出现腹泻便，一日大便7～8次，有时会有吐奶现象，或出现湿疹，但只要婴儿能健康地很好地吮奶而且精神很好就不用担心。

宝宝按需哺乳更好

按需哺乳，具体地说就是当宝宝哭闹，妈妈感觉他要吃奶，或者妈妈奶胀，想给宝宝喂奶时就可以哺乳，并不是拘泥于是否到了预定的时间。

一般来说，在初生几天内母乳分泌量较少，不宜刻板地固定时间喂奶，可根据需要调节喂奶次数。因为妈妈乳汁较少时，给小儿吃奶的次数相应增加，这样一方面可以满足小儿的生理需要；另一方面通过小儿吸吮的刺激，也有助于泌乳素的分泌，继而乳汁量也会增加。当婴儿吃饱后就会很自然地延长喂奶时间至3小时左右1次。也就是说，喂奶不必严格按时，喂奶次数和间隔时间应结合乳汁的供应和新生儿的需求变化。

另外，母乳喂养的宝宝每次的吃奶量不一定相同，因为宝宝自身个体差异也很大，不宜用同一个标准来硬性规定喂奶时间。如果宝宝的确饿了，妈妈却任由他哭，等到了喂奶时间小儿因困乏疲劳，吃奶也不会多，且哭闹使小儿胃内进入许多气体，吃奶后会引起呕吐。这种做法不仅会影响宝宝身体的生长发育，还会给宝宝心理健康带来不良影响，使其对周围世界缺乏信任感和安全感。

不要让宝宝叼着乳头睡觉

有些妈妈为了哄宝宝睡觉，爱让宝宝叼着妈妈的乳头睡觉，这样做并不好。

◎ 宝宝睡着了还不拉出奶头，这既影响宝宝的睡眠，也不利于宝宝养成良好的睡眠习惯，进而影响宝宝夜间睡好觉的能力。

◎ 妈妈熟睡后，可能会不小心让乳房压住宝宝的鼻孔，容易造成宝宝窒息死亡。所以夜间喂奶时妈妈一定要坐着抱起宝宝，喂牛奶时也应抱着宝宝喂。妈妈要注意培养宝宝晚上良好的睡眠习惯，当晚上宝宝有困意的时候，及时让宝宝睡觉。

尝试改变宝宝的睡前程序

睡前让宝宝吃奶的话，一定要早些吃，这样宝宝只会把它作为睡前程序的一部分，而不是直接吃着奶入睡。

在宝宝吃完奶后，给他讲一个故事，唱一首歌，或者给他最后换一次尿布。如果你把喂奶和入睡的行为分离开来，即使只有几分钟时间，宝宝也就不必非得吃着奶入睡了。

晚上仍然需要给宝宝喂奶

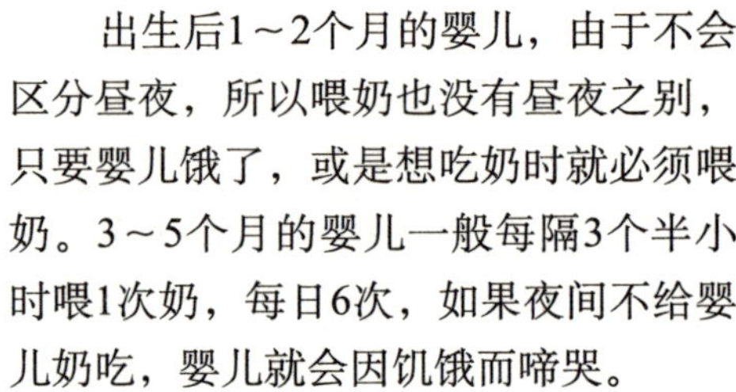

出生后1～2个月的婴儿，由于不会区分昼夜，所以喂奶也没有昼夜之别，只要婴儿饿了，或是想吃奶时就必须喂奶。3～5个月的婴儿一般每隔3个半小时喂1次奶，每日6次，如果夜间不给婴儿奶吃，婴儿就会因饥饿而啼哭。

5个月以上的婴儿由于胃容量增大，每次食奶量也增大了，这样日间可每隔4小时喂奶1次，晚间间隔8小时喂奶1次，全天喂奶5次，婴儿也不会因为饥饿而在夜间醒来。

尽管现在宝宝喂奶的次数与婴儿的个性相适应而逐渐确定了下来，但晚上不需要喂奶的婴儿在这一时期仍属例外，只有那些白天即使过3小时也不饿的食量小的婴儿才能这样。这样的孩子晚上排便的次数也少。

与此相反，那些白天能把两个满满的乳房都吮吸干净的婴儿，在晚上也需要喂奶，而且排便的次数也多，且大多数是腹泻便。这样的婴儿还会经常性地把喝多了的奶吐出来。在母乳喂养的情况下，也会经常出现吃奶很多但仍然便秘的现象。

夜间喂奶需要注意的事情

夜晚是睡觉的时间，妈妈在半梦半醒之间给宝宝喂奶很容易发生意外，所以妈妈晚上给宝宝喂奶时要注意以下几点：

◎ **保持坐姿喂奶**

建议妈妈应该像白天一样坐起来喂奶。喂奶时，光线不要太暗，要能够清晰地看到宝宝皮肤颜色；喂奶后仍要竖立抱，并轻轻拍背，待打嗝后再放下。观察一会儿，如宝宝安稳入睡，就保留暗一些的光线，以便宝宝溢乳时及时发现。

◎ **延长喂奶间隔时间**

如果宝宝在夜间熟睡不醒，就要尽量少地惊动他，把喂奶的间隔时间延长一下。一般说来，新生儿期的宝宝一夜喂2次奶就可以了。另外，在喂奶过程中应注意，要让宝宝安静地吃奶，避免宝宝夜晚受惊吓，也不要在宝宝吃奶时与之戏闹，以防止呛咳。每次喂完奶后应将宝宝抱直，轻拍宝宝背部使宝宝打出嗝来，以防止溢奶。

小贴士

睡觉前，妈妈应将夜间所需用品放在床边，以免晚上来来回回走动，影响宝宝睡眠。而且在寒冷的冬天，妈妈一晚上要起来几次，还容易受凉感冒。

母乳喂养的宝宝需要喝水吗

从理论上来讲，宝宝在出生后的前4个月，如果是采取母乳喂养的话是不需要喝水的，因为母乳中含有大量水分，完全能够满足宝宝对水的需要量。不过，由于宝宝新陈代谢旺盛，需水量较成人多些，如果妈妈本身不爱喝水，宝宝又出汗较多，可以给宝宝喝少量的水，以免宝宝因缺水引起身体不适。尤其是在炎热的夏天，宝宝如果出汗比较多，建议给宝宝喝少量的白开水。

一般可每天给宝宝喂1～2次白开水，时间可选在2次喂奶之间。在屋外时间长了、洗澡后、睡醒后、晚上睡觉前等都可给宝宝喂点水，但必须注意在喂奶前不要给他喝水，以免影响喂奶。

至于一次给宝宝喂多少水，可随宝宝自己的意思，也就是说若喂他不愿意喝的话，也就不用喂了，说明母乳已经能够满足宝宝对水的需求量了。千万不

可强行给宝宝喂水，因为喂水会减少吃奶的量，不利于营养素的摄入。

注意：烧开后冷却4～6小时内的凉开水，是宝宝最理想的饮用水；宝宝出汗时应增加饮水次数，而不是增加每次饮水量。

混合喂养或人工喂养的宝宝需要更多的水，除了喂奶以外，2次喂奶的间期，妈妈还需要给宝宝喂上30～50毫升的温开水。这样不但可以帮助宝宝体内生理代谢的进行，还可以清洁口腔。

母乳不足应该怎样催乳

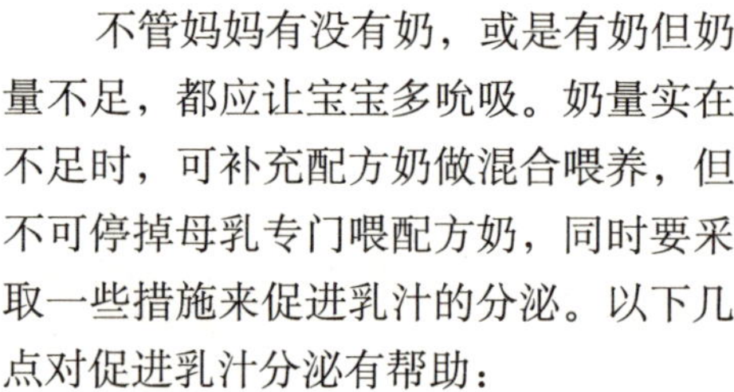

不管妈妈有没有奶，或是有奶但奶量不足，都应让宝宝多吮吸。奶量实在不足时，可补充配方奶做混合喂养，但不可停掉母乳专门喂配方奶，同时要采取一些措施来促进乳汁的分泌。以下几点对促进乳汁分泌有帮助：

◎ 进食催乳食物

妈妈要多吃些有营养、能促进乳汁分泌的食物和汤水，如鲫鱼通草汤（不放盐）、黄豆猪蹄汤、鲜虾汤等，都能催奶分泌。

另外，还可用药物催乳，用王不留行（中药名，有活血通经、消肿止痛、催生下乳的作用）10克、当归10克煎服，连服7天。或者补充维生素E每次100毫克，每天2～3次，连服3天，也有增加奶量的作用。

◎ 注意休息，保持愉快心情

精神因素对产后泌乳有一定的影响。产后妈妈要注意保持好心情，暂且忘掉烦恼，把家务先扔在脑后，充分地休养身体。不要总是对宝宝是否吃饱、是否发育正常等问题过多地担心。充分地相信自己，并保持乐观的情绪，这样才能使催乳素水平提高，从而使奶水尽快增多。

◎ 对乳房进行按摩

每次哺乳前，先将湿热毛巾覆盖在左右乳房上，两手掌按住乳头及乳晕，按顺时针或逆时针方向轻轻按摩10～15分钟。经过按摩既能减轻乳房的胀痛感，又能促使奶水分泌。

小贴士

每次哺乳时，双侧乳汁都要吸净，有剩余的也要全部挤出，这样可以多分泌乳汁。妈妈不要积攒奶水，因为奶水是越吸越多的。

乳汁分泌过多怎么办

乳汁分泌过多的情况妈妈不容易发现。妈妈奶水很好，乳头也没什么不适，宝宝大小便都正常，生长发育也正常，可就是每当给宝宝喂奶时，宝宝就打挺、哭闹，刚把奶头放入宝宝口中，宝宝很快就吐出来，甚至拒绝吃奶。当宝宝吸吮时，吞咽很急，一口接不上一口，很容易呛奶。这就是乳汁分泌过多，是乳冲造成的。

当乳汁分泌过多时，妈妈不要想办法减少乳汁的分泌量，因为宝宝以后对乳汁的需求量会越来越大。解决乳冲的办法是用剪刀式喂奶法。

妈妈一手的食指和中指做成剪刀样，夹住乳房，让乳汁慢慢流出。另外，如果妈妈乳汁分泌较多，最好的方法不是让乳汁减少，而是让宝宝吃空一侧乳房，用吸奶器把另一侧乳房的奶吸出来。

有人建议喂奶前先将乳汁挤出一些，以减轻乳胀，这种做法不是很好。因为挤出去的前奶含有丰富的蛋白质和免疫物质等营养成分，后奶的脂肪含量较多，若每次都是挤出前奶的话，宝宝就多吃了脂肪，少吃了蛋白质等其他营养成分，造成营养不均衡。所以，如果需要挤奶，也应该将挤出来的前奶用奶瓶喂给宝宝，或先用剪刀式喂奶法给宝宝喂奶，没喂完的后奶再挤去。

怎样防治宝宝溢奶

宝宝溢奶时，妈妈不必太过惊讶和担心。在宝宝的体内，因为关闭胃部开口的肌肉可能尚未发育完全，这会使得母乳或配方奶粉会再溢上来，一般宝宝溢的奶并不多。

防治宝宝溢奶要注意以下几个要点：

1. 如果听到宝宝咽奶声过急，或宝宝的口角有乳汁流出，就要拔出奶头，让宝宝休息一下再喂。
2. 如果妈妈乳头正在喷乳（乳汁像线样从乳头喷出），应停止喂奶。妈妈可用手指轻轻夹住乳房，让乳汁缓慢地进入宝宝的口腔。

小贴士

放下宝宝时应该准备一块小毛巾，叠成三角形，从孩子一侧耳边搭到另一侧，这样就算宝宝溢奶，也不会弄脏枕头或流到耳朵。保持宝宝耳朵的清洁很重要，因为宝宝耳蜗浅，比成人更容易患中耳炎。

3. 对容易溢奶的母乳喂养的宝宝，喂奶过程中可暂停1～2次，每次2分钟左右，妈妈最好把宝宝竖抱起来，拍拍后背，排出空气后，再继续喂。每次喂奶时不要让宝宝吃得过饱。
4. 喂完奶后，要将宝宝竖抱起来，让宝宝趴在妈妈肩头上，轻拍后背，让宝宝打几个嗝，排出吞入的空气。
5. 放下宝宝时，最好让宝宝采取右侧卧位，这样可以减少吐奶的机会。
6. 切忌在喂奶后抱宝宝跳跃或做活动量较大的游戏。

宝宝咬破乳头怎么办

还没有长牙的宝宝咬破妈妈的乳头，主要是因为妈妈哺乳方法不对。妈妈没有让宝宝完全含住乳头，只是浅浅地叼着乳头，为了吃到奶，宝宝会试图用牙床咬住乳头，久而久之，妈妈的乳头就被磨破了。

一个奶吃得正香的孩子是不会咬乳头的，咬的时候，宝宝已经结束了吃奶。因此，挨过咬的妈妈在喂奶过程中要注意观察，看到宝宝已经吃够了奶，吞咽动作减缓，开始娱乐性吸吮时，就可以试着将乳头拔出来，防止宝宝咬。

妈妈乳头被咬破多发生在宝宝长牙的时候，宝宝因为长牙，牙床又痒又疼，十分不舒服，恨不能见什么咬什么，柔软的乳头正十分合适。这时，妈妈可以准备一些牙胶或磨牙玩具放在冰箱里，或者冰冻一根香蕉，平时多给宝宝咬这些物品，甚至在喂奶之前先让宝宝把这些东西咬个够，以缓解宝宝牙床的不舒服。

如果妈妈的乳头已经被宝宝咬破了，最好暂时停止母乳喂养，因为被咬破的乳头会发炎，也会有细菌产生，不但对你自己不好，而且对宝宝也不好，等伤口好了再喂奶。一般来说，只要保持乳头干燥、清洁，伤口自然会好，不用吃药。

怎样从宝宝口中抽出乳头

刚出生10多天的宝宝在吃奶的前五六分钟时间内就已经吃饱，剩下的时间只是含着乳头玩了，有的干脆就已经睡着了。为了能让宝宝把一侧乳房的乳汁吸空，可用手轻轻捻宝宝的耳下垂，让他醒来再吸一些，如果宝宝实在不愿再多吸，就要及时把乳头抽出。妈妈在抽出乳头时不能硬拉，应该采取正确的方法从宝宝口中抽出乳头。

1. 当宝宝吸饱乳汁后，妈妈可用手指轻轻压一下宝宝的下巴或下嘴唇，这样做会使宝宝松开乳头。

2. 当宝宝吸饱乳汁后，妈妈可将食指伸进宝宝的嘴角，慢慢地让他把嘴松开，这样再抽出乳头就比较容易了。

3. 当宝宝吸饱乳汁后，妈妈还可将宝宝的头轻轻地扣向乳房，堵住他的鼻子，宝宝就会本能地松开嘴。

宝宝吃母乳总拉稀是怎么回事

有些宝宝生后没几天就开始每天多次排出稀薄大便，呈黄色或黄绿色，每天少则2～3次，多则6～7次，但是宝宝一直食欲很好，体重增长速度正常。这种现象在医学上称为“宝宝生理性腹泻”，属正常现象，是因为宝宝刚出生，胃肠功能还不是很好，妈妈的奶营养成分太高，无法都吸收，所以才拉稀。只要宝宝状态良好，妈妈大可放心。这种宝宝尽管有些拉稀，但身体所吸收的营养仍然很好，甚至超过一般宝宝。

对于生理性腹泻的宝宝，不需要任何治疗，不必断奶，一般在出生后几个月到半年的时候，也就是宝宝能吃辅食时，这种现象会缓解或消失，在此期间注意加强日常护理即可。因生理性腹泻多见于面部湿疹（奶癣）比较严重的宝宝，唯一问题是大便次数较多，所以，妈妈要及时给宝宝换尿布和清洗臀部，并用消毒油膏涂抹，以保护局部皮肤，以免引起红臀，甚至局部感染。

不过，有的宝宝拉稀是因为妈妈吃了不适合的食物，如性质过于寒凉的食物、太过油腻的食物或吃了不洁的食物。如果妈妈有类似的情况要及时改善。

父母在发现宝宝出现生理性腹泻时，要注意与其他腹泻区别，仔细观察宝宝的大便性状、精神状况、尿量、体重增长情况，最好去医院确诊一下。

聪明宝宝的美食

西瓜汁

原料： 西瓜瓤100克。

做法：

将准备好的西瓜瓤放入碗内，用匙捣烂并挤压出汁直接喂给宝宝。1～2匙即可。

营养功效： 富含维生素、氨基酸等营养物质，还可以清火解暑，特别适合宝宝在夏天喝。

小贴士

榨汁用的西瓜瓤一定要新鲜。如深秋喂给宝宝喝时，注意兑上一定量的温开水。

青菜水

原料： 青菜（又称油菜、小白菜）50克，清水50毫升。

做法：

❶ 取菜叶的鲜嫩部分洗净，切成碎末。

❷ 在不锈钢锅中加入清水烧沸，放入碎菜，盖好锅盖，大火烧开。

❸ 关火，盖盖焖10分钟，滤去菜渣，留汤即可。

营养功效： 可以为宝宝补充维生素和水分，很适合人工喂养的宝宝。

小贴士

一开锅后立即关火，然后盖上锅盖闷，可以减少蔬菜中的维生素C流失，使菜水更加营养。

聪明宝宝的一日饮食安排

1～2个月宝宝一日饮食安排

第2个月仍然是宝宝快速生长的时期，每天所需的能量依然很多，为每千克体重100～110千卡。如果每天摄取的热量超过每千克体重120千卡，就可能出现肥胖。

如果是母乳喂养，妈妈可每周测量一下宝宝的体重。如果每1周宝宝的体重增长都超过了250克，就可能是吃奶过多，需要酌情减喂。如果每1周宝宝的体重增长低于100克，则可能是哺喂不足，需要增加喂奶量，或酌情为宝宝添加配方奶。

人工喂养的宝宝也要注意不要超量。一般说来，第2个月的宝宝每天的喂奶量应该在800～1000毫升，每次的喂奶量在120～150毫升之间。如果宝宝吃了150毫升的奶还是哭闹，可以在30毫升左右温开水中加入少许白糖喂给宝宝。

1～2个月宝宝一日饮食表

主要食物	母乳或母乳+配方奶	
辅助食物	温开水、菜水、果水、米汤、鱼肝油（维生素A、维生素D比例为3：1）	
餐　次	每3小时喂1次，或按宝宝需求喂哺	
哺喂时间	上　午	6时、9时、12时各喂1次
	下　午	3时、6时各喂1次
	夜　间	9时、0时、3时各喂1次
水	母乳喂养的宝宝不需添加。人工喂养的宝宝可在上午7时、10时；下午4时各喂1次水，每次喂水量在30～50毫升	
鱼肝油	每天1～3次，喂奶前半个小时加1滴，1天不超过5滴	

Part 3

宝宝2～3个月

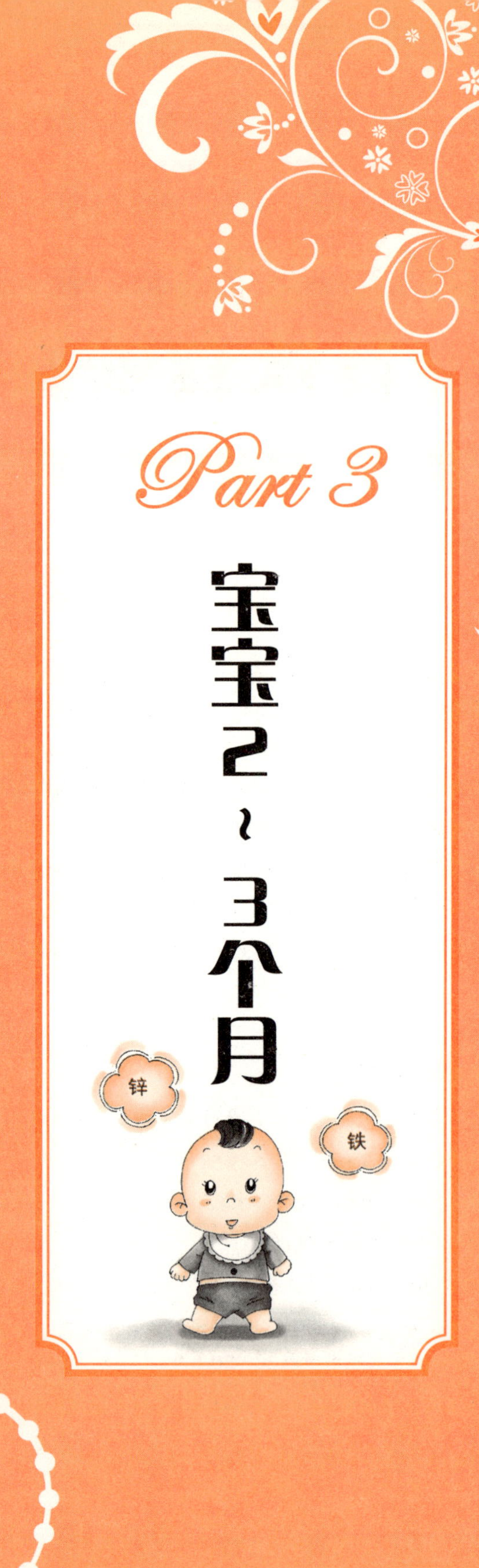

宝宝身心发育情况

宝宝逐渐长大，腿脚也越来越有力了。站在妈妈膝头的孩子，跃跃欲试，一蹦一跳，让母亲柔柔的心荡起无数的涟漪。

身体发育		
体　重	男婴约6.93千克	女婴约6.24千克
身　长	男婴约63.35厘米	女婴约61.53厘米
头　围	男婴约41.25厘米	女婴约39.90厘米
胸　围	男婴约41.57厘米	女婴约40.05厘米
坐　高	男婴约41.69厘米	女婴约40.44厘米

2～3个月的婴儿，眼睛已能看到东西，与妈妈之间的沟通也就开始慢慢形成。

2～3个月婴儿的手脚活动情况

2～3个月婴儿手脚的动作逐渐准确起来。2个月的宝宝还不能抓住放在手里的东西，快到3个月时，就可以长时间抓握在手里了。不过，这个时期的婴儿还没有达到有意识地抓取东西的程度。3个月的婴儿几乎都有用嘴吮吸拇指或小拳头的动作，这并不是表示有什么需求，而是宝宝快活的表现。

宝宝双臂的活动也日渐增多，平躺时两只胳膊不断舞动。腿部的力量也越来越大，将宝宝抱起放于妈妈的膝盖上，孩子就会跃跃欲试，一蹦一蹦地想跳起来。

本月宝宝喂养重点

这个阶段继续提倡母乳喂养，如果母乳量足，仍然坚持不必添加其他配方奶。如果母乳确实不能满足婴儿的需要，不足的部分可先用补授法进行混合喂养，这样有利于母乳的继续分泌；如果根本没有母乳或无法进行母乳喂养，可以实行人工喂养。从母乳改换到配方奶后，应当密切观察宝宝的生长、食欲和大小便等情况。

有生来就不太爱喝奶的食量小的宝宝，这样的宝宝一般出生时体重比较轻。这个时候妈妈不要着急，只要宝宝的精神状态好，体重正常增加，没有必要担心什么。

混合喂养时，不要在喂完母乳后再喂牛奶。硬的胶皮奶嘴感觉肯定不同于母亲的乳头，婴儿会讨厌奶嘴，更何况，母乳的味道与牛奶也不一样，这个时候喂的话，婴儿可能不会喝牛奶。因此，在2次母乳喂养中间添加牛奶补充是恰当的。

此阶段宝宝体内的维生素储存量已经基本耗尽，必须从母乳或已强化维生素的配方奶中摄入。由于代谢活动增强，宝宝身体还需要摄入更多的水分。

这个月的宝宝体内帮助消化的淀粉酶分泌还不足，不宜多喂米糊等含淀粉太多的代乳品。3个月以内的宝宝吃咸食会增加肾脏负担。这个时期的盐，主要来自母乳和牛奶中含有的电解质，宝宝吃的菜水中不应放盐。此外，采用人工喂养或给宝宝喂菜水、果汁的时候，器具的消毒和食品的新鲜卫生非常重要。

聪明宝宝的营养需求

B族维生素促进宝宝代谢

B族维生素由多种水溶性维生素所组成，包括维生素B_1、维生素B_2、维生素B_6、叶酸等，它们无法储存于体内，大多随尿液排出体外，也容易随着食品加工的过程而流失。虽然B族维生素不像其他维生素容易在体内保留，却是宝宝智力发育不可或缺的助手。它们能让热量代谢顺畅，神经系统传导正常。

宝宝缺乏B族维生素的后果

B族维生素是促进婴儿生长发育的必需营养素。如果宝宝缺乏B族维生素，就会引起体内新陈代谢及神经系统运作失调、神经系统功能紊乱，还可能引发厌食、烦躁或注意力不集中。

富含B族维生素的食物

◎ **含有丰富维生素B_1的食品：**

小麦胚芽、猪腿肉、大豆、花生、猪里脊肉、火腿、黑米、鸡肝、胚芽米等。

◎ **含有丰富维生素B_2（核黄素）的食品**

七腮鳗、牛肝、鸡肝、香菇、小麦胚芽、小米、鸡蛋、奶酪等。

◎ **含有维生素B_3的食品**

动物性食物、肝脏、酵母、蛋黄、豆类。

◎ **含有维生素B_5的食品**

酵母、动物的肝脏和肾脏、麦芽和糙米。

◎ **含有维生素B_6的食品**

瘦肉、果仁、糙米、绿叶蔬菜、香蕉。

◎ **含有维生素B_{12}的食品**

肝、鱼、牛奶及动物肾脏。

◎ **含有烟酸、泛酸和叶酸的食品**

肝、肉类、牛奶、酵母、鱼、豆类、蛋黄、坚果类、菠菜、奶酪等。

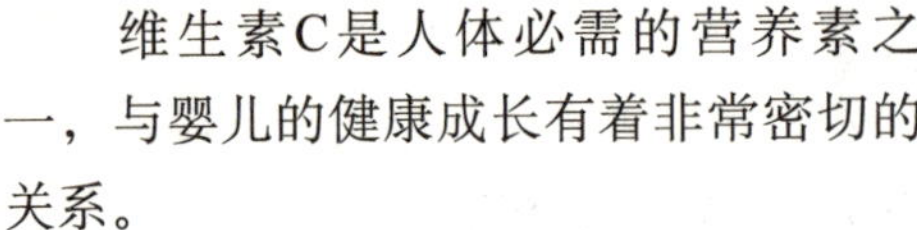

给宝宝提供充足的维生素C

维生素C是人体必需的营养素之一，与婴儿的健康成长有着非常密切的关系。

◎ **促进胶原形成**

促进胶原形成是维生素C最重要的一个功能。当维生素缺乏时胶原合成会受到损害，可使小血管脆弱而引起不同程度的出血。

◎ **促进骨骼的发育，健全骨骼和牙齿**

婴幼儿处于快速的生长发育时期，维持骨骼正常发育非常重要。而维生素C能参与细胞间质的形成，维持血管、牙齿的正常生理功能。维生素C缺乏可导致牙齿缺陷，尤其在婴儿牙齿形成的时期危害更大。

◎ **防止贫血**

维生素C能促进铁的吸收和利用，对婴儿缺铁性贫血有预防和辅助治疗作用。

如何防止维生素C丢失

维生素C主要来源于新鲜蔬菜和水果，由于婴儿不能食入蔬菜，所以容易造成维生素C的缺乏。

每100毫升母乳含维生素C 2～6毫克，而牛奶中不仅维生素C含量较少，而且在冲兑时又会损失一些，所以应给婴儿增加一些绿叶菜汁、番茄汁、橘子汁和鲜水果泥等。

维生素C是一种水溶性维生素，在洗、切时很容易丢失。另外，维生素C在接触氧气、高温、碱或铜制炊具时，容易被破坏，因而在给婴儿制作食品时要用新鲜水果或蔬菜，现做现吃，既要注意卫生，又要避免过多地破坏维生素C。

只要平时能给婴儿喂一些新鲜水果或蔬菜汁，并注意正确的烹调方法，一般来说维生素C都不会缺乏。

不应忽视的维生素K

维生素K是参与血液凝固的一种重要物质。人体血液有一套自我保护的凝血系统，主要包括13个凝血因子。这些因子中有4个必须在维生素K参与下才能在肝脏合成，如果人体缺乏维生素K，就等于缺乏凝血因子，就容易出血，或出血难止。

为什么宝宝更容易缺乏维生素K

人体自身不能制造维生素K，只有靠食物中天然产物或肠道菌群合成。成人一般可以通过食物或肠道菌群得到足量补充，而维生素K比较难以通过胎盘吸收，所以，婴儿体内维生素K一般较少。

刚从子宫娩出的小宝宝，肠道内还是一片洁净的世界，还没有帮助合成维生素K的细菌，再加上婴儿通常只吃母乳，奶汁虽然营养充分、全面，唯独维生素K含量偏低，仅为牛奶的1/4。因此，如果婴儿单纯喂养母乳而不增加其他辅食的话，出生后24小时至3个月最容易维生素K摄入不足。

◎ 哺乳的妈妈应多吃些维生素K含量丰富的食物，如菠菜、苜蓿、番茄及鱼类。

◎ 在孩子出生时注射一定量的维生素K剂，然后在宝宝1个月左右时再喂服1片维生素K（5毫克）片剂。新妈妈也可在分娩前24小时内肌肉注射10毫克维生素K，通过乳汁供给宝宝。

◎ 单纯母乳喂养的婴儿，如果经常腹泻并应用广谱抗菌素或磺胺药时，应该适量注射维生素K。

锌是宝宝的“智力之源”

婴幼儿缺锌会引起严重的后果，不仅会导致生长发育的停滞，而且会影响婴幼儿智力的发育。婴幼儿缺锌最常见的症状是厌食、异食癖和生长停滞。若在胎儿和乳儿期缺锌，还会造成智力发育障碍。

虽然母乳中锌的含量比牛奶中所含的低，但其生物利用率高，因此纯母乳喂养儿 4 个月之前很少患锌缺乏症。

妈妈的膳食会影响母乳中锌的含量。因此，妈妈在日常饮食中一定要注意补充锌元素，注意膳食平衡。含锌量多的食物包括苹果、葵花子、蘑菇、洋葱、香蕉、卷心菜及各种坚果等。

宝宝的锌完全由食物提供，如果配方奶的宝宝缺锌，纠正的办法就是合理调配宝宝的膳食，给宝宝吃些强化了锌元素的婴儿营养米粉或选择添加了锌的配方奶等。

特别向妈妈推荐苹果，它不仅富含锌等微量元素，还富含脂质、糖类、多种维生素等营养成分，有利于宝宝大脑发育。妈妈每天吃1～2个苹果即可以满足锌的需要量。

聪明宝宝的喂养

怎样母乳喂养2～3个月的婴儿

母乳充足的婴儿在2～3个月这个阶段是不用看医生的。通常婴儿体重平均每日增重30克左右，身高每月增加2厘米左右。

一般情况下，在这个月中母乳喂养的宝宝吃奶的次数是有规律的，除夜里以外，白天只要喂5次，每次间隔4小时，夜晚只喂1次母乳即可。

母乳的量是否能够满足宝宝的需要，可以用称体重的方法来衡量。如果体重每天能增加20克左右，10天称1次，每次增加200克，说明母乳喂养可以继续，不需增加任何代乳品；当宝宝体重平均每天只增加10克左右时，或夜间经常因饥饿而哭闹时，就可以再增加1次哺乳。

在这个时期，喝奶量增多的婴儿每次喂奶的间隔时间变长，原来过3个小时就饿得直哭的婴儿，现在可以睡上4个小时，有时甚至睡5个小时也不醒。若是婴儿体重持续增加，而且睡眠时间延长，就说明婴儿已具备了存食的能力。

有些婴儿生来食量就小，这样的婴儿一般出生时体重比较轻。本来3小时需要喂1次，但这样的婴儿过了3小时也不想吃，到了每日只吃3次奶的程度。尽管婴儿每日只喝3次奶，但只要婴儿精神状态好，爸爸妈妈就不用担心。

怎样人工喂养2～3个月的婴儿

2～3个月的婴儿食欲很旺盛。爸爸妈妈如果因为婴儿有食欲就不断增加牛奶量，势必造成婴儿饮食过量，而饮食过量会有较大坏处。

婴儿如果持续过量饮奶，就可能导致肥胖。而为了供养这些脂肪，宝宝娇嫩的心脏就必须进行超负荷的劳动。同时，肝脏和肾脏也要对摄入的过量营养进行处理，而不能得到很好的休息。

然而，婴儿这种超负荷的运动在外表是看不出来的，妈妈看见孩子发胖往往会很高兴，错误地认为他是健康的，这样会有可能让孩子越来越胖。

人工喂养的婴儿日需牛奶量是多少

尽管母乳喂养的婴儿也会发胖，但因母乳易于消化，即使过量也不会使宝宝的肝脏和肾脏疲劳。因此，这种肥胖病只在喂牛奶的婴儿中发生。要预防婴儿肥胖，只要不喂过量的配方奶就可以了。

2～3个月的婴儿，每日的喂奶量应控制在900毫升以下。如果每日喂6次奶，则每次应在150毫升以下；如果每日喂5次奶，则每次应在180毫升以下。如果超过了这个范围，容易使宝宝发生肥胖，有的还会导致厌食。

母乳不足时的喂养

分娩2个月后，母乳分泌会慢慢减少。如果妈妈乳房不能胀满，乳汁稀薄，每次喂奶已超过30分钟而婴儿仍频频吮奶，或无其他原因婴儿不能安睡、经常啼哭，婴儿每5日体重增加从原来的150克降至100克，就说明妈妈乳汁不足。

此外，如果出现婴儿要奶吃的哭闹时间提前，或夜里原来婴儿只醒1次，现在1夜哭闹2～3次，就可以确定是母乳分泌不足了，此时需要添加配方奶。

婴儿首次添加配方奶要注意观察宝宝的变化

由于妈妈奶水不足需要添加配方奶时，严格消毒是非常重要的。

添加配方奶后，婴儿的大便会稍有变化，较以前发白且成块。极个别的情况还会出现大便次数增多、水分增加，所以，一些妈妈可能担心宝宝是不是出现了消化不良。只要严格进行了消毒，一般不会出现什么可怕的后果。即使出现腹泻，只要婴儿状态好，可视其为对牛奶的适应过程，应继续喂下去。

开始添加配方奶时最重要的不是观察婴儿的粪便，而是观察体重。只要宝宝体重在每5日增长150克左右，就不必担心其他。

添加配方奶后要注意给宝宝补充维生素C。

小贴士

混合喂养的宝宝，有的妈妈会先让宝宝吃母乳，吃不饱，再喂一些配方奶，这样做并不合适，容易导致宝宝消化不良。应该这次喂母乳，下次喂配方奶，或者是白天喂配方奶，晚上喂母乳，要间隔着喂。

母乳留到夜里喂

有的婴儿在开始补加牛奶后，就不太愿意吸母乳，如果这样就可以改喂配方奶。但夜里必定醒来喝1次奶的婴儿，还是应该把母乳留到夜里喂较好。因为母乳喂养一是简单，不太影响婴儿的睡眠——饿了就可直接吃，吃饱了就能接着睡；二是卫生，夜里起来调配奶粉比较匆忙，难免存在消毒不严，如果喂给婴儿就可能会带来疾病。

夜里不起夜一直睡到第二天早晨的婴儿，醒来的第一次奶喂母乳也是很方便的。这个时期仍喂母乳的婴儿，即使大便次数多，大便呈腹泻状也属于正常情形。

让妈妈乳汁充足的小窍门

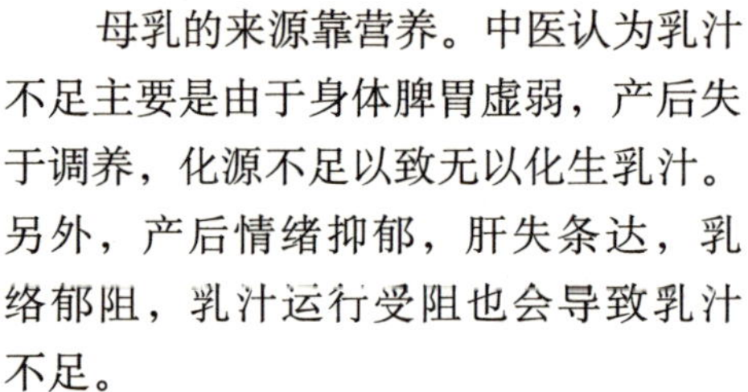

母乳的来源靠营养。中医认为乳汁不足主要是由于身体脾胃虚弱，产后失于调养，化源不足以致无以化生乳汁。另外，产后情绪抑郁，肝失条达，乳络郁阻，乳汁运行受阻也会导致乳汁不足。

食物营养

由于母乳的来源靠营养，因此，妈妈应多吃些营养丰富的食物。也就是说，妈妈应摄入足够的糖类（主食）和水，还应多吃一些含有丰富维生素、矿物质的水果和蔬菜，以及富含蛋白质和脂肪的肉汤、排骨汤、鱼汤或蛋类等。妈妈不宜吃热性香料、腌菜和油腻食物，也不应喝酒。另外，妈妈应明白食量多并不能使乳汁增加，乳汁的多少与营养有关而不是与食量有关。所以妈妈不要吃得太多，饱腹即止。

妈妈的情绪

乳汁的分泌受神经系统的调节，因此，妈妈的精神状态对乳量影响极大。所以妈妈应在平时保持平和的心态，不要激动或烦躁。家人也应该为妈妈创造一个宁静、愉快、舒适的生活环境。

良好的吸吮

乳房的刺激也会影响乳汁分泌。对乳汁的分泌来说，吸吮是一种良好的刺激，可以引起反射性乳汁分泌。

妈妈应保证足够的时间来喂养婴儿。特别是新生儿，每天的哺乳时间可能长达8个小时；出生1～2个月的婴儿，每天应哺乳8～10次；3个月的婴儿，24小时内哺乳次数至少有8次。

如果母婴一方因患病或其他原因不能哺乳时，一定要将乳房内的乳汁挤出、排空，每天排空的次数为6～8次或更多。只有将乳房内的乳汁排空，日后才能继续正常地分泌乳汁。

必要的休息

妈妈中午应睡1次觉，至少也得卧床休息1小时。哺乳期间不应使自己过于疲劳，每天至少要睡8小时以保证充分的休息。

在气候许可的时候，妈妈还应该每天做适当的散步等户外活动，这对乳汁的分泌也极为有益。

如何知道宝宝有没有智力缺陷

婴儿智力发育的早晚，与周围的环境，特别是与大人的教育训练有关。所以，爸爸妈妈需在宝宝年龄增长的过程中，不断观察，才能得出是否有智力缺陷的结论。

先天遗传和后天损伤

有的婴儿属于患有一些先天性遗传病或代谢内分泌病，这样的孩子往往有特殊面容，与正常孩子长得不一样。如有一种先天愚型的婴儿，眼裂小、眼外角上翘、鼻梁塌陷、眉间距离宽、嘴小、舌头大、舌头常伸在口外，所以也称“先天性伸舌样痴呆”。

但多数有智力缺陷的婴儿从外观来看，往往与正常孩子无多大差别。从外表上难以看出有智力缺陷的婴儿，多数是脑部受到过损伤，如胎儿时期有过严重缺氧，出生时难产，有过窒息（即出生后没有呼吸），出生后脑子得过病，或抽风时间太长、持续性超高热等。这类婴儿除了智力发育落后外，动作发育也往往同时受到影响，落后于正常婴儿。

各月龄宝宝的智力发育标准

宝宝的智力，可以根据不同月龄期的发育标准来判断。

◎ 2～3个月：会发出个别语言，两眼能随物转动，开始微笑；

◎ 5～6个月：会大声笑，发出“爸”、“妈”等单音节词，能伸手取物并放到嘴里，能分清生人和熟人；

◎ 8～9个月：能称呼“爸爸”、“妈妈”、“奶奶”等，会模仿大人声音，两手传递玩具，用拇指、食指取物；

◎ 10～12个月：会用简单的词表达自己的意思，会抬手表示再见，将物品递给别人，会要水喝。

小贴士

此时宝宝可能会发出一些“噢”、“啊”、“咿”等单个音节的声音，对于这种喃喃自语，爸爸妈妈一定要做出回答，如对他说“嘿，小乖乖”之类的话，让宝宝感受到说话的喜悦，这样他会有再次说话的欲望，从而促进宝宝的语言智力良好发展。

宝宝吃得少怎么办

婴儿有着不同的个性，有非常能吃的婴儿，也有吃得很少的婴儿，即“少食儿”。用人工喂养的婴儿可以很容易地发现宝宝是不是少食儿。一般少食儿在1个多月的时候就会表现出来，白天不怎么喝奶，夜里也不起夜。

不同的婴儿有着自己不同的习惯，喝奶的方式也是千差万别。只要宝宝精神状态好、活泼，不无缘无故地啼哭，妈妈就没必要羡慕其他的胖孩子，胖或瘦与2个月婴儿应具备的能力没有任何关系。

对于这样的宝宝，妈妈一开始可缩短喂奶时间，一旦宝宝把乳头吐出来，把头转过去，就不要再给宝宝吃了，过两三个小时再给宝宝吃，这样每天摄入的奶量总量并不少，足以供给宝宝每天的营养需求。

此外，将配方奶调浓给少食儿食用也是不可取的。少食不是因为婴儿胃小，而是因为其身体需要的营养量少，如果牛奶浓度增大，相应的喝奶量就要减少，而且牛奶浓度过大对婴儿也不利。

宝宝总是吃吃停停是怎么回事

3个月以内的宝宝，吃奶时总是吃吃停停，吃不到三五分钟就睡着了，睡眠时间又不长，半小时1小时又醒了。

这种吃吃停停现象可能是这样几个原因引起的：

1. 妈妈乳量不够，宝宝吃吃睡睡，睡睡吃吃。
2. 人工喂养的宝宝，由于橡皮奶头过硬或奶洞过小，宝宝吸吮时用力过度，容易疲劳，吃着吃着就累了，一累就睡，睡一会儿还饿。

宝宝吃吃停停怎么办

1. 妈妈奶量不足，给宝宝喂奶时要用手轻挤乳房，帮助乳汁分泌，宝宝吸吮就不大费力气了。两侧乳房轮流哺乳，每次15～20分钟。也可以先喂母乳，然后再补充代乳品（如配方奶）。
2. 人工喂养的宝宝，确定奶嘴洞口大小适中的方法，一般是把奶瓶倒过来，奶液能一滴一滴迅速流出。另外，喂奶时要让奶液充满奶嘴，不要一半是奶液一半是空气，这样容易使宝宝吸进空气，引起打嗝，同时造成吸吮疲劳。
3. 无论母乳喂养还是人工喂养，婴儿吃奶后能安稳睡上2～3个小时，说明吃奶正常。如果母乳不足，宝宝吃吃睡睡，妈妈可轻捏宝宝耳垂或轻弹宝宝的足心，叫醒他再喂奶。

妈妈注意

给宝宝喂奶时，妈妈要选择安静无外界干扰的地方。妈妈在喂奶时也不要逗宝宝，让宝宝安静地吃。

宝宝肚子经常叽里咕噜地响是怎么回事

宝宝出现这种肚子咕噜咕噜的叫声，是胃肠道蠕动的声音，可能是胃的叫声或肠鸣音，响声不只局限于某一地方。正常情况下在宝宝饥饿时可听到，但在胃肠胀气、胃肠消化功能紊乱、肠蠕动过快时也会有比较明显和频繁的响声。

当发现宝宝肚子有咕噜咕噜的叫声时，首先应观察宝宝的精神情况、吃奶情况以及大便的情况，若无异常改变，那么可不必担心。

另外，宝宝吞食过多的空气也会引起肚子叽里咕噜地响，如用奶瓶给宝宝喂食时，没将奶液充满奶瓶嘴的前端，奶瓶的奶嘴孔大小不适当，或瓶身倾斜时，空气经由奶嘴缝隙让宝宝吸入肚内。所以，妈妈要选择大小合适的奶嘴，并采用正确的喂奶方式来喂养宝宝。喂奶之后，轻轻拍打宝宝背部来促进打嗝，使肠胃的气体由食道排出。

如果宝宝添加辅食后肚子也出现叽里咕噜的响声，妈妈要暂时停止给宝宝喂容易在消化道内发酵并产生气体的食物，例如甘薯、苹果、甜瓜等辅食。

如果宝宝大便前有哭闹，妈妈能听到宝宝肚子发出的叽里咕噜的响声，可能是宝宝有些不适应。如果宝宝大便后即恢复正常，一般没有太大的问题。如果宝宝大便次数明显增多或者影响宝宝饮食、精神等，应到医院详细检查治疗。

聪明宝宝的美食

番茄汁

原料：熟透的番茄1个（200克左右），温开水适量，白糖1～2小匙。

做法：

❶ 将番茄洗净，用开水烫一下，剥去皮，切成小块。

❷ 用两层消过毒的纱布包好，挤出番茄汁。

❸ 加入适量白糖和温开水，摇晃均匀即可。

营养功效：口味酸甜，营养丰富，可以为宝宝补充胡萝卜素、维生素B_1、维生素B_2、维生素C、维生素P、钙、磷、铁等多种营养物质。

小贴士

一定要用熟透的番茄。不熟的番茄中含有毒素，不能给宝宝食用。

山楂水

原料：新鲜山楂50克，开水150毫升。

做法：

❶ 将山楂洗净，去掉核，切成小块。

❷ 放入干净的盆中，加入准备好的开水，盖上盖，闷10分钟左右。

❸ 待水温降到适合入口时，用干净的纱布过滤，盛入杯中即可。

营养功效：富含维生素C、胡萝卜素等营养物质，还有促进消化、调理脾胃的功效，很适合容易积食的宝宝。

小贴士

切忌在宝宝空腹的时候喂。1次不能给宝宝喝得太多。

胡萝卜汁

原料：胡萝卜1/2根，菠萝1片。

做法：

❶将胡萝卜洗净，切丁。

❷将胡萝卜放入榨汁机中，加少许冷开水榨成汁（可不去渣）。

❸待搅拌均匀，倒入小锅中煮10分钟即可。

营养功效：这款果汁能给宝宝补充丰富的维生素，提高宝宝免疫力。

聪明宝宝的一日饮食安排

2～3个月宝宝一日饮食安排

2～3个月的宝宝每天所需的能量为每千克100千卡左右，妈妈可以根据自己宝宝的体重计算宝宝每天所需的奶量，避免不足或超量。

进入第3个月之后，宝宝已经具备一定的储存能量的能力，每次喂奶的时间间隔可以变得稍微长一些。如果宝宝在夜间到了喂奶时间仍然熟睡不醒，妈妈也不用再把宝宝叫醒喂奶了。

2～3个月宝宝一日饮食表

主要食物	母乳或母乳+配方奶	
辅助食物	温开水、菜水、果水、米汤、鱼肝油（维生素A、维生素D比例为3：1）	
餐　次	每3小时喂1次，或按宝宝需求喂哺。夜间减少1次	
哺喂时间	上　午	9时、12时各喂1次，每次喂75～160毫升
	下　午	3时、6时各喂1次，每次喂75～160毫升
	夜　间	21时、0时各喂1次，每次喂75～160毫升
水	母乳喂养的宝宝不需添加；人工喂养的宝宝可在上午7时、10时、下午4时各喂1次水，每次喂水量在50毫升左右	
鱼肝油	每天1～3次，喂奶前半个小时加1滴，1天不超过5滴	

Part 4

宝宝3～4个月

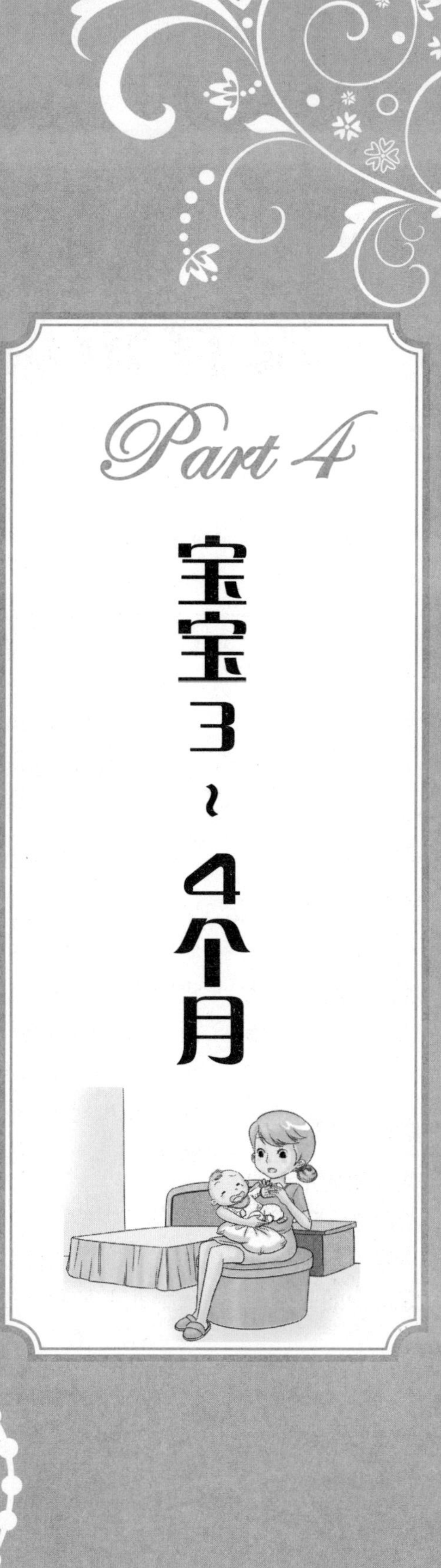

宝宝身心发育情况

3～4个月龄的婴儿，其身体的活动不仅更加活跃，而且眼睛与耳朵的功能和手脚的运动也开始逐渐协调起来。

身体发育		
体重	男婴约7.52千克	女婴约6.87千克
身长	男婴约65.46厘米	女婴约63.88厘米
头围	男婴约42.30厘米	女婴约41.20厘米
胸围	男婴约42.68厘米	女婴约41.60厘米
坐高	男婴约42.72厘米	女婴约41.56厘米
牙齿	有的宝宝已经长出1～2颗门牙	

到了这个月龄，婴儿的头部会挺直得越来越稳，看到感兴趣的东西小脸就会转来转去，身旁的声音突然加大也会吸引着婴儿循声寻找。

3～4个月婴儿的手脚活动情况

这个时期趴着的婴儿开始能用手和腿脚支撑起身体，把头抬起来。躯干的肌肉也逐渐发育起来，不像以前那样老老实实地平躺，在衣服穿得少的时候老想着侧过身子。

婴儿的手脚已变得比较灵活，胖胖的小手老想去抓什么东西。到近4个月时，有的婴儿能用手抓着毛巾放到嘴里吮吸，也有的婴儿会双手扶着牛奶瓶喝奶，也有一些婴儿会在爸爸妈妈的膝头蹬腿蹦跳。不过，这个动作也是因人而异的，有的婴儿即使过了6个月也还是不会跳。不过爸爸妈妈请放心，这样的婴儿到了会走的时候和其他婴儿毫无差别。

婴儿的睡眠

婴儿在睡眠上差异更加明显，大部分婴儿上午和下午各睡2个小时，然后晚上8点左右入睡，夜里只起1～2次。

然而少数入睡困难的婴儿到了晚上10点也不睡，只要有人在身边陪着就不想睡觉。这样的婴儿白天睡觉的时间也少于其他婴儿。

本月宝宝喂养重点

这个阶段继续提倡母乳喂养，如果母乳量足，仍然坚持不必添加其他配方奶。

3～4个月宝宝的体内，铁、钙、叶酸和维生素等营养元素会相对缺乏，尤其对此时不肯吃母乳的宝宝，如果不及时添加辅食，可能使宝宝出现体重增加缓慢或停滞，从而导致营养不良。

从这个时期开始，宝宝唾液腺的分泌逐渐增加，开始为接受谷类食物提供了消化的条件，宝宝现在喜欢吃乳类以外的食品了。这个阶段，宝宝的主食仍以乳制品为主，而每一种辅食都可以慢慢增加，在给宝宝适应时间的同时补充维生素A、维生素C、B族维生素、维生素D及无机盐。这时可给宝宝喂一些含淀粉的食物，如米糊、粥等，并开始用匙喂食。

此阶段的宝宝会对异种蛋白产生过敏反应，导致湿疹或荨麻疹等疾病。因此，不足半岁的宝宝不要喂养鸡蛋清。

聪明宝宝的营养需求

双歧糖，好东西

肠道内双歧杆菌的多少，是人体健康与否的标志之一。母乳喂养的婴幼儿比人工喂养的婴幼儿肠道中双歧杆菌数多10倍，所以母乳喂养的婴儿生长发育快，相对健康。

在人工喂养时，如果加入能促使双歧杆菌增殖的双歧糖，既可以弥补人工喂养的不足，又可代替蔗糖，且不会导致婴幼儿肥胖。

即使宝宝到了幼儿期甚至少年期，经常食用些双歧糖，不单能促使肠道内有足够的双歧杆菌，还可以防止在这个年龄段容易形成的龋齿和肥胖，使他们能健康成长。

双歧糖的四大功能

◎ **健肠胃**

双歧糖独有的BRO因子，可迅速促进婴儿体内双歧杆菌增殖，有效预防宝宝腹泻等肠道疾病的发生。

◎ **低热值**

双歧糖的热能为蔗糖的1/6，不刺激细胞发育，不在体内转化为脂肪，因此不会导致婴幼儿肥胖。

◎ **抗龋齿**

双歧糖富有高纯度BRO因子，有效防止蛀牙病原菌发酵，不腐蚀牙齿。

◎ **排毒养颜**

低双歧糖能有效抑制体内毒素形成，清除自由基，对皮肤问题效果良好。

吐奶宝宝要补充维生素A

婴儿吐奶与维生素A的缺乏密切相关。维生素A对维持皮肤黏膜上皮细胞组织的正常结构和健康具有重要作用。当婴儿缺乏维生素A时，由于位于喉头上前部的会厌上皮细胞萎缩角化，导致吞咽时因会厌不能充分闭合盖住气管而发生吐奶。

补充维生素A后，妈妈可以发现宝宝的吐奶现象大大减少。

母乳中维生素A含量减少，仅为53毫升，哺乳的妈妈们应多摄取含维生素A和胡萝卜素丰富的食物，如蛋类、动物肝脏和有色蔬菜等。婴儿则可进食些胡萝卜汁、蔬菜汤或适当补充些鱼肝油及维生素A胶丸等，都能很快地减少吐奶。

补碘，让宝宝更聪明

宝宝的脑发育要依赖母体供给充足的甲状腺素，而碘是合成甲状腺素的重要原材料。如果妈妈食谱缺乏含碘丰富的食物，就会导致母婴双方甲状腺素合成不足，影响宝宝脑组织正常发育，甚至长成低智商宝宝。

补碘的最佳时期

人类大脑的发育90%是在胎儿和婴幼儿期完成的，在这个重要时期，碘和甲状腺对脑细胞的发育和增生起着决定性作用，因此，碘也被称为“聪明元素”。

科学研究证实，并不是什么时候补碘都能提高智力水平的，只有在胎儿和婴幼儿期以科学的方式补充适量的碘，才真正有助于孩子一生的智力发育。因而，千万不可错过补碘的最有效时期。

母乳喂养可补碘

从胎儿到生后2岁，是人脑发育的重要阶段。这个时期每天至少需要40～70微克的碘来合成足够的甲状腺激素以保证正常脑发育，而此时婴幼儿尚未添加辅食，碘摄入如果仅靠代乳品将远远跟不上婴幼儿的体格生长发育和脑发育需要。最好的补碘途径是通过母乳喂奶的方法从母体得到足够的碘以保证婴幼儿生理需要。

有资料表明，母乳喂养的婴幼儿尿碘水平高出其他方式喂养的1倍以上。这个时期只要供给母体足够的碘，婴幼儿就不会发生碘缺乏。哺乳期妇女每天至少要摄入200微克碘，才能保证母婴两人的碘需要量，有效地预防碘缺乏对母婴的危害。

哺乳妈妈补碘的主要途径是食用碘盐或海带、紫菜、虾等含碘丰富的海产品。

聪明宝宝的喂养

怎样母乳喂养3～4个月的婴儿

用母乳喂养的婴儿除了有稀便或2天才便1次的情况外，其他方面在这个月龄里的婴儿会让妈妈非常省心。

尽管这个时候妈妈非常省心，但大多数妈妈都清楚，现在的乳汁分泌已不能够满足婴儿的需要。夜里婴儿会因肚子饿而哭闹，婴儿体重的增加速度降下来，但是许多婴儿怎么也不肯喝牛奶。

这个时候妈妈不必着急。因为到了4个月，宝宝就可以吃辅食了。在此之前，只要宝宝和从前一样健康快乐，即使不吃母乳以外的食物也没有关系。婴儿的体重增加在这一阶段可能比较缓慢，但过不久就会恢复正常的，这对婴儿漫长的一生不会有什么影响，如果母乳严重不足，婴儿饥饿难耐，慢慢也就不得不吃牛奶了。

这个时期的婴儿每日吃奶次数几乎是固定的。有的婴儿每日吃5次，夜里也不需要喂奶；也有的婴儿每隔4小时需要喂1次，白天喂5次后夜里还要加1次，一共喂6次。

这个时期的婴儿每日可喂奶800毫升，另在2次喂奶间隔中加牛奶90毫升。

怎样人工喂养3～4个月的婴儿

为了给宝宝补充维生素、能量和矿物质，到了第4个月，妈妈需要为人工喂养的宝宝添加一些婴儿米粉、蔬菜泥、水果泥等辅食，以满足宝宝日益增加的营养需求。

刚开始为宝宝添加辅食，一定要遵循“细、软、少”的原则，注意为宝宝添加不需咀嚼、容易下咽的糊状食物，以免宝宝被噎住，甚至因此而出现厌食。每次添加要从少量开始，宝宝不喜欢时不要勉强，可以换一种食物试试。尝试得多了，宝宝就会逐渐适应配方奶以外的食物，开始接受辅食。

给宝宝做菜泥和果泥，一定要挑选当季成熟的新鲜蔬菜和水果，并且要保证卫生。水果可洗净后直接用小匙将果肉刮成泥喂宝宝；蔬菜可煮熟捣烂后，用干净的纱布过滤，将过滤出来的菜泥喂给宝宝。

预防宝宝奶瓶龋

宝宝出生后不久，很多年轻妈妈用奶瓶喂食，宝宝一哭就把装有牛奶或甜品饮料的奶瓶往宝宝嘴里灌，认为这样方便省事，这种喂养方法会导致婴儿患奶瓶龋。

由于牙齿里含有大量的矿物质，如果宝宝处在0～3岁期间，嘴里长时间接触甜食，口腔内的细菌分解糖分而产生酸素，使尚未成形的乳牙与甜食里的酸素接触，久而久之就会使婴儿的牙齿脱光，从而就会患奶瓶龋。

奶瓶龋发病早，有些宝宝不到2岁，牙齿全烂光了，仅存一点牙根在牙床内。奶瓶龋一般从上前牙开始，逐渐向两侧后牙发展。牙齿龋还降低了咀嚼功能，从而影响小儿全身的发育，甚至造成面部畸形。

帮宝宝预防奶瓶龋

◎代乳品不要放糖过多

要正确人工喂养，牛奶里最好不放糖，喂食时应让小儿坐立，而不要躺着喂。奶瓶嘴应放在小儿上下牙之间，减少食物直接与牙齿接触的时间。喂食后应给小儿清洗口腔，去除食物残渣和乳凝块，以防被细菌发酵破坏牙齿。

◎养成良好的饮食习惯

不要养成婴幼儿含奶瓶睡觉的不良习惯，婴儿1岁大时应该开始改用“戒奶杯”，并且每日定时进食不多过6餐。孩子2岁后，每天只吃3餐分量足够的正餐，正餐与正餐之间有需要才给孩子吃1次茶点。两餐之间最好只喝清水解渴，以避免奶瓶龋的发生。

◎注意口腔卫生

婴儿从出生开始，每天用纱布蘸些白开水替他抹口腔。等到孩子的门牙长出来后，还要帮他抹牙齿，让孩子有每天清洁口腔的习惯。乳磨牙长出后，用软毛细头的牙刷帮孩子刷牙，暂时不需要使用牙膏。在孩子2岁之后，爸妈可以教孩子学习自己刷牙，比如让孩子懂得吐水，可让孩子用一粒青豆分量的儿童牙膏，每天起床及晚上睡前都刷牙。医生建议，由于幼儿的手部小肌肉尚在初步发展阶段，刷牙的技巧还未能完全掌握，因此为了确保孩子的牙齿刷得干净，爸妈必须每晚替孩子补刷牙1次。

◎定期检查牙齿

当孩子第一颗牙齿长出后6个月内

或者孩子1岁时，应该带孩子去医院接受牙科医生的第一次口腔检查，牙科医生可以及早为孩子提供预防牙患的指导。此后，每年应至少带孩子接受口腔检查1次。

妈妈上班后怎样母乳喂养

许多妈妈在宝宝4个月或6个月以后就要回单位上班了，但这个时候并不是让宝宝断掉母乳的最佳时间，妈妈要克服困难，继续坚持母乳喂养。

妈妈在上班前半个月就应做准备，以便给宝宝一个适应过程。妈妈可在正常喂奶后，挤出部分奶水，让宝宝学会用奶瓶吃奶。另外，也要让宝宝吃一些配方奶，可以慢慢适应除母乳以外的其他奶制品的味道。这样做还能防备妈妈随时可能母乳不足需要添加配方奶时，宝宝不接受橡皮奶头。

如果妈妈希望宝宝完全吃母乳，或宝宝对奶粉过敏的话，可上班时携带奶瓶，收集母乳。在工作休息时间及午餐时在隐秘场所挤乳，如员工宿舍。

奶挤好后立即放在保温杯中保存，里面用保鲜袋放上冰块，或放在单位的冰箱中。下班后携带奶瓶仍要保持低温，到家后立即放入冰箱。所有储存的母乳要注明吸出的时间，每次便于取用。

挤奶的时间尽量固定，建议在工作时间每3个小时吸奶1次，每天可在同一时间吸奶，这样到了特定的时间就会来奶。

正确挤母乳的方法

什么时候需要挤奶呢？ 当乳房太胀影响宝宝吸吮时，为了帮助宝宝吸吮，一定要挤掉一些奶，或是妈妈需要上班，不能按时给宝宝喂奶时，也需要挤出一些奶，以备白天不在时有足够的奶可留给宝宝。可见，妈妈学会挤奶是必需的。

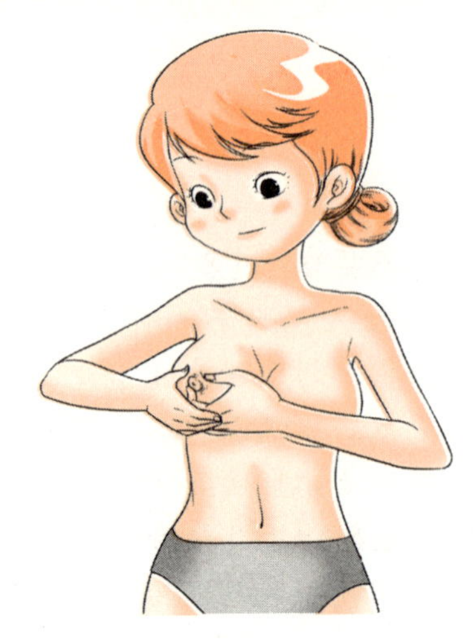

手工挤奶法

首先用肥皂洗净手，取坐位或立位均可。挤右侧乳房时以左手为主，挤左侧乳房时以右手为主。以拇指与食指呈C字形或倒C字形放在乳晕外围，先向胸壁压入再挤，即可施力于输乳室，使奶水流出。一般在乳房柔软时较易用手挤。用手挤的另一种方式是将食指与中指放在乳晕下方，拇指在乳晕上方，然后用指头的力量先往胸壁内挤压，再用按手印的方式将输乳室往前挤压。接奶的容器要先消毒。

热瓶挤奶法

对于一些乳房肿胀疼痛严重的妈妈来讲，由于乳头紧绷，用手挤奶很困难，可用热瓶挤奶法。

取一个容量为1升的大口瓶（注意瓶口的直径不应小于2厘米），用开水将瓶装满，数分钟后倒掉开水。然后用毛巾包住拿起瓶子，将瓶口在冷水中冷却一下。将瓶口套在乳头上，不要漏气。一会儿工夫，瓶内形成负压，乳头被吸进瓶内，慢慢地将奶吸进瓶中。待乳汁停止流出时，轻轻压迫瓶子周围的皮肤，使空气进入，瓶子就可被取下了。

吸奶器挤奶法

妈妈若感到奶胀且疼得厉害时，可使用手动或电动吸奶器来辅助挤奶。吸奶器可在商店购买，使用方法上面也会有标明，只是要注意：每次使用前须先消毒。

小贴士

最初挤几下可能奶不下来，多重复几次奶就会下来。另外，每次挤奶的时间以20分钟为宜，双侧乳房轮流进行。一侧乳房先挤5分钟，再挤另一侧乳房，这样交替挤，下奶会多一些。

母乳的储存方法

母乳储存时间不宜长，室温可储存8小时，冰箱（4℃～8℃）存48小时，－18℃以下存3个月。

储存挤下来的母乳要用干净的容器，如消过毒的塑胶桶、奶瓶、塑胶奶袋等。如果长期存放母乳，最好不要用塑胶袋装，用其他容器也不要装得太满或把盖子盖得太紧，以防冷冻结冰而胀破。最好按每次给宝宝喂奶的量，把母乳分成若干小份来存放，每一小份母乳上贴上标签并记上日期，以方便家人或保姆给宝宝合理喂食且不浪费。

◎ 解冻母乳的方法

加热解冻：放在奶瓶隔水加热（水温不要超过60℃）。

温水解冻：用流动下的温水解冻。

冷藏室解冻：可放在冷藏室逐渐解冻，24小时内仍可喂宝宝，但不能再放回冷冻室冰冻。

千万不能用微波炉解冻或是加温，

否则会破坏营养成分。

◎ **喂养方法**

❶ 在冷藏室解冻（没有加热过的奶水），放在室温下4个小时内就可以饮用。

❷ 如果是在冰箱外用温水解冻过的奶水，在喂食的那一餐过程中可以放在室温中，而没用完的部分可以放回冷藏室，在4小时内仍可使用，但不能再放回冰冻室！

宝宝喝配方奶腹泻怎么办

有的宝宝喝配方奶会出现烦躁不安和腹泻，这多半是由于牛奶过敏或对牛奶不耐受。

◎ **牛奶过敏**

其表现为慢性腹泻、大便软、半成形、常伴有黏液和隐匿性出血，少数可能有水泻、反复呕吐和腹痛等症状。宝宝的头面部皮肤还会出现红斑、丘疹和含有半透明液体的小疱疹，自感瘙痒。一旦发现宝宝对牛奶过敏，就应立即停止牛奶或牛奶制品的喂养，改用代乳品。大部分患儿在停用牛奶24～48小时后症状就明显缓解，在2岁后多数宝宝对牛奶过敏的现象自行消失。

◎ **对牛奶不耐受**

有的宝宝吃牛奶后会出现腹胀、腹痛和腹泻等症状，原因是这些宝宝体内缺乏分解牛奶的乳糖酶，吃牛奶后，造成一系列胃肠不适的症状。对于牛奶不耐受的宝宝，一要停喝牛奶，二可改饮酸牛奶。

腹泻时怎么办

如果宝宝腹泻情况并不严重，每日腹泻5～6次或7～8次，比正常多2～3次，无呕吐，此时可暂用1～2日米汤，以后用冲淡奶粉或以奶粉和水各半的浓度，或制成 2 份奶粉、 1 份水的浓度，使肠道逐步适应。

当大便恢复正常后即可改用原有的奶粉浓度。如宝宝偶然出现腹泻，而且病情也轻，则只需用冲淡奶粉喂1～2天即可，以后恢复正常饮食。

如果宝宝病情较重，每日腹泻超过10次，并伴有呕吐现象，应暂时停喂奶粉，即禁食6～8小时，最长不超过12小时。

禁食时可用胡萝卜汤或米汤代替，间隔时间和每次用量均与喂奶粉时相同。腹泻情况如有好转，逐渐改用米汤、冲淡的奶粉，最后恢复原来的饮食。

小贴士

宝宝在发生腹泻后，一定要防脱水，及时补充水分。另外，要注意不要滥用抗生素。如果经常使用抗生素，可能导致宝宝肚子胀、厌食，免疫功能也会降低。

如何照顾仍然吐奶的宝宝

有溢奶的宝宝，到了这个月，吐奶程度可能会明显减轻，有的宝宝不再吐奶了。即使仍然吐奶，如果没有影响宝宝的生长发育，也不要紧，过一段时间会好的。

照顾仍然吐奶的宝宝要注意：

尽量在吃奶前给宝宝洗澡，吃奶后不要让宝宝活动，可竖立着抱宝宝。这样可能会减轻吐奶，如果减轻了，就不容易再反复了，慢慢就会好了。

如果吃奶后半小时还吐奶，就竖立着抱半个小时；如果吃奶后一小时还吐，就竖着抱一小时；如果醒后吐奶，待宝宝还没有完全醒过来时，就轻轻把宝宝竖立着抱起来；如果宝宝一哭就吐，就尽量减少宝宝的哭闹，哭的时候不要让宝宝躺着。

宝宝咬乳头怎么办

有的宝宝4个月开始有牙齿萌出。在牙齿萌出前，宝宝会咬乳头。妈妈的乳头本来让宝宝吸吮得很嫩了，宝宝一咬会很痛的。当宝宝咬妈妈乳头时，妈妈本能地向后躲闪，结果宝宝还咬着乳头不放，这样会把妈妈乳头拽得很长，使妈妈更痛，甚至造成乳头皲裂。

如何避免宝宝咬伤妈妈乳头？很简单，当宝宝咬乳头时，妈妈马上用手按住宝宝的下颌，宝宝就会松开乳头的。

如果宝宝要出牙，频繁咬妈妈的乳头，喂奶前可以给宝宝一个没有孔的橡皮奶头，让宝宝吸吮磨磨牙床。10分钟后，再给宝宝喂奶，就会减少宝宝咬妈妈乳头的次数了。

宝宝不肯吃奶粉怎么办

不管是混合喂养还是从母乳喂养转为混合喂养或人工喂养，很多妈妈都会遇到这样的问题。宝宝完全能感到人工奶头和妈妈乳头不同的质感、气味，更喜欢吸吮妈妈柔软、舒服的乳头，拒绝吸吮人工奶头。用奶瓶给宝宝喂过药、喂过白开水等，也会造成宝宝拒用人工奶头。

对于宝宝不肯吃奶粉这个问题，有经验的妈妈们采用过一些方法，如尝试在喂奶粉前先饿一饿宝宝，或在人工奶头上蘸点糖，或等宝宝睡得迷迷糊糊的时候，再用人工奶头喂，等等。这些对于有的宝宝，有些时候还是管用的，但对有的宝宝却一点用也没有。

下面给妈妈们提供一些方法，妈妈们在遇到宝宝不吃奶粉时可以先试一试这些方法。

首先，妈妈可选择接近妈妈奶头的奶嘴。当宝宝感觉饿时，妈妈就可以试着用奶瓶给宝宝喂奶了。喂食前，可将奶嘴用温水冲一下，让它和人体温度相近。

然后妈妈用衣服将宝宝包着，奶瓶也可贴近妈妈身体，接着，不要将瓶嘴放入宝宝的口中，而是把瓶嘴放在旁边，让宝宝自己找寻瓶嘴，主动含入嘴里；也可在宝宝睡着的时候，把奶瓶放入他的嘴中。

如果宝宝能接受奶头却仍不肯吃奶，你可以试着挤出母乳在奶瓶里给宝宝吃，如果他接受了，说明他可能不喜欢奶粉的味道，而不是不愿意用奶瓶，可以换一个接近母乳味道的牌子试试。另外，把奶粉调淡一点、冷一点或热一点也许更容易使宝宝接受。

妈妈不可因为宝宝不吃奶粉心里着急就强行喂给宝宝吃，一般宝宝会越强迫越不吃，只会适得其反。

补充维生素多多益善吗

维生素并不是有百益而无害，维生素类供养药也不可长期过量服用。如果长时间给宝宝服用维生素，会引起体内各种维生素的失衡，反而会损害宝宝的身体健康。

维生素A	过量服用时影响婴幼儿骨骼发育，使软骨细胞造成不可逆的破坏 患维生素A缺乏症的婴儿每日0.5万～1万国际单位，1～8岁小儿0.5万～1.5万国际单位，均给药10天
维生素D	婴幼儿应用维生素D过量所致的后果比佝偻病更为严重 婴儿预防用剂量为400国际单位/日
维生素AD	本品剂型有胶丸和滴剂两种，其中维生素A的含量甚高 有些爸妈视之为无害的营养品，长期过量给婴幼儿服用，极易引起中毒 如过多服用会出现毛发干枯、眼球突出，烦躁不安 滴剂：预防用量，口服3～6滴/日；治疗剂量，口服5～10滴/次，2～3次/日 淡AD丸：口服1～2丸/次，3次/日 浓AD丸：口服1丸/次，2～3次/日

续表

维生素C	婴幼儿接受大剂量维生素C后往往会出现乏力、血小板增多、肠蠕动亢进、消化不良、不安、皮疹、荨麻疹、浮肿等。生长期儿童过量服用，日后可使小儿患骨病，必须恰当使用 小儿预防用药时，每日1/2～1片即可。若已患缺乏症，应遵医嘱服用
果味维生素C	果味维生素C是维生素C的一种制剂，内含葡萄糖和维生素C100毫克，其味道酸甜，最适合小儿服用。但如果长期或大量服用，就会产生对维生素C的依赖性。一旦停药，则出现牙龈出血、糜烂肿胀、牙齿松动，故不宜过多食用
维生素K	由于维生素K在体内排泄过程中与胆红质相竞争，可致新生儿、早产儿酶系统不成熟而排泄受限，较大剂量的维生素K可致溶血性贫血、高胆红素血症及黄疸。对红细胞6-磷酸脱氢酶缺乏症患者，可诱发急性溶血性贫血，早产儿及低体重小儿使用应慎重
维生素E	长期过量服用可造成维生素E中毒，出现呕吐、乏力、唇干、胃肠功能紊乱、口角炎等。停药后上述症状逐渐消失 维生素E广泛存在于植物油、谷物、鱼类、肉类及蛋奶制品中，只要日常生活中不挑食、不偏食，体内不会缺乏维生素E，故不可过量服用
维生素M（叶酸）	大剂量的叶酸能拮抗苯巴比妥、苯妥英钠和扑米酮的抗癫痫作用，并增加敏感儿童的发作次数

聪明宝宝的美食

苹果泥

原料： 新鲜苹果1/2个（100克左右）。

做法：

将苹果洗净，切成两半，用干净的不锈钢小匙将果肉刮下来，直接喂给宝宝吃。

营养功效： 可以为宝宝补充维生素和矿物质，还可以帮宝宝预防佝偻病、缺铁性贫血等矿物质缺乏引起的疾病。

小贴士

最好选择红富士、黄香蕉等果肉比较松软的苹果为宝宝做果泥。

香甜土豆糊

原料： 土豆1小块（30克左右），汤少许。

做法：

1. 将土豆削皮洗净，切成薄片。
2. 将切好的土豆片放进煮饭的锅里一起煮熟或用微波炉加热至熟。
3. 挑出土豆，去掉粘在土豆上的饭粒，用勺子捣成泥。
4. 加入适量饭汤，搅成糊状即可。

营养功效： 可以为宝宝补充能量、维生素和多种矿物质，还可以帮宝宝预防便秘。

小贴士

发芽较多、皮色发青的土豆中含有大量的龙葵素，极易引起中毒，绝对不能给宝宝吃。

大米汤

原料：大米3大匙。

做法：

❶ 将大米洗净，用清水浸泡3个小时。

❷ 将大米放入锅中，加入三四杯水煮，小火煮至水减半时关火。

❸ 将煮好的米粥过滤，只留米汤，微温时即可给宝宝喂食。

营养功效：米汤性味甘平，有益气、养阴、润燥的功能。

小米汤

原料：小米40克。

做法：

❶ 将小米淘洗干净。

❷ 锅置火上，放入小米，加入适量清水，煮成稀粥。

❸ 粥好后，取上层的米汤喂给宝宝吃。

营养功效：小米营养丰富，含有丰富的维生素和矿物质。小米中的维生素B_1是大米的好几倍，矿物质含量也高于大米。

聪明宝宝的一日饮食安排

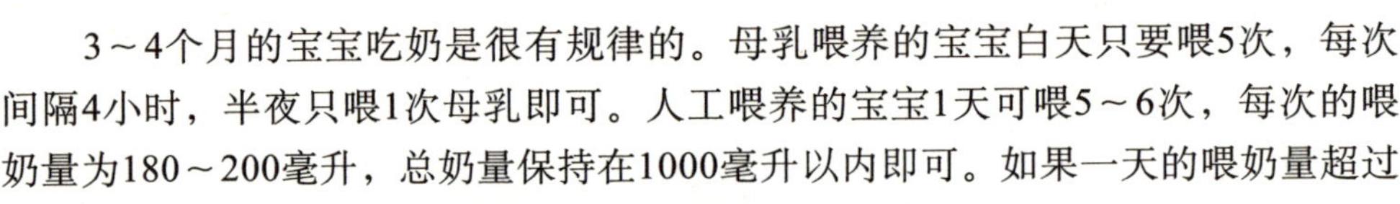

3～4个月宝宝的一日饮食安排

3～4个月的宝宝吃奶是很有规律的。母乳喂养的宝宝白天只要喂5次，每次间隔4小时，半夜只喂1次母乳即可。人工喂养的宝宝1天可喂5～6次，每次的喂奶量为180～200毫升，总奶量保持在1000毫升以内即可。如果一天的喂奶量超过了1000毫升，容易使宝宝出现肥胖，还可能导致厌食牛奶。

3～4个月宝宝一日饮食表

早上6:00	母乳喂哺15分钟（或给予牛奶150毫升，白糖适量）
上午8:00	鲜橙汁或番茄汁80毫升
上午10:00	鸡蛋米粉10克，鸡蛋黄1/8个，白糖适量；小儿鱼肝油滴剂（用量遵医嘱）
中午12:00	新鲜蔬菜汁80毫升或水果泥50克
下午2:00	母乳喂哺15分钟（或给予牛奶150毫升，白糖适量）
下午5:30	新鲜蔬菜汁80毫升或水果泥50克
晚上9:30	母乳喂哺15分钟（或给予牛奶150毫升，白糖适量）
凌晨1:00	母乳喂哺15分钟（或给予牛奶150毫升，白糖适量）

Part 5

宝宝4～5个月

宝宝身心发育情况

虽然仅长了1个月，婴儿的成长却比上个月明显得多。

身体发育		
体　重	男婴约7.97千克	女婴约7.53千克
身　长	男婴约66.76厘米	女婴约65.90厘米
头　围	男婴约43.10厘米	女婴约41.90厘米
胸　围	男婴约43.40厘米	女婴约42.05厘米
坐　高	男婴约43.57厘米	女婴约42.30厘米
牙　齿	有的宝宝已经长出1～2颗门牙	

这个月的婴儿已能够清楚地表达自己的感情，流露出喜、怒、哀、乐不同的表情，不顺心时放声大哭，高兴的时候则经常笑出声来。

宝宝的活动情况

这个月的宝宝活动功能更趋活跃，几乎所有的婴儿头部都能完全挺直，会循声寻找。手的活动也变得相当自由，经常把手放到嘴里吮吸，有的婴儿还能把两手合在胸前。

婴儿趴着时，能两手支撑起身体长时间抬起头。手拿玩具还会胡乱挥动。这个时期的婴儿自己还不能坐得很稳，发育快一些的婴儿，到了5个月时能坐2～3分钟。

宝宝的睡眠

这个时期，婴儿每日的生活方式仍然是睡眠。

有的婴儿到了这个月，可以从夜里11点一觉睡到早晨五六点钟，这期间既不排尿也不醒。但多数婴儿夜里排尿还要醒1次，有的婴儿醒来后只要稍抱一下就会睡着。但在寒冷的冬季，母乳充足的妈妈最好还是给婴儿喂点奶，这样会使婴儿更好地安心入睡。牛奶喂养的婴儿如果喝完牛奶能很快入睡，也可以喂点牛奶，当然，果汁也可以。

本月宝宝喂养重点

这个阶段继续提倡母乳喂养，如果母乳量足，仍然坚持不必添加其他配方奶。宝宝到了4个月后，消化器官及消化机能逐渐完善，而且活动量增加，消耗的热量也增多，此时的混合喂养和人工喂养要比4个月前的宝宝复杂。

4个月的宝宝除了吃奶以外，要逐渐增加半流质的食物，为宝宝以后吃固体食物做准备。

随着婴儿月龄的增长，胃内分泌的消化酶类的增多，可以食用一些淀粉类半流质的食物，先从1～2匙开始，以后逐渐增多。

这里需要注意的是，如果宝宝不爱吃，就不要喂，千万不可勉强。在用大米粥喂宝宝的那一顿，可以停喂一次婴儿米粉。

此阶段的宝宝生长发育迅速，应当让他尝试更多的辅食种类。添加的原则是由稀到稠、由少到多、由细到粗、由一种到多种，根据宝宝的消化情况而定。每加一种新的食品，都要观察宝宝的消化情况，如果出现腹泻，就要立即停止添加这种食物。

在添加辅食的过程中，要注意宝宝的大便是否正常以及有没有不适应的情况。每次添加的量不宜过多，以使宝宝的消化系统逐渐适应。尝试添加辅食，重在“尝试”二字，能添则添，不能添则停。

宝宝4个月后，奶中所含的成分已经难以满足宝宝生长发育的需要，加上宝宝体内来自母体的铁已消耗尽了，母乳或牛奶中的铁又远远赶不上宝宝的需要，如果不及时补充，就会出现缺铁性贫血。含铁较高又易于宝宝吸收的食物是蛋黄、深绿色蔬菜、瘦肉、动物肝、动物血，但瘦肉、动物肝、动物血需等到宝宝6个月之后方可逐渐添加。为此，在这个月里可以给宝宝添加蛋黄，补充铁质。

在添加的果泥、菜泥的基础上，这个阶段可以再添加一些稀粥或汤面，还可以开始添加鱼肉。当然，宝宝的主食还应以母乳或配方奶为主。

聪明宝宝的营养需求

及时补充铁元素

铁是血红蛋白的重要组成部分，还具有固定和输送氧气的功能，是人体必不可少的微量元素之一。一旦宝宝缺铁，就会出现营养性缺铁性贫血，不但精神不好，还很容易受到细菌感染。

铁作为人体血红蛋白和大脑神经纤维髓鞘的物质基础，为脑细胞提供营养素和充足的氧并影响神经传导。

缺铁婴儿除了易贫血，还常哭闹，易激怒；儿童则注意力不集中，记忆与思维能力下降，行为异常，直接影响学习能力。

出生时宝宝会从妈妈那里得到一定量的铁，可供4～6个月之需。4～6个月后，体内贮存的铁已用尽，从母乳或牛奶中得到的铁又比较少，必须及时通过其他食物为宝宝补铁。早产儿或低体重婴儿尤其需要及早补铁。

宝宝在婴幼儿时期每天所需的铁为10～12毫克，可以通过蛋黄、瘦肉、动物肝脏、动物血、黑木耳、海带、紫菜、南瓜子、芝麻、黄豆等含铁丰富的食物进行补充。

含维生素C丰富的食品能促进铁的吸收，所以，为宝宝补铁时，也要注意适当补充维生素。

铁补充过量也会引起中毒，使宝宝出现疼痛、呕吐、腹泻及休克等症状，还会损伤肝脏，一定要注意。

小贴士

鲜牛奶中所含的铁并不多，并且含有能引起肠黏膜通透性改变的蛋白质，可导致肠道少量、慢性出血，所以，6个月前的宝宝最好不要通过喝鲜牛奶补铁。

含铁量丰富的食物

食物名称	每100克含铁量（毫克）	每100克含蛋白质量（毫克）	贴心提示
猪肝	31.1	20.8	猪肝中还含有丰富的维生素A和叶酸，营养较全面。但猪肝中含有较多的胆固醇，一次不宜吃得太多
牛肉	3.2	20.1	牛肉营养价值高，并有健脾胃的作用，但牛肉纤维较粗，在给宝宝食用的时候要煮透、煮烂
猪肉	3.4	18.4	猪肉有润肠养胃的功效，是宝宝日常膳食中铁的最常见来源
鸡肝	13.1	16.6	鸡肝富含血红素、铁、锌、铜、维生素A和B族维生素等，是宝宝补充铁质的良好选择
猪肾	5.6	16.8	猪肾中富含锌、铁、铜、磷、B族维生素、维生素C、蛋白质、脂肪等，但制作时注意清洗干净
鸡血	28.3	10.1	鸡血富含铁、锌、氨基酸和维生素等多种营养元素，特别是铁和赖氨酸含量很高，且极易被人体吸收
大豆	9.4	32.9	大豆营养丰富，含铁量高，但其所含的铁较动物性来源的铁吸收率要稍差一些
蛋黄	10.2	15.2	蛋黄含有丰富的铁、锌和维生素D，如果没有过敏的话，鸡蛋对宝宝来说是最重要的食物之一

聪明宝宝的喂养

怎样母乳喂养4～5个月的婴儿

母乳喂养无疑方便、卫生、经济，而且特别有营养，因此母乳充足的母亲应尽量给宝宝喂哺母乳。

如果这个月龄的婴儿没有其他食物要求而仍然愿意吃母乳，体重增加也在正常范围内（平常每日增加15～20克）就没有必要急于做断乳准备，等过了这个月也无妨。

但是，当母乳逐渐减少，婴儿与以前相比经常因肚子饿而哭闹时，就必须考虑要添加奶粉了。如果婴儿10日内只增重了100克，就应考虑每日要添加2次奶粉。

只喂母乳的婴儿，在喂奶粉时要特别注意浓度，要比奶粉包装上标明的4～5个月婴儿低浓度用量还要少放一些奶粉，调成180毫升的稀奶粉。如果婴儿愿意吃，5～6个月之后可改按奶粉包装上标明的低浓度量喂，可如果吃了5日后体重增加达到100克，那么还是应按少一些的量调配奶粉。

在给婴儿喂奶粉时要注意，不要在婴儿吃母乳后用奶粉补充不足的部分，而应在母乳分泌最不充足的时候（一般是下午4～6时）单独喂1次奶粉。

为宝宝选择合适的婴儿米粉

妈妈在为宝宝选购婴儿米粉时，应该注意以下几个问题：

◎ 蛋白质的含量要适中。中国宝宝和外国宝宝对蛋白质的敏感度存在差异，如果将适合外国宝宝的补充谷粉（蛋白质含量仅有5%）作为全价配方粉（蛋白质含量达10%）给中国宝宝食用，就会妨碍宝宝发育，对宝宝的一生产生严重影响。

◎ 是否含有足够的碘。我国是缺碘大

国，宝宝更容易缺碘。为了宝宝的健康，妈妈一定要为宝宝选择含有足够碘的米粉。

◎ 米粉的颗粒是否够细。宝宝的肠胃功能尚未发育完全，颗粒粗的米粉会妨碍宝宝吸收米粉中的营养。优质米粉必须符合颗粒精细、容易消化吸收的标准。

◎ 是不是独立包装。独立包装的米粉不仅容易掌握添加量，而且更加卫生，并且不容易受潮，是妈妈的上上之选。

怎么给宝宝调制米粉

原料：营养米粉1勺。

做法：

1. 先将清水加热至沸腾，倒入碗中凉温。
2. 将米粉慢慢倒入，边倒边搅，直至黏稠。
3. 如果宝宝习惯了米糊，可添加菜泥在米糊中。

营养功效：营养米粉含有丰富的糖类、维生素、矿物质等，易于消化，适合给宝宝当辅食。

刚开始给喂食米粉时，可以冲调得稀一点，慢慢地再冲调得稠一些。如果刚开始就冲得很稠，宝宝不好消化。

不要只用米粉喂宝宝

市场上名目繁多的健儿粉、米粉、奶糕等，都是以大米做主料制成的。米粉的主要成分为糖类，不能满足婴儿生长发育的需要。因此，添加婴儿米粉的同时，还应坚持母乳或配方奶喂养。

如果只用米粉类食物代替乳类及乳制品喂养，婴儿就会出现蛋白质缺乏症，不仅生长发育迟缓，影响神经系统、血液系统和肌肉的增长，而且婴儿体质较弱、抵抗力低下，体内免疫球蛋白不足，容易患病。

长期用米粉喂养的婴儿，身高增长缓慢，但体重并不一定减少，反而又白又胖，皮肤被摄入过多的糖类转化成的脂肪充实得紧绷绷的，医学上称这为泥膏样。但这种婴儿外强中干，常患有贫血、佝偻病，易感染支气管炎、肺炎等疾病。

可在奶粉中加入少量米粉

米粉中蛋白质和脂肪的含量很低，质量也较差，满足不了婴儿生长发育的需要。但在奶粉中加入少量米粉的食用方法对婴儿是有益的。

奶粉中蛋白质含量较高，其中酶蛋白占80%，乳蛋白占20%。酪蛋白在进入人体后，遇到胃酸易形成凝块，不易消化，而加入米粉后形成了柔软而疏松的酪蛋白凝块，易于被人体消化吸收。

小贴士

有些爸爸妈妈在新生儿期就给新生儿加用米粉，这不合适。因为新生儿唾液分泌少，其中的淀粉酶尚未发育，而胰肠淀粉酶要在婴儿4个月左右才能达到成人水平，所以3个月内的婴儿不宜加米粉类食品。

喂奶后拍嗝很重要

无论母乳喂养还是人工喂养，喂食中，当宝宝休息时，给他一个打嗝的机会，排出吞下的气体。这些吞入肚中的气体会使他感到腹胀。

拍隔的姿势通常有以下几种：

要帮助很小的新生儿排气，可让他靠在你一侧肩膀，给他拍拍背部。

把新生儿抱在膝上，让他向前倾，用手在下巴处扶住他软绵绵的头。他可能会吐出一些奶液（溢奶），因此在附近要放一块毛巾备用。

3个月大时，你的宝宝可以坐直一会儿了，让他坐在你的膝上轻轻摇他，同时给他搓背，这样可帮助他排出吞下的气体。

任何大小的孩子，都可以让他横躺在你的膝上或手臂上，面向下，这样可帮助孩子排出气体。

菜汁、果汁添加的技巧

添加菜汁、果汁可以给宝宝补充必要的水分。菜汁和果汁来源于富含维生素C的蔬菜和水果，可以给宝宝补充维生素C，还可促进宝宝消化，利于排便。更重要的是，让宝宝通过吃果汁获得更丰富的味觉刺激，在感到好喝的同时体验喝果汁的乐趣。这也可以说是人生中享受美味的很重要的一步。

菜汁、果汁的做法

要选用应季的蔬菜和水果，蔬菜、水果要洗净，对有可能打过农药的水果应削皮后食用。

为避免维生素的损失，制作菜汁和果汁时应先将水烧开，然后再放入新切碎的水果或蔬菜；水与水果或蔬菜的比例是2∶1，煮开的时间为3分钟。凉凉后过滤掉渣滓，就得到适合小婴儿食用的菜汁和果汁。

果汁的做法多种多样，可用果汁机、榨汁机制作，也可用消毒纱布（蒸、煮消毒均可）包裹水果后挤出果汁；如果是橘子、橙子、番茄等有皮多汁的水果或蔬菜，也可以一剖两半，直接在榨汁器上将果汁挤出。

怎样喂果蔬汁

给宝宝喂果汁的时间最好选户外活动之后。此时宝宝口渴，最适宜喂水或果汁。

有些孩子很喜欢喝果汁，爸爸妈妈看他高兴也就不加限制，这是不对的。宝宝对果汁的需求量要有所控制，其他的水的需求量最好还是用凉白开来补充。

2个月婴儿食用的果汁要兑1倍水，从1天喂1次，10毫升开始，渐渐地加量至30毫升。开始时，只能给孩子喂1种水果的果汁，适应后（3～5天无异常）才可换其他品种。

菜汁要现做现吃。长时间放置的菜汁亚硝酸盐增高，会导致高铁血红蛋白血症，甚至可导致亚硝酸盐中毒。

要给宝宝加辅食了

对于宝宝来说，转奶期是一个重要的学习阶段，因为这代表宝宝从婴儿时期的单一饮食向成人膳食踏出了第一步，是帮宝宝添加辅食的时候了。

什么时候添加辅食最好

大部分营养及儿科专家认为，在婴儿4～6个月时添加辅食最理想。

这个阶段的婴儿，无论胃肠道、神经系统及肌肉等发育都较为成熟，而且舌头的排外反应消失，可以掌握吞咽动作。而过早添加固体食物，对婴儿的生理功能会造成不良的影响，因为宝宝的消化器官还没有成熟，消化能力有限。过早添加辅食，会给宝宝幼嫩的胃肠道和肾脏带来不必要的负荷，影响宝宝健康。

添加辅食时妈妈要注意

- 如果婴儿由于吃惯了奶而对新的食物不感兴趣，这时母亲不应勉强婴儿，一种食物不行下次就再换一种。
- 对于婴儿的饮食不能太教条，也不能死按书本。孩子的饮食习惯千差万别，吃多吃少以及吃哪种食物都应由孩子的食欲与爱好来决定。
- 给婴儿添加食物一定要注意卫生，原料要新鲜，要现做现吃。

◎ 不要将剩饭菜煮得烂烂的给孩子当辅食。

◎ 孩子在吃番茄、西瓜或胡萝卜后大便会带红色，或吃青菜后大便带绿色，这属正常情况，下次做辅食时可做得再细些。

◎ 孩子如果出现湿疹，可能是对某种蛋白质过敏。

◎ 尽管辅食要添加，但母亲应该知道孩子的主食仍然是乳类及乳制品。

◎ 应使用小匙添加，而不要放在奶瓶中吸吮，这样也为孩子断奶以后的进食打下了良好的基础。

◎ 孩子患病时，应暂缓添加，以免加重其胃肠道的负担。

宝宝可以吃辅食的信号

什么时候可以给宝宝添加配方奶以外的辅食呢？关注一下以下的这些信号吧!

◎ 开始对大人吃饭感兴趣。大人咀嚼食物时，宝宝目不转睛地盯着大人的嘴巴看，还发出“吧唧吧唧”的声音。

◎ 不再有推吐反射。如果把小勺放到宝宝嘴唇上，他就张开嘴，而不是本能地用舌头往外推。

◎ 可以吞咽食物。把少量泥糊状食物放到宝宝嘴里，宝宝已经能够顺利地咽下去。

此外，还要注意一点：看宝宝有没有能力拒绝。在不想吃东西时，如果宝宝已经知道用闭嘴、转头等动作对大人们送过来的食物表示拒绝，说明宝宝有了判断饥饱的能力，这时就可以放心地为宝宝添加辅食了。

给宝宝添加辅食的原则

◎ **由一种到多种的原则**

开始时不要几种食物一起加，应先试加一种，让宝宝从口感到胃肠道功能都逐渐适应后再加第二种。如宝宝拒绝

小贴士

最好给孩子添加专门为其制作的食品，而不要只是简单地把大人的饭做得软烂一些给宝宝吃，因为孩子的肝脏、肾脏还很娇嫩，咀嚼、吞咽功能也不够强。他们的食物以尽量少加盐，甚至不加盐为原则，以免增加孩子肝、肾的负担。颗粒尽量小，以免宝宝噎住或卡住喉咙。

食入就不要勉强，可过一天再试，三五次后婴儿一般就接受了。

◎ **由少到多的原则**

添加辅食应从少量开始，待婴儿愿意接受，大便也正常后，才可再增加量。如果婴儿出现大便异常，应暂停辅食，待大便正常后，再以原量或小量开始试喂。

◎ **由稀到稠的原则**

食品应从汁到泥，由果蔬类到肉类。如从果蔬汁到果蔬泥再到碎菜碎果、由米汤到稀粥再到稠粥。

为宝宝准备餐具及制作辅食工具

◎ **为宝宝准备餐具**

1. 购买婴儿餐具2套，不同形状、色泽、花色，更替使用，让宝宝有新鲜感。
2. 最好购买有标准容量的婴儿餐具，以便清楚辅食喂养量，购买有计量刻度的餐具，可更准确地知道宝宝的进食量。
3. 最好购买底部有吸盘的餐具，以免宝宝弄翻餐具。
4. 购买能够放在微波炉中加热及能够放在冰箱中冷冻的餐具，可以加热食物，如果宝宝没有吃完，可临时封起来，放在冰箱冷藏室中（储存时间不超过7小时），等到下顿加热后再喂。餐具最好有封盖和气孔，方便冷藏和加热。当然，宝宝每次吃不了多少，妈妈少做一点，吃不完给其他人吃掉，最好还是不要留到下顿给宝宝吃。
5. 购买宝宝可以抓握、带有把手的杯子。防漏饮水杯可让宝宝练习自己喝水。
6. 购买有弯度的小勺，宝宝容易把食物送到口中。

◎ **为宝宝准备辅食制作工具**

最好购买专门为宝宝制作辅食的工具，妈妈可以根据需要购买一些必要的辅食制作工具，会给你制作带来方便，比如食物研磨机、榨汁机、过滤碗、小锅等。

用勺子喂宝宝吃东西

随着辅食越来越丰富，从原来的流质食物慢慢过渡到半流质，再过渡到固体食物，例如鸡蛋羹、土豆泥等，这些不能放在奶瓶里喂宝宝，这时就需要用汤匙喂宝宝，这也是为日后能顺利断奶打下基础。

妈妈在用汤匙喂宝宝时，要注意几个要点：

1. 喂宝宝时一定要有耐心。有的宝宝对这种新的喂养方式一开始很不适应，只要嘴唇一碰到汤匙就表现出很大的抗拒，不肯张嘴或不肯把食

物吞下去，所以从一开始父母要有耐心哄宝宝，一次不行就哄两次，两次不行就哄三次，直到宝宝接受、习惯为止。

2. 在一开始用汤匙喂食宝宝时，最好给宝宝喂食一些新鲜、味美、宝宝较喜欢吃的食物。宝宝一看到自己喜欢吃的食物就会兴奋，就会减少对汤匙的排斥情绪。
3. 在开始用汤匙喂宝宝吃东西时，最好不要只是喂宝宝吃固体食物。可在吃奶以前先试着用汤匙喂些液体食物和汤水。

小贴士

为了让宝宝喜欢上汤匙，妈妈可以在宝宝4～5个月时，送给宝宝一件新的玩具——汤匙，在注意安全的前提下让宝宝多点机会玩汤匙。

宝宝添加辅食后预防便秘

添加辅食后，宝宝可能会出现便秘。这种情况的便秘主要是饮食结构造成的，所以妈妈要从给宝宝添加辅食开始注意一些问题，预防便秘。

预防宝宝便秘要注意以下几个问题：

◎ 妈妈要保证奶量

因为宝宝才4～5个月，吃辅食只是为了使宝宝的胃肠道慢慢学会消化，这些辅食不能顶饱。如果把本来吃的奶撤掉，宝宝就会挨饿，胃肠道的食物没有富余，就不可能有大便。因此要保持原来的奶量，在吃奶之余添加1～2小勺辅食，让宝宝学习消化，宝宝的胃肠道饱足后就会有大便排出。

◎ 辅食中最好包含一些对通便有帮助的食物

如番茄、香蕉、梨、黄瓜、南瓜、白薯、萝卜等，可以加水煮熟搅拌成蔬果汁，是带蔬菜和果肉一起搅拌，可以单一的1种或者2种混合在一起来制作，通便效果非常好，而且有营养。喝蔬菜水果汁，宝宝就不会便秘了，开始的时候，可以少放菜、多放水来做，不要做得太稠，如果味道比较淡，可以加少

量的冰糖，或者含微量元素的糖都可以，但加糖要适量，不要太甜。水果有甜味就不用放糖了，味道也不错。

◎ **选购市售辅食时要注意是否添加了益生元**

益生元可以促进肠道有益菌的生长，建立健康的肠道环境，有利于营养素更好地被消化吸收。在宝宝便秘上火的时候，可以先将辅食停一停，在停的过程中，宝宝不见有好转的情况下，可以让宝宝食用英吉利清火宝，清火宝含有丰富的益生元，对宝宝的肠道健康能起到很好的帮助作用。

小贴士

吃有色蔬菜和有色谷物时，宝宝大便会发生相应改变：如吃番茄时，大便发红；吃绿色蔬菜时，大便发绿；吃动物肝或动物血时，大便可能成墨绿色、深褐色或黑红色。

大便性质也与食物有关：吃纤维素含量高的食物，大便可能软或不成形；吃较多肉类食物或高钙食物时，大便可能会发干；吃寒凉食物时，大便可能会发稀。

母乳充足是否还要加辅食

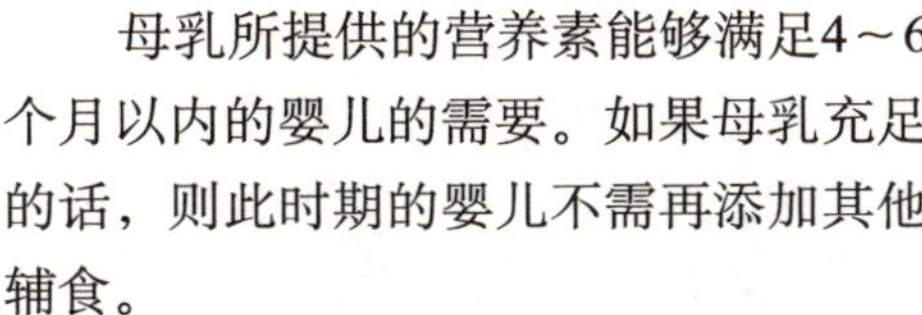

母乳所提供的营养素能够满足4～6个月以内的婴儿的需要。如果母乳充足的话，则此时期的婴儿不需再添加其他辅食。

随着月龄的增长，宝宝对营养物质的需求量开始相应地增加，而他的胃容量又是有限的，即便妈妈有充足的乳汁，也已不能满足孩子生长发育的需要了。

例如，一个7个月的宝宝每日需要2～4克蛋白质／千克体重，如果该婴儿为8千克，那么就需要约24克的蛋白质。母乳的蛋白质含量约为1%，如果仅靠母乳来满足宝宝的需要，那么该宝宝1日必须食入约2400毫升的母乳，从常识来判断，即使妈妈有如此充足的乳汁，宝宝也不会有这样的胃口。因此，这时便需要添加辅食来补充所需要的营养物质。

可以给宝宝喂豆奶吗

虽然豆奶的营养比较丰富，但其中的植物蛋白在人体中的转化过程很复杂。婴幼儿的肠道消化功能还没有完全发育成熟，很难吸收和消化豆奶中的植物蛋白，如果长时间饮用，反而会造成婴儿营养不良。

豆浆虽含丰富蛋白质、铁、不饱和脂肪酸等各种营养成分，但对于0～6个月处于脑部发育黄金阶段的婴幼儿来说，缺少了最重要的有益于脑部发育的营养素DHA。

豆奶中所含的铝比较多。长期让婴儿喝豆奶，会使体内铝元素增多，加上婴儿吸收这些元素不像成人那么容易，长期积累下来，可能影响到其大脑或身体的发育。

在宝宝脑部发育的重要时期，豆奶或豆浆并不能代替配方奶粉，切勿以豆浆或豆奶代替配方奶粉作为宝宝的主要营养来源。除母乳外，爸爸妈妈应坚持为宝宝选择一款配方先进、营养充足的配方奶粉。

小于3个月的宝宝绝不能喂豆奶，在宝宝3岁以前，豆奶只可作为临时补充食品，最好不要让宝宝长期饮用。

如果因为某些原因一时无奶粉，必须以豆奶喂养，则需注意适时添加鱼肝油、蛋黄、鲜果汁等食品，以满足婴儿对各种营养物质的需要。

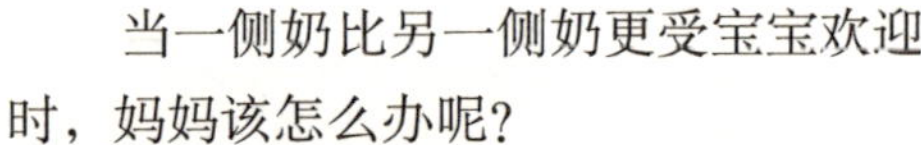

宝宝只吃一侧奶怎么办

当一侧奶比另一侧奶更受宝宝欢迎时，妈妈该怎么办呢?

如果怀疑宝宝身体某处疼痛是问题所在，那么用枕头或者球垫在宝宝的身体下方，这样宝宝就不是侧身躺着；或让宝宝躺下，就像睡觉姿势那样，不过这样妈妈会觉得不够舒服，需要坚持。

找一个安静的地方喂奶。观察宝宝的微妙“发言”，并及时做出反应。给宝宝爱抚，唱歌或谈话，也可以减少宝宝的不适。

喂奶前先抱一会儿宝贝，让他的头贴着他不喜欢的一侧。妈妈跟他说话、玩耍，在他忘情而毫无防备的情况下，悄悄塞入乳头。久而久之宝宝会习惯的。

如果是妈妈某侧乳头较瘪不容易吸出奶来，或某侧乳房有乳腺炎等，那么需要时间来解决问题。不过，在此期间妈妈需要把奶水用吸奶器给吸出来，以保持这侧奶的泌乳功能。通过吃奶还可使乳腺通畅，所以越是泌乳少的一侧乳房，越需要多让宝宝吸吮。

奶水是越吃越多的。让宝宝在饥饿的时候先吃奶少的一侧，这时，因为宝宝饥饿感强，吸吮力大，对乳房刺激也强，这样奶少的那一侧乳房泌乳就会逐渐增多。

妈妈要注意：从一开始哺乳，妈妈就要坚持两边换着喂奶，如每隔5分钟一换，避免宝宝养成只吃一侧乳的习惯。

聪明宝宝的美食

鲜橘汁

原料：橘子适量，白糖和温开水适量。

做法：

将橘子洗净，切成两半，压榨出橘汁，加入适量温开水和白糖即可。

菠菜猪肝泥

原料：猪肝25克，土豆泥50克，菠菜末15克，肉汤少许。

做法：

1. 先把猪肝洗干净，放入开水中焯一下捞出，再用水冲洗干净，放入锅内加适量水上火煮熟，捞出控去水分，切成碎末。
2. 将菠菜择洗干净后用开水烫一下捞出，切成碎末；把菠菜末、土豆泥和猪肝泥放在锅内，加入少许肉汤煮至黏稠状即可食用。

蛋黄泥

原料：鸡蛋1个，精盐少许。

做法：

1. 将鸡蛋洗净，放入锅中煮熟，剥去蛋壳，除去蛋白，取其蛋黄，加入开水少许，用匙搅烂即成。
2. 也可将蛋黄用牛奶、米汤、菜水等（略加一点盐或糖）调成糊状，即可食用。

小贴士

要选择新鲜鸡蛋做原料；煮时要凉水下锅，以免煮坏。

牛奶香蕉糊

原料：香蕉1/4只，玉米面5克，牛奶2大匙，白糖少许。

做法：

❶ 将玉米面、白糖、牛奶加入干净的小锅内搅匀，上火煮沸。

❷ 改成小火煮5分钟左右。

❸ 将香蕉去皮捣碎，加入煮好的玉米糊中，搅匀即可。

煮玉米糊的过程中要不断搅拌，以防煳锅底和外溢。

营养功效：香甜可口，还可以为宝宝补充多种营养，很适合刚开始吃辅食的小宝宝。

鱼泥

原料：鱼肉50克，清水100毫升。

做法：

❶ 将鱼肉洗净，去除皮、刺，放入开水锅中，小火炖15～20分钟。

❷ 捞出鱼肉，用小勺捣成泥状即可。

营养功效：可以为宝宝补充优质蛋白质，促进宝宝的生长发育。

一定要挑干净鱼刺，防止宝宝的咽喉部被鱼刺卡住。

聪明宝宝的一日饮食安排

4～5个月宝宝一日饮食安排

这个月的宝宝在饮食上要注意定时定量。人工喂养的宝宝可以每隔4个小时喂一次配方奶，每次喂150毫升左右，白天的两餐中间各加1次辅食。每天最好给宝宝加1次蛋黄，以帮助宝宝补铁。

4～5个月宝宝一日饮食表

早上6:00～6:30	母乳
上午8:00	菜泥
上午10:00～10:30	母乳
中午12:00	水果泥
下午2:00～2:30	牛奶、鸡蛋黄
下午4:00	白开水
晚上6:00～6:30	母乳、辅食
晚上10:00～10:30	母乳

Part 6

宝宝5～6个月

宝宝身心发育情况

这个时期的宝宝在感觉上和心理上较上个月成熟了许多。

身体发育		
体　重	男婴约8.46千克	女婴约7.82千克
身　长	男婴约68.88厘米	女婴约67.18厘米
头　围	男婴约44.32厘米	女婴约43.20厘米
胸　围	男婴约44.06厘米	女婴约42.86厘米
坐　高	男婴约44.16厘米	女婴约43.17厘米
牙　齿	有的宝宝已经长出1～2颗门牙	

他们喜欢和爸爸妈妈玩藏猫猫的游戏，还喜欢摇铃铛，也喜欢看电视、照镜子，并且还对着镜子中的自己傻笑。宝宝的生活丰富了许多。

这时候，爸爸妈妈可以每天陪着宝宝看周围丰富多彩的世界了。

同上个月相比，婴儿身体各部分的运动功能进一步增强了；力气增大了许多，腿脚的力量也越来越大；对周围的事物什么都想看一看，什么都想摸一摸。

这个时期宝宝的睡眠状况

不同的婴儿有不同的个性，这种不同同样也表现在睡眠上。

爱动型的婴儿睡眠时间比较短，不爱动的则不仅白天睡得多，而且晚上也睡得早。

与4～5个月的婴儿相比，他们白天睡觉的时间逐渐缩短，一般上午睡1～2个小时，下午睡2～3个小时。由于宝宝白天的活动增加，所以多数宝宝在夜里会睡得很沉。

本月宝宝喂养重点

宝宝长到5个月以后，开始对乳汁以外的食物感兴趣了，即使5个月以前完全采用母乳喂养的宝宝，到了这个时候也会开始想吃母乳以外的食物，比如，宝宝看到成人吃饭时会伸手去抓或嘴唇动，流口水，这时可以考虑给宝宝添加一些辅食，为将来的断奶做准备。

5～6个月宝宝已经准备长牙，有的宝宝已经长出了一两个乳牙，为通过咀嚼食物来训练宝宝的咀嚼能力，应添加粗颗粒食物为辅食，比如可将豆腐、熟土豆、蔬菜煮熟切丁给宝宝食用。

这一时期已进入离乳的初期，每天可给宝宝吃一些鱼泥、全蛋、肉泥、猪肝泥等食物，可补充铁和动物蛋白，也可给宝宝吃烂粥、烂面条等补充热量。

每天只给宝宝喂一次米粥。在这个阶段，有的妈妈开始给宝宝喂米粥，为将来宝宝吃饭做准备和练习。从营养方面来讲，花费30分钟给宝宝喂100克的米粥，其营养价值还不如用3分钟的时间给宝宝喂100克加糖牛奶高。米粥不仅在热量方面提供得少，还缺少婴儿成长所必需的动物性蛋白，吃米粥过多只能导致脂肪堆积，这对宝宝的成长并不利。

聪明宝宝的营养需求

科学合理地补鱼肝油

鱼肝油中主要是维生素A和维生素D。

维生素A的主要功能是维持机体正常生长、生殖、视觉、上皮组织健全及抗感染免疫功能。维生素A缺乏时可引起小儿骨骼发育迟缓；影响牙齿牙釉质细胞发育，牙齿不健全；上皮组织结构受损；免疫功能低下，容

易引起呼吸道、消化道和泌尿道的各种感染。

维生素D的主要功能是促进小肠黏膜对钙、磷的吸收；促进肾小管对钙、磷的重吸收。维生素D缺乏时可引起钙磷经肠道吸收减少、骨样组织钙化障碍；佝偻病，表现为易惊、多汗、烦躁和骨骼改变。

维生素A和维生素D都是脂溶性维生素。维生素A存在于动物的肝脏尤其是鱼肝，其次是乳类和蛋类中。另一种是以胡萝卜素的形式存在于食物中，如胡萝卜、番茄、豆类和绿叶蔬菜等，在肝脏胡萝卜素转变为维生素A。

维生素D主要存在于动物的肝脏，尤其是海鱼的肝脏中。另外，皮肤中7－脱氢胆固醇在紫外线的作用下也能转变成维生素D。人体从日光照射和从食物中都可摄取维生素D。

可见，鱼肝油并非小儿维生素A和维生素D的唯一来源。

什么情况下需要补充鱼肝油

如果有以下这些情况，那么就需要给宝宝补充鱼肝油：

- ◎ 婴儿母乳不足；
- ◎ 断乳后未及时添加蛋黄、动物肝脏等富含维生素A和维生素D以及富含胡萝卜素的蔬菜、水果等食品；
- ◎ 患有慢性腹泻、肝胆疾病等影响维生素A和维生素D的吸收；
- ◎ 患有慢性消耗性疾病使维生素A和维生素D的消耗增多；
- ◎ 缺少日照；
- ◎ 宝宝生长过快，使需要量增多。
- ◎ 两三岁以后，小儿生长速度减慢、饮食品种和户外活动增多，一般无须再额外补充鱼肝油。

别把鱼肝油当成营养品

鱼肝油的主要成分是维生素A和维生素D。有些爸爸妈妈把鱼肝油当成滋补品，给宝宝长期大量服用，这种做法是错误的。

因为鱼肝油是用来防治佝偻病，并以维生素D的含量来计算鱼肝油服用量的。在维生素D达到治疗量时，维生素A已远远超过了需要量，这样就往往产生维生素A蓄积中毒。

人体需要维生素A的量极微，从食物中摄取的就已经足够生理需要。只有在人体患某些疾病，如肝炎、胰腺炎、腹泻等；或在长期发热、怀孕、授乳时，由于维生素的需要量增加，才会出现维生素A缺乏。

维生素A中毒，发病缓慢，常见症状为毛发脱落，皮肤干燥、奇痒，食欲不振，脂溢性皮炎，容易激动，口角皲裂，肝脾肿大及颅压增高等症状。

过多的维生素D则会导致宝宝的大动脉和牙齿发育出现问题，甚至危及小儿生命。因此，如果发现宝宝误食了大量鱼肝油，应立即去医院诊治。

吃钙片能防治佝偻病吗

消瘦的婴儿双臂向上举起时，可以看到一部分前胸肋骨（肋骨和肋软骨的分界处）像串珠一样凸起。有的婴儿胸廓下方像喇叭一样张开，最下面的肋骨明显向外突出。有的婴儿肋骨下部凹陷呈漏斗状，因此称为“漏斗胸”。相反，还有的婴儿胸骨中央突起，呈“鸡胸”状。一般认为，有“漏斗胸”、“鸡胸”等典型特征的统称为患有佝偻病。

佝偻病是由于体内钙、磷代谢失常，钙盐不能正常地沉着在骨骼生长部位，从而造成以骨骼生长障碍为特征的一种慢性营养不良性疾病。

什么原因引发佝偻病

如果体内维生素D摄入不足，日光照射不够，就会引起佝偻病。有些慢性疾病也可使维生素的吸收、利用发生障碍，也容易引起佝偻病。

维生素D主要有两个来源：一个是内源性的，即通过日光中紫外线的照射，人体皮肤自行合成维生素D；另一种是外源性的，即通过摄入含有维生素D的食物或药物来获得。

单吃钙片不能防治佝偻病

孩子患了佝偻病，爸爸妈妈大多认为孩子是缺钙，于是拼命给孩子补钙片。但事与愿违，因为佝偻病的孩子固然血钙偏低，但主要是由于维生素D缺乏引起的。

钙在人体内的吸收和利用，必须有维生素D的参与。在维生素D的作用下，人体才能把从食物中摄取到的钙从肠道中吸收回血液，再输送到骨内，以满足骨骼的生长发育对钙的需求。

单纯补钙非但治不好佝偻病，而且钙在体内还会和铁、锌等竞争，引起铁、锌缺乏。所以患了佝偻病，单纯补钙还不够，同时还应服含维生素D的鱼肝油。

聪明宝宝的喂养

怎样母乳喂养5～6个月的婴儿

5个月的用母乳喂养的婴儿开始想吃母乳以外的其他食物，看到爸爸妈妈吃饭就想伸手去抓或是嘴里发出“吧嗒吧嗒”的声响。

即使母乳很充足，婴儿吃完后也很满足，且婴儿体重每10日平均增加150克以上，5个月的婴儿也应开始逐渐增加一些母乳以外的其他食品。这时不一定要严格按照断奶食谱去做，最好是用家中现有的食品自然过渡到断乳食品中。

在母乳充足的情况下，为什么要添加断乳食品呢？这是因为担心母乳中铁的成分不足。婴儿从5个月起就必须增加母乳或配方奶以外的其他食品。随着断乳食品的增加，母乳的量将逐渐减少。但这个时期宝宝吃的代乳食品量还很少，所以原来的母乳量不应改变。

当婴儿5～6个月大时，母乳一般都显得不是很充足，此时就应该添加奶粉或是鲜奶。那到底应该加多少呢？

配方奶的添加量应根据婴儿的体重增加情况进行大体的估算，5～6个月的婴儿体重增加应为每日15克左右。如果婴儿每10日增重不足150克，就应每日添加一次配方奶（180～200毫升）；如果婴儿每10日增重不足100克，每日就应添加2次配方奶。

也有一些婴儿不爱喝奶粉而只爱喝鲜奶。不管是经低温灭菌还是高温消毒的鲜奶取回后都应再煮沸1次，否则可能引起宝宝轻微的腹泻。对于只喝配方奶而不肯吃断乳食品的婴儿，应选择强化的含铁奶粉，以预防婴儿的贫血。对于既不肯喝奶粉又不肯喝鲜奶的婴儿则要加快其断乳过程，以促使婴儿体内不足的能量能得到及时的补充。

怎样人工喂养5～6个月的婴儿

5～6个月的婴儿即使喝奶过量也不会像以前那样出现厌食配方奶的现象。那么，此时是不是可以随其食量而无限度地增加奶量?

不管宝宝多么能吃，每日的总量应该控制在1000毫升以内。

大多数婴儿是每日吃5次奶，每次200毫升，也有的婴儿200毫升不够吃。如果宝宝晚上睡觉前喝250毫升奶后，一夜不醒，可以在睡前给予250毫升。但要适当减少白天的奶量，即5次奶中要有一次减少至150毫升，不够的部分可以用果汁或菜汤补充。

控制宝宝的体重增长

这个时期能吃的婴儿无论给多少配方奶也总是显出不够的样子，但不能为了满足婴儿的食欲而无限制地增加奶量，因为这很容易使婴儿成为肥胖儿。因此，能喝配方奶的婴儿必须每10日测一次体重。

正常婴儿在这个时期每10日增重150～200克。如果增重200克以上，就必须加以控制；超过300克就有成为巨型儿的倾向。这时爸爸妈妈可在喂奶之前或喝完奶后适当给些果汁或浓度小的酸奶。

由于从这个月起要开始逐渐过渡到断奶，因此，可以用断乳食品对婴儿的食量进行调节。食欲特别强的婴儿可适当用米粥代替配方奶。

不同宝宝的饮食安排

一般能吃的婴儿不太在乎食物的口味，不管是米粥还是面包粥，各种各样的食品都爱吃。因此，那些喝200毫升奶还似乎不够的婴儿可在喂奶前先喂些米粥或麦片粥，再喂些菜汤或清汤，然后喂200毫升（尽管只喂150毫升）配方奶。

对每日5次奶，每次180毫升就满足的婴儿，一般是先给代乳食品，然后再喂180毫升配方奶。对原来不太爱喝奶的婴儿，如果体重平均每日增加不到10克，应尽早开始吃断乳食品。

给宝宝添加辅食的顺序

由于婴儿的胃肠功能尚未成熟，因此爸爸妈妈在给婴儿添加辅食时要循序渐进，让婴儿一点一点适应，从而过渡到与爸爸妈妈吃同样的食物。

首先应添加谷类食物

给婴儿首先添加的食物应是粮谷类食物——第一种应是大米粉。一般添加米粉2周后，婴儿就能学会吞咽。如果临睡觉前给婴儿喂些米粉，宝宝睡觉的时间可能会长一些。

米粉或面包这类粮谷类食物可以提供糖类和B族维生素。添加米粉后，如果婴儿没有不良反应，就可以给婴儿添加蛋黄，将蛋黄压成泥状喂给婴儿。注意不要过早给婴儿添加蛋白质，因为蛋白质容易引起过敏反应。

添加蔬菜汁（泥）或水果汁（泥）

添加粮谷类食物一两周后，可以给婴儿在上午时喂些水果汁（泥）。一个星期后，可以在午餐时给婴儿喂些蔬菜泥。

蔬菜和水果可提供较多的维生素C和矿物质，可以添加的水果有：苹果、梨、香蕉、桃和杏等。胡萝卜、土豆、南瓜和其他瓜类既易消化而又不致产生过敏反应。水果中芒果和芒檬易引起过敏反应，因此，1岁以内的婴儿不宜食用。

添加肉类食物

在给婴儿添加蔬菜、水果一段时间后，在午餐时可以给婴儿吃点肉类食品。

婴儿生长发育需要蛋白质，富含蛋白质的食物也含铁，畜肉、禽肉、鱼、蛋和动物血都是蛋白质和铁的优良来源，而且它们所含的铁很容易被人体吸收利用。

添加肉类时，可以先喂鸡肉和羊肉，再喂牛肉，最后喂猪肉和动物肝脏。婴儿也可以吃些肥肉，肥肉不含纤维，比较滑嫩，婴儿很容易接受。

产鱼地区的人们通常最早给婴儿添加的肉类食物是鱼肉，鱼肉比较细嫩，婴儿比较容易适应。但要注意给婴儿喂鱼肉时，一定要将刺剔除干净。

注意不要给婴儿吃含有亚硝胺盐的肉类，如腌肉、熏肉和午餐肉等。

各个月龄宝宝需要添加的辅食以及可以供给的营养素

月龄	添加的辅食	供给的营养素
1~3个月	鲜果汁、青菜水、鱼肝油制剂	维生素A、维生素C、维生素D和矿物质
4~6个月	米糊、乳儿糕、宝宝乐、烂粥等	补充热量
	蛋黄、鱼泥、豆腐、动物血、菜泥、水果泥	动植物蛋白质、维生素、矿物质
7~9个月	烂糊面、烤馒头片、饼干、鱼	增加热能，训练咀嚼
	蛋、肝泥、肉末	动物蛋白质、铁、锌，维生素A、B族维生素
10~12个月	稠粥、软饭、面包、馒头、挂面	热能、B族维生素
	碎菜、碎肉、油、豆制品	矿物质、热能、蛋白质、维生素、纤维素（训练咀嚼）

初次尝试泥状物的技巧

如果宝宝一直吃母乳，那么妈妈可以在他6个月时喂食泥状食物。如果你的宝宝在6个月后还没有食用泥状食物，他就无法获得足够的营养，满足成长的需要。

如何确定宝宝能吃泥糊状食物

◎ 把辅食喂到宝宝嘴里时，宝宝会把小嘴闭紧并慢慢地咀嚼。

◎ 把小勺放在宝宝嘴边，宝宝会用上唇把勺里的食物抿在嘴里。

怎样给宝宝喂泥状物

宝宝第一次食用的泥状食物很关键，这关系到宝宝是否适应、习惯并喜爱泥状食物。

◎ 第一次喂食可以选在宝宝午睡苏醒后，此时他比较安静，精力也充沛。首先给宝宝喂一点他习惯的乳汁，这也有助于他情绪的平稳，帮助宝宝放松。

◎ 将少量的婴儿米粉混合宝宝习惯的乳汁，搅拌至滑爽的糊状。用小勺舀一丁点放入宝宝嘴里，观察宝宝的反应，注意他对糊状食物的感觉。妈妈可以模仿美味的表情鼓励宝宝吃下第一口食物。别嫌宝宝掌握吞咽技巧的速度不够快，也别觉得宝宝吐出食物比咽下食物更主动，这是宝宝学会吞咽的正常过程。

◎ 别强迫宝宝多吃几勺泥状食物，只有宝宝表现出想吃的模样，妈妈才多喂他。

◎ 如果宝宝拒绝泥状食，妈妈可以在其他时候再试试。如果他一直表现出不喜欢的样子，要有等待的耐心，等待宝宝做好吃泥状食物的准备。

◎ 在宝宝开始吃泥状食物的第1周，每天给宝宝尝尝泥状食物，不必多量喂食。在以后的8周时间里，可以逐步增加泥状食量并变换食物的花样，令宝宝养成一日吃三餐泥状食物的习惯。同时，每天保证宝宝大约600毫升的母乳或配方奶摄取量。

初次喂食泥状食物的最佳食品

◎ 婴儿米粉混合宝宝习惯的乳汁。

◎ 水果或蔬菜泥（一次给宝宝吃一种泥食，观察宝宝是否喜爱且能消化）。

◎ 在宝宝吃泥状食物的头4周内，可以给他喂食果泥，例如香蕉泥、梨泥、胡萝卜泥、土豆泥、苹果泥等，然后再给宝宝吃果蔬混合泥。

◎ 可以把果蔬混合在宝宝喜欢的米粉中喂食。

初次喂食泥状食物的禁忌食品

◎ 含有麦麸的谷类食物，如早餐燕麦。

◎ 鸡蛋。

◎ 花生、杏仁等坚果。

◎ 鱼类与蚌壳类食品。

◎ 柑橘类水果与果汁，如柠檬、橙子、橘子。

◎ 豆制品。

◎ 含盐、糖、蜂蜜等成分过多的食品。

怎样做果蔬泥

菜泥的制作方法：

❶ 选择新鲜的蔬菜，洗净，用清水浸泡几分钟，沥干，剁成菜泥。

❷ 在小锅中放50毫升水，待水烧开后，把菜泥放入水中煮1分钟。如果是能够生吃的菜，一煮开就可以了。

❸ 关火后汤里放一滴香油（建议用滴管，以免倒多了导致宝宝腹泻）。

❹ 温度降至适宜后，用小勺喂宝宝吃。

果泥的制作方法：

❶ 香蕉、猕猴桃、苹果、草莓等去皮洗净，切小块。

❷ 然后直接放在研磨碗中研磨成泥。

❸ 苹果、香蕉可直接用勺刮成泥状，梨、荔枝、橘子、橙子等需要用榨汁机榨成汁，带果肉一起喂。

小贴士

自制泥状食物时，一定要把食物做成真正的泥状，不能有颗粒，尤其是叶子菜，必须剁碎，一点菜叶片都不能有。

科学地给宝宝添加蛋黄

5～6个月的孩子应该添加含铁较丰富，又能被婴儿消化吸收的食品，鸡蛋黄是最适合的食品之一。

开始时将鸡蛋煮熟，取1/4蛋黄用开水或米汤调糊状，用小匙喂，以锻炼婴儿用匙进食的能力。婴儿食后无腹泻等不适后，再逐渐增加蛋黄的量，半岁后便可食用整个蛋黄了。

人工喂养的婴儿，最好在第二个月就开始加蛋黄，可将1/8个蛋黄加少许牛奶调为糊状，然后将一天的奶量倒入调好的糊中，搅拌均匀。煮沸后，再用文火煮5～10分钟，分次给孩子食用。如婴儿无不良反应，可逐渐增加一些蛋黄的量，直至加到1个蛋黄为止。

应当注意的是，奶煮熟后放凉，要存入冰箱中，每次食用时都要煮开，以免孩子食入变质的牛奶引起不良的后果。另外，不要随意增加蛋黄的食用量。

别给宝宝喝糖水

用高浓度的糖水喂新生儿，最初可加快肠蠕动的速度，但不久就转为抑制作用，使孩子腹部胀满，影响消化吸收。甜水喝多了，既会损坏牙齿，又会影响食欲。

年轻爸爸妈妈在为宝宝喂糖开水时，往往以自己的感觉为准，自己尝过觉得甜才算。其实，宝宝的味觉要比成人灵敏得多，成人觉得甜时，他们就觉得甜得过度了。喂宝宝的糖水浓度以成人品尝时在似甜非甜之间即可。

孩子对甜味特别敏感，有些喝惯了糖水的孩子，就不愿喝白开水。所以爸爸妈妈不要给宝宝养成喝糖水的习惯，已经形成的习惯，可以逐渐地减低糖水的浓度，吃糖也要限定时间和次数，慢慢纠正这种习惯。

宝宝缺乏自控能力，面对自己喜欢的糖果、甜食，便会情不自禁地大吃特吃。妈妈不要放任宝宝尽情享受甜食，这会让宝宝很容易患上呼吸道和消化系统疾病，或是酮症酸中毒，造成脑细胞的损伤，影响智力。

小贴士

不少爸妈用甜果汁、汽水或其他饮料代替白开水给宝宝解渴，这不妥当。饮料里面含有大量的糖分和较多的电解质，喝下去后不像白开水那样很快就离开胃部，而会长时间滞留，对胃部产生不良刺激。宝宝口渴了，只要给他们喝些白开水就可以了。

预防宝宝辅食过敏

宝宝常见的致敏食物有牛奶、鸡蛋、花生、大豆、鱼虾类、贝类、柑橘类水果、小麦等。多数食物过敏源为糖蛋白，牛奶中约有40多种不同蛋白质可能有致敏作用。鸡蛋中的卵蛋白、卵黏蛋白等也可引起过敏。鳕鱼、大豆及花生中也有多种可诱发过敏的抗原存在。此外，一些食品添加剂如人工色素、防腐剂、香料等也可引起过敏。因此，在辅食添加过程中不应过早引入这类食物。

第一种给宝宝引入的辅食应该是容易消化而又不容易引起过敏的食物，米粉可作为试食的首选食物，其次是蔬菜、水果，然后再试食肉、鱼、蛋类。总之，辅食添加的顺序依次为谷物、蔬菜、肉、鱼、蛋类。较易引起过敏反应的食物如蛋清、花生、海产品等，应在

6个月后才给宝宝喂食。

对未满周岁的婴儿，妈妈不宜喂食鱼、虾、蟹等海味及蘑菇、葱、蒜等极容易引起过敏的食物。

婴儿在增加新的辅食品种时，一定要一样一样分开来添加，在每添加一种新食物时，要注意观察婴儿有没有过敏性反应，如皮疹、瘙痒、呕吐、腹泻等，一旦出现过敏反应，应立即停止这种食物一段时间，然后再试喂。切忌多种新食物同时添加，分辨不清过敏源。

在给婴儿喂食后，应立即将婴儿嘴角的残余食物汁液擦拭干净，以免食物残汁引起皮肤接触过敏。

喂奶的妈妈除了要注意营养外，最好也不要吃高过敏食物。

宝宝换奶粉为何拉肚子

由于换奶造成的不适症状以腹泻最多，这大多是因为转换太快或是奶粉浓度冲泡不当造成的，所以为宝宝换奶应采取交替、渐进方式进行，换奶时也应仔细读读奶品成分标示。

换奶也容易出现过敏，如皮肤痒、出红疹等，这是由于新更换的奶粉与原配方成分相差太大造成的。出现这种情况，应当暂时不要给孩子换奶粉，等孩子大便完全正常后，再由少到多逐渐添加第二阶段奶粉，减少第一阶段奶粉，直至完成转换。

适宜换奶粉的时机

婴儿配方奶粉虽然以“母乳化”为设计目标，但母乳化的婴儿配方奶粉仍然不含有可以帮助宝宝消化的酵素。尤其是宝宝在6个月前与6个月后的营养需要有很大的区别，所以在宝宝6个月转换第二阶段奶粉时，需要格外注意。

比如要选择在宝宝身体健康的时候进行，遇到有腹泻或感冒等情况时应延迟转换。转换时间可选择在宝宝5个半月到6个半月期间，基本原则为减少一小匙原配方奶粉，改成一小匙新配方奶粉，若宝宝没有不良反应即可再更改第二小匙。这样是为了让宝宝胃肠消化能力逐渐适应。整个转换时间一般持续7天左右。

小贴士

为宝宝冲调奶粉最好是用水，米汤、米粉及钙粉都不要和配方奶粉混合在一起冲调。食物中的营养元素混合在一起，不仅不会增加营养，还会影响孩子的消化吸收。

宝宝辅食中能添加调味料吗

◎ **油**

刚出生到1岁以前的宝宝都可以不用食油，即使添加辅食，也最好只用水煮或清蒸方式，到了1岁以后可以给宝宝添加少量油调味，比如，给宝宝做汤时少放点芝麻油。到了1岁半左右，宝宝开始尝试着吃种类更多的正餐时，可以用营养高的花生油或核桃油为宝宝炒菜。

◎ **盐**

6个月内的宝宝，饮食以清淡为主，辅食没必要添加食盐。6个月后，每天给宝宝喂一两次加盐的辅食就可以了。而3岁以下的宝宝每日食盐用量不超过2克就够了。膳食钠的来源除食盐外还包括酱油、咸菜、味精等高钠食品。

◎ **糖**

宝宝4个月后可少量添加，不宜过多。如果在辅食中添加过多的糖，会导致宝宝养成爱吃甜食的坏习惯，同时，糖会给宝宝提供过多的热量，导致宝宝对别的食物的摄取量相应减少，胃口也变差。其次，吃糖还容易形成龋齿和引发肥胖。

◎ **醋**

1岁以前不宜给宝宝食醋。1岁以后，宝宝可以逐渐少量地吃醋，特别是夏季，出汗较多，胃酸也相应减少，而且汗液中还会丢失相当的锌，使宝宝食欲减退。如果在烹调时加些醋，可增加宝宝胃酸的浓度，能起生津开胃、帮助食物消化的作用。

小贴士

市面上有很多零食都含有过多的调味料，建议妈妈控制宝宝吃零食的量。尤其是一些垃圾小食品，对宝宝的身长发育有百害而无一利，要严格禁止宝宝食用。

宝宝胀气是怎么回事

如果宝宝频繁腹胀，过度哭闹，爸爸妈妈就应该检查一下自己的饮食。

从喂养方式看胀气

◎ 如果是母乳喂养，妈妈要检查自己的进食，试着排除豆类及辛辣食物，然后观察孩子的症状是否逐步改善。

◎ 如果宝宝是用配方奶粉喂养的，可以掉换其他牌子的奶粉试试。掉换奶粉后，要2周左右才能看到效果。

◎ 如果宝宝已添加辅食，则注意看是

否添加了粟米泥、栗子泥或豌豆泥、黄豆泥等，这些谷物粗粮含有可导致大肠胀气的纤维。另外，苹果、梨等含有高浓度糖分的纯果汁，也是导致婴儿腹内气体凝聚不畅的诱因。

科学的进食方式

有时，导致婴儿胀气的原因是不正确的进食方式。母乳喂养的情况下，如果在宝宝吃奶的时候，嘴与母亲乳房的位置摆得不适当，宝宝就有可能吸进过多的空气，以至于嗝气或腹胀。正确的姿势是让孩子的脸正对乳房，而不是呈现某种角度，以保证他的嘴将乳头和乳晕全都含住。使用奶瓶喂养的宝宝更容易吸入过量的空气。如果孩子用奶瓶喝奶时，妈妈听到“咕咕”的声音，或是看到奶从孩子的嘴角流出来，那么就表示孩子把奶嘴含得不严密，应设法使奶嘴总是充满奶水。

舒缓胀气的方法

这里提供一个为宝宝缓解胀气的方法：试着让宝宝在吃奶的间隙，比如吃了一半的时候停下来，让宝宝竖直坐在妈妈腿上，轻轻拍打他的背部来促进打嗝，使肠胃的气体由食道排出。

宝宝哭的时候很容易胀气，遇到这种情况，爸爸妈妈应该多给予安慰，或是拥抱他，通过调整他的情绪来避免胀气程度加重。

另外，多给宝宝的腹部进行按摩，并且动作要轻柔，这样有助于肠胃蠕动和气体的排出，

如何纠正宝宝厌食

幼儿厌食症比较常见，这种症状往往会影响宝宝正常的生长发育，应采取哪些治疗措施呢？首先应认真考虑引起宝宝食欲减退的病因，针对病因治疗。

具体情况可以分为以下几种：

◎ 因为全身性或胃肠道疾病导致的厌食，应积极治疗原发病。这样随着疾病的恢复，宝宝的食欲可以逐渐增加。

◎ 如果食欲减退的原因是由于服用某些药物引起，应在医生指导下停止用药并及时给宝宝更换其他药物。

◎ 如果是因为宝宝的不良饮食习惯造成的厌食，应该纠正原有的不良习惯，并逐渐培养良好的饮食习惯。比如一日三餐定时定量，吃零食要适当节制。另外要注意宝宝食物中的各种营养成分的搭配，高糖、高蛋白的食物不要摄入过多；同时应给宝宝创造一个良好的就餐环境，轻松、愉快、随意，切不可强迫喂食，更不应在进餐时批评训斥宝宝。此外，应该训练宝宝自己进食。要知道，鼓励宝宝自己使用餐具反而会增加他进食的兴趣。还应注意及时纠正宝宝偏食、挑食的坏毛

病，并注意夏季不可食冷饮过量。

◎ 经医生检查诊断为锌缺乏的宝宝，需在医生的指导下服用锌制剂1～3个月。

治疗时要针对以上情况对症治疗，主要目的在于恢复宝宝的消化功能。顽固性厌食最好请中医大夫进行辨证施治，根据实证或虚证服用中药加以调理。宝宝厌食是常见病，但要纠正起来也并不十分容易，需要爸妈有耐心。

聪明宝宝的美食

蛋花豆腐羹

原料：鸡蛋1个，嫩豆腐20克，骨头汤150克，小葱少许。

做法：

❶ 将鸡蛋打入碗中，只取蛋黄打散备用；小葱洗净，切成极细的末。

❷ 将骨头汤倒入干净的锅中煮开。

❸ 将豆腐捣碎，加入汤中，用小火煮3分钟左右。

❹ 将蛋液倒入锅中打出蛋花，撒上小葱末即可。

营养功效：可以为宝宝补充维生素A、维生素E、钙、铁等，具有非常高的营养价值。

小贴士

鸡蛋一定要洗干净后再打入碗中，以防蛋壳上的细菌污染蛋液，对宝宝的健康不利。

青菜蛋黄羹

原料：煮熟鸡蛋黄1/2个，排骨汤适量，生菜末25克。

做法：

❶ 将熟鸡蛋黄研碎，并加入少许的排骨汤；生菜择洗干净，放入开水锅内煮5分钟捞出切成碎末。

❷ 把蛋黄、生菜末加入排骨汤拌匀上火煮，边煮边拌匀，煮开锅后即可食用。

营养功效：生菜清淡。青菜含有维生素C、B族维生素和胡萝卜素等，而鸡蛋含丰富的蛋白质。

肉汤豆腐

原料：豆腐50克，牛奶100毫升，肉汤100毫升，青菜25克。

做法：

❶ 先把青菜择洗干净，放入开水锅内煮5分钟后，捞出切成末。

❷ 将豆腐放入热水中煮开，捞出；把豆腐放到锅里加入牛奶和肉汤混合拌匀后上火煮，煮开锅后加上青菜末拌匀。

营养功效：豆腐蛋白质丰富，又属完全蛋白，含有人体必需的八种氨基酸。

豌豆糊

原料：豌豆10克，肉汤2大匙。

做法：

❶ 将豌豆洗净，放入锅中，加适量清水煮烂，捞出来捣碎。

❷ 用干净的纱布过滤一遍。

❸ 加入肉汤，搅匀即可。

小贴士

过滤环节一定不能省，以免豌豆的硬皮噎住宝宝，引起宝宝窒息。

营养功效：可以为宝宝补充蛋白质、维生素B_1、维生素B_6、胆碱、叶酸等营养素，还有治疗腹泻和红便的作用。

聪明宝宝的一日饮食安排

5~6个月宝宝一日饮食安排

出生5个月后，即使是纯母乳喂养的宝宝也对大人们吃饭表现出强烈的兴趣，并开始流口水、动嘴唇或伸手去抓食物，这时妈妈就要给宝宝添加辅食了。

这时宝宝已进入离乳期，每天除了给宝宝吃蛋黄泥、鱼泥、果泥、菜泥等食物补充维生素、铁和蛋白质外，也要给宝宝吃一些烂粥、烂面条等碳水化合物含量丰富的食物，为宝宝补充能量。

5~6个月宝宝一日饮食表

早晨6:00	母乳喂哺20分钟（或给予牛奶200毫升，白糖适量）
上午8:00	鲜橙汁或番茄汁80毫升
上午10:00	鸡蛋米粉20克，鸡蛋黄1/4个，白糖适量；小儿鱼肝油滴剂（量遵医嘱）
中午12:00	新鲜蔬菜汁80毫升
下午2:00	母乳喂哺20分钟（或牛奶200毫升，白糖适量）
下午6:00	母乳喂哺20分钟（或牛奶200毫升，白糖适量）
晚上8:00	新鲜果泥或菜泥50克
晚上10:00	母乳喂哺20分钟（或牛奶200毫升，白糖适量）
凌晨2:00	母乳喂哺20分钟（或牛奶200毫升，白糖适量）

Part 7 宝宝6~7个月

宝宝身心发育情况

7个月的宝宝心理活动已经比较复杂了。他的面部表情就像一幅多彩的图画，会表露出内心的活动。

身体发育		
体　重	男婴约8.8千克	女婴约8千克
身　长	男婴约70厘米	女婴约68厘米
胸　围	男婴约44. 7厘米	女婴约43.8厘米
头　围	男婴约44.6厘米	女婴约43.5厘米
坐　高	男婴约45厘米	女婴约43.7厘米
牙　齿	如果下面中间的2颗门牙还未长出，这个月也许会长出来；如果已经长出来，上面的2颗门牙也会很快萌出	

7个月的孩子，从运动量、运动方式、心理活动等都有了明显的发展。他可以自由自在地翻滚运动，见了熟人会露出微笑，不高兴时会撅小嘴。

婴儿的成长发育

6个月过后，宝宝的运动能力更加发达，手也更加灵活，经常用手抓东西放入嘴里。当奶瓶里的奶喝了一半而变轻之后，有的婴儿能自己用手拿着喝。

婴儿爬行的力量也有增强，抱起来放在膝盖上时，会一蹦一蹦地跳起，比以前更有劲了，但让婴儿扶着东西站起来还有些过早。这时的婴儿一般都会坐了，穿衣服的多少会影响到婴儿的坐立情况。

婴儿出牙的时间不大相同，一般婴儿过6个月后开始萌出下前牙。

6～7个月婴儿的睡眠

6～7个月的婴儿，一般上午和下午各睡1觉，每次睡1～2小时，有些婴儿傍晚时还要再睡1～2小时，晚上睡10个小时左右，全天睡眠共15～16个小时。

如果不叫醒睡着的婴儿起来吃奶，有的婴儿每日只能吃上3次奶。对这样的婴儿，每日如果给吃2次代乳食品，必须再加2次奶才行。

本月宝宝喂养重点

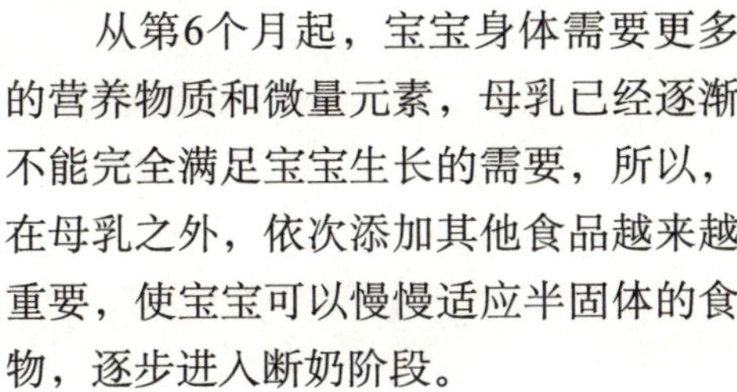

从第6个月起，宝宝身体需要更多的营养物质和微量元素，母乳已经逐渐不能完全满足宝宝生长的需要，所以，在母乳之外，依次添加其他食品越来越重要，使宝宝可以慢慢适应半固体的食物，逐步进入断奶阶段。

鉴于有的宝宝已经开始出牙，在喂食的类别上可以开始以谷物类为主食，配上蛋黄、鱼肉或肉泥，以及碎菜或胡萝卜泥等做成的辅食。以此为原则，在做法上要经常变换花样，并搭配些碎水果。

具体喂法上仍然坚持母乳或配方奶为主，但哺喂顺序与以前相反，先喂辅食，再哺乳，而且推荐采用主辅混合的新方式，为以后断母乳做准备。

宝宝6个月后，可以吃一般的水果。可将香蕉、水蜜桃、草莓等类的水果榨汁给宝宝吃，苹果和梨用匙刮碎吃。也可给宝宝吃葡萄、橘子等水果，但要注意卫生，洗净去皮后再吃。此阶段可以让宝宝咬嚼些稍硬的食物，如较酥脆的饼干等，以促进牙齿的萌出和颌骨的发育。

聪明宝宝的营养需求

宝宝的乳牙也需要营养

怀孕最后3个月，小宝宝的乳牙胚胎已开始逐渐形成。孕妈妈每日最好能补充额外的钙制剂，为未来小宝宝出牙“加油”。

宝宝出生后，最初4个月内以母乳和配方奶喂养为主，但4个月后，母乳或配方奶都不能满足宝宝生长发育的需要，此时，妈妈就需要给宝宝补充必要的辅食，这些营养辅食不仅能提供宝宝生长发育所必需的营养素，同时也能促使宝宝乳牙萌出。

虽然，乳牙的发育与全身组织器官的发育不尽相同，但是，乳牙和它们一样，在成长过程也需要多种营养素。比如说，矿物质中的钙、磷，其他如镁、氟、蛋白质的作用都是不可缺少的；维生素中以维生素A、维生素C、维生素D最为主要。

营养素和牙健康

◎ **矿物质**

缺少钙、磷，小乳牙就会长不大，坚硬度差，容易折断；而适量的氟可以增加乳牙的坚硬度，不受腐蚀，不易发生龋齿。

◎ **蛋白质**

蛋白质是细胞的主要结构成分，如果蛋白质摄入不足，会造成牙齿排列不齐、牙齿萌出时间延迟及牙周组织病变等现象，而且容易导致龋齿的发生。

◎ **维生素A**

维生素A能维持全身上皮细胞的完整性，少了它就会使得上皮细胞过度角化，导致小宝宝出牙延迟，当维生素A缺乏影响牙釉质细胞发育时，就会使牙齿的颜色变成白垩色。

◎ **维生素C**

缺乏维生素C可造成牙齿发育不良，牙骨萎缩，牙龈容易水肿出血。

◎ **维生素D**

维生素D的作用是增加肠道内钙、磷的吸收并促使钙、磷在牙胚上沉积钙化，一旦缺乏时就会出牙延迟、牙齿小且牙距间隙稀。

固齿食物大拼盘

营养素	固齿食物	它的作用
钙	虾仁、骨头、海带、紫菜、鱼松、蛋黄粉、牛奶和奶制品	钙是组成牙齿的主要成分，少了它，小乳牙就会长不大
磷	磷在食物中分布很广，肉鱼奶豆类谷类以及蔬菜中都含有	磷能让小乳牙坚不可摧
氟	海鱼、茶叶	咀嚼含氟丰富的食物就和用含氟牙膏刷牙一样能防止细菌所产生的酸对牙齿的侵蚀，抑制细菌中的酶而阻碍细菌的生长
蛋白质	各种动物性食物（如肉类、鱼类、蛋类等）、牛奶及奶制品中所含的蛋白质属优质蛋白质。植物性食物中以豆类（尤其黄豆）所含的蛋白质量较多	它对牙齿的形成、发育、钙化、萌出也起着重要的作用
维生素A	鱼肝油制剂、新鲜蔬菜	可以维护牙龈组织的健康
维生素C	新鲜的水果如橘子、柚子、猕猴桃、新鲜大枣	牙釉质的形成需要维生素C
维生素D	鱼肝油制剂，另外，日光照射皮肤可使体内自己合成维生素D	缺乏维生素D会造成宝宝牙齿发育不全和钙化不良

合理饮食，提高宝宝免疫力

6个月前的宝宝，体内存在着妈妈的抗体，所以能抵御外界病毒入侵。但是，6个月至1岁，妈妈的抗体渐渐消失，而宝宝自身的抗体尚未形成，这段时间的宝宝更容易生病，妈妈们应特别注意照料宝宝的生活起居，还应注意做好喂养和饮食营养措施，通过合理的营养建立宝宝的疾病防御系统，可大大减少宝宝生病。

提高宝宝免疫功能的8种食品

◎ 番茄

含有多种抗氧化强效因子，如其中含有的番茄红素、胡萝卜素、维生素E和维生素C，可提高宝宝免疫力，修补受损的细胞，保护细胞不受损害，并能降低宝宝因严重腹泻而导致的死亡率。实验证明，当人连续食用2周番茄汁后，体内番茄红素会明显增加，同时T淋巴细胞的免疫功能得到了增强。吃番茄最好微煮后加入少许橄榄油，使番茄红素更多地被人体吸收。

◎ 菌菇类食物

其中的多糖类有明显增强宝宝免疫功能作用，还可以改善心血管功能。银耳含有17种氨基酸、钙、维生素等，有滋阴润肺、生津养胃的作用。香菇、蘑菇所含的多糖类化合物，能预防佝偻病及贫血。

◎ **薏苡仁**

又称苡仁、米仁。含有蛋白质、钙、磷、铁、B族维生素等。有健脾止泻、利水渗湿及提高免疫力的作用。对易感冒、口臭、舌苔腻的宝宝很适用。

◎ **山药**

含有钙、磷、糖、维生素及皂甙等。有健脾补肺、固肾、滋养强壮作用。对平时脾胃虚弱、免疫力低下的宝宝适用。

◎ **豆制品**

豆制品及大豆含有丰富的蛋白质、铁、胡萝卜素、维生素、锌、硒等。有补虚清热、生津润燥、清热解毒功效。适合于消化不良、易感冒、营养欠佳的宝宝食用。

◎ **鹌鹑蛋**

含有高质量蛋白质、磷、钙、铁、芦丁、芸香等。具有补益气血、强身健脑等作用。适合营养不良、易感冒的宝宝食用。

◎ **青鱼**

其肉中含有核酸及锌等微量元素，可增强体质。青鱼是营养佳品，有补气化湿、养胃醒脾功效。适用于脾胃虚弱、体弱多病的宝宝。

◎ **枣**

含有糖、钙、磷、铁、维生素C、维生素PP等，是“天然的维生素丸”，具有补益脾胃、养血安神功效。近年还发现其有增加环磷酸腺苷活性、强身、保肝、抗变态反应等作用。适用于脾胃虚弱、气血不足、神疲乏力、易感冒的宝宝。

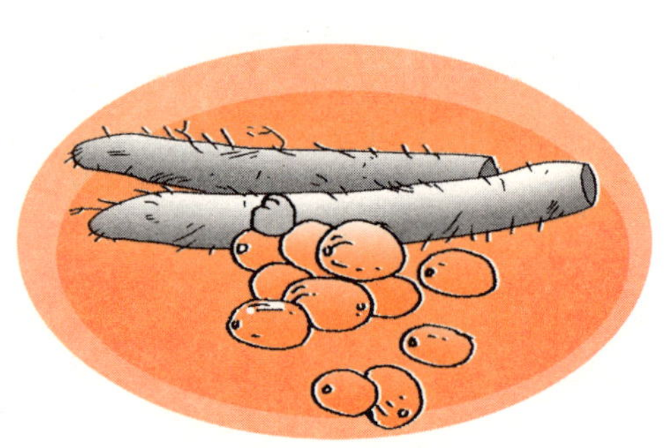

聪明宝宝的喂养

别把宝宝喂成小胖墩儿

胖孩子不一定是健康的，胖孩子一般容易感冒，也爱长湿疹。肥胖的婴儿动作缓慢、不爱活动，而越不爱活动就会长得越胖。

什么样的宝宝算是小胖墩儿

婴儿达到什么程度才算胖呢？如果自出生到了3个月，婴儿的体重增加了3千克（平均每日30克）或超出同龄婴儿平均值的20%以上就算是胖了。

用母乳喂养的婴儿70%不会发胖，而用配方奶或米粉喂养的婴儿大约70%是胖的。因此，在用奶粉或米糊喂养时，一定要把握好不要过量。

小胖墩儿怎么保健

胖孩子由于体重较重，因此，不要让其早站立，不要过早学走路，因为太重会影响到腿的发育。但应让婴儿多运动，特别是腿部要多做运动，以帮助婴儿消耗掉一部分热量。

◎ 让婴儿仰卧，逗他做踢腿的动作和游戏。

◎ 要让宝宝多练习爬。由于肚子胖，宝宝可能不喜欢爬，但爸爸妈妈应做多种游戏帮助宝宝。

◎ 可扶着宝宝腋下让婴儿站在爸爸妈妈膝上做跳跃运动以锻炼双腿。

◎ 要经常帮助婴儿练习翻身动作。

在婴儿活动的时候应尽量不要给包尿布，以使婴儿有轻松感而更喜欢游戏和锻炼。

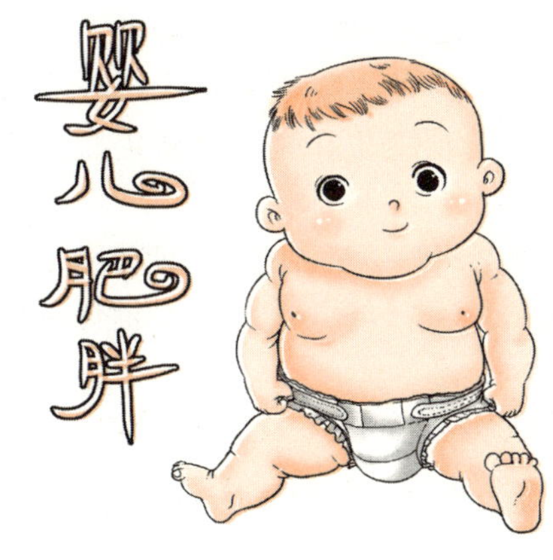

尝试给宝宝添加肉食

从宝宝6～7个月起，在机体状况良好的情况下可开始添加鱼、虾肉少许。

鱼、虾肉的纤维成分较少，肉质鲜嫩，易于消化吸收，特别适合婴幼儿消化道尚不健全的特点。而且鱼虾类脂肪酸中，EPA、DHA含量较高，对婴幼儿神经系统发育有良好的作用。

刚开始时应从单个品种开始，少量添加，给婴儿吃要选择新鲜、无污染的鱼虾，剔除鱼刺和虾壳后烹调。

烹调方法尽量简单，以清蒸为好，不要添加任何调味品。婴儿的味觉处在早期形成阶段，要让他体验食物的原有风味，不需要增加其他味道，以免掩盖食物的真实滋味。

此外，婴儿的肾脏功能尚不健全，过量吃盐不利于婴儿健康。婴儿的牙齿尚未萌出，要将蒸熟的鱼、虾碾碎，用小勺喂婴儿吃。

一边喂一边观察

观察宝宝有没有过敏或不适的现象。如果婴儿表现正常，可继续添加其他种类。同时注意观察婴儿的表情和反应，一般情况下健康的婴儿都喜欢吃鱼虾。

爸爸妈妈要注意的是，即使婴儿食欲再好也不要过量喂食，以免消化不良或伤胃。

观察婴儿的皮肤反应和排便情况，如果一切正常，可逐渐增加摄入量。对体质较弱、有挑食习惯难喂养的婴儿要有耐心。妈妈不能看到其他婴儿已经能吃很多食物，而且长得壮，就加大饭量，逼迫孩子吃肉，这种急于求成的做法往往造成婴儿逆反和抵触情绪。

宝宝拒绝肉类怎么办

如果婴儿拒绝食用肉类，不要硬塞，先分析拒食的原因，再对症下药。

◎ 家庭排斥

妈妈应该避免家庭成员谈论食物的偏好，以免孩子在心理上拒绝某一种肉类。

◎ 用餐环境

要在愉快、安宁的就餐环境下用餐，让幼儿细嚼慢咽，慢慢享用，有利于消化吸收。

◎ 纤维过粗过长

肉类应挑选肉质细嫩的部位，做的时候可以先整块炖烂，然后切碎连肉汤一起拌在主食里喂宝宝。

◎ 过于油腻

肉类可以留少许肥腻部分，但是一定不能多，否则孩子容易倒胃口。

◎ 口味偏好

给孩子的食品应该淡一些，挑选新鲜肉类，避免腥味，而且要少放调味品。但孩子也有他的口味特点，妈妈不要用自己的喜好代替孩子的口味。妈妈应广泛收集儿童菜谱，变换花样，调节宝宝食欲，吸引孩子就餐。

及时给宝宝磨牙食物

这一月龄正是宝宝开始出牙的时期，宝宝口腔内分泌的唾液中已含有淀粉酶，可以消化固体食物，可以给孩子一些手指饼干、面包干、烤馒头片等食品，让孩子自己拿着吃。

刚开始时婴儿往往是用唾液把食物泡软后再咽下去，几天后，就会用牙龈磨碎食物，尝试咀嚼。此时的孩子多数还未长牙，牙龈会发痒，很喜欢咬一些硬东西，这有利于乳牙的萌出。如果没有硬食物可咬，他会咬玩具、咬衣服的。

不要错过这一时机，及时给婴儿添加一些固体食物，会使孩子将来断奶后更容易接受其他食物，避免影响身体发育。

这时给孩子添加的固体食物必须是易咬、易碎、易消化的，使婴儿初步养成咀嚼的习惯，不能单纯只喂糊类食品。多咀嚼还有利于孩子牙龈的发育，有助于将来长出一口整齐的牙齿，并能促进唾液的分泌，帮助孩子的肠胃消化吸收。可选辅食有碎肉、碎菜末、碎水果粒、面包片、手指饼干等。

自制营养美味的“磨牙棒”

进入第7个月，宝宝吃辅食上有个明显的变化，就是可以吃些小片柔软的固体食物了，大部分宝宝开始长牙，妈妈不妨多给宝宝一些类似磨牙饼干的食物，让宝宝磨牙的同时也能使宝宝尽快向吃固体食物转变。

这里教妈妈几种非常实用的方法，用日常食物自制“磨牙棒”。

1. 把馒头切成1厘米厚的片，放在锅里，不加油，烤至两面微微发黄，外皮略有一点硬，里面松软，凉凉后给宝宝自己拿着吃。
2. 将面包土司切成长条，放在烤箱里烤干，擦少许黄油，再放入烤箱中烤黄即可。
3. 将面粉、鸡蛋黄、配方奶粉、胡萝卜泥、面粉和匀，揉成扁圆状，入锅蒸熟，然后切成手指厚度的片状，放入烤箱中烤干即可。
4. 取能生吃的根茎类蔬菜，如胡萝卜、黄瓜、白萝卜等，去皮后刻成各种各样的形状，比如花朵、兔子、狗狗、猫咪等，然后给宝宝拿着吃，还可以教宝宝认物、辨色。

以上用现成食物制作的“磨牙棒”，一方面不会卡着宝宝，另一方面也增加了吃的趣味性，同时还练习了手眼协调能力，营养和味道也都不错。妈妈多发挥创造力，能给宝宝带来很多乐趣。

每天添加多少辅食合适

吃辅食的量和时间没有硬性的规定，对于7～9个月的宝宝来说，喂食的次数以1天2次为标准，2次的时间可分别选在上午10时和下午2时左右，喂食的量以宝宝不吃了为止。

一旦宝宝每天吃2次辅食，配方奶的量就要减少。但这时期营养主要来源还是母乳和配方奶，所以吃完辅食后，如果宝宝还想喝奶，还是要让他喝。

另外，宝宝到了七八个月大时，食量可能会变小，或者有时吃、有时不吃，变得很不稳定。妈妈对于宝宝食量突然变小都会感到担心，但是如果宝宝精神或情绪都很好，就不必在意。

辅食的喂养参考

次　　数	辅食2次（上午10时、下午2时） 母乳或配方奶3次（早上6时、下午6时、晚上10时）
辅食种类和食用量	谷类（7倍稀粥50～80克） 蛋（蛋黄1个或全蛋1/2个） 豆腐（40～50克） 乳制品（85～100克） 鱼肉（13～15克） 肉类（10～15克） 蔬菜水果（25克）

小贴士

宝宝的味觉开始发达，可以慢慢地开始使用调味料，如盐、糖、香油等，但原则上总是要以清淡为主。

宝宝最好每天吃点蔬菜

母乳喂养的宝宝5～6个月每日可吃水果25克，7～9个月的宝宝一天可吃50克，到1岁时每天吃75～100克就足够了。宝宝可以天天吃新鲜蔬菜，顿顿吃最好，尤其是那些大便较干燥的宝宝，更要多吃新鲜蔬菜。

每天吃点蔬菜的目的是为了摄入维生素和矿物质，但是在添加辅食的过程中，有的妈妈看见宝宝不喜欢吃蔬菜而喜欢吃水果，于是就用水果代替蔬菜喂食宝宝，这是极不恰当的。

◎ 虽然水果中的维生素量不少，足以

代替蔬菜，然而水果中钙、铁、钾等矿物质的含量却很少。

◎ 蔬菜中含纤维素多，纤维素可以刺激肠蠕动，防止便秘。

◎ 蔬菜和水果含的糖分存在明显的区别，蔬菜所含的糖分以多糖为主，进入人体内不会使人体血糖骤增，而水果所含的糖类多数是单糖或双糖，短时间内大量吃水果，对宝宝的健康不利，有的宝宝多吃水果还会腹泻或容易发胖。

怎样给宝宝添加粥

这个时期的宝宝已经能吞咽下稀粥了，所以妈妈可把宝宝的主要辅食由原来的米粉转换成稀粥。在7个月的初期可用7倍稀粥喂食宝宝，等宝宝习惯后再逐渐减少水分，用5倍稀粥喂食宝宝。

宝宝吃的稀粥可与大人吃的米饭一起做，具体做法如下：

◎ **7倍稀粥**

1. 先将大人用的米洗好倒入锅中，再将宝宝的煮粥杯置于锅中央，煮粥杯内米与水的比例为1∶7。也可用白饭，2大匙白饭约需搭配半杯多的水。
2. 像平常一样按下开关。锅开后，杯外是大人的米饭，杯内是给宝宝喝的稀粥。
3. 刚用7倍稀粥喂宝宝时，如果宝宝的喉咙特别敏感，可先将稀粥压烂后再喂食。

◎ **5倍稀粥**

1. 同样，先将大人用的米洗好倒入锅中，再把宝宝的煮粥杯置于锅中央，杯内米与水的比例应为1∶5。1大匙米约需搭配1/3杯多的水，如用白饭熬煮，则2大匙白饭需要搭配1/3杯多的水。
2. 5倍稀粥煮好后，如果宝宝喉咙较敏感，也可先将稀粥压烂后再喂食。

小贴士

给宝宝煮粥时，可在里面加入一些碎豆腐，也可将豆腐汆烫后用汤匙压碎，再放入煮好的粥中，给宝宝喂食。

6～7个月的婴儿需要断奶吗

断奶完全时间应为10～12个月，具体的时间妈妈应根据宝宝的实际情况来定。

准备给宝宝断奶时，要先把他们带到医生那里，做一次全面体格检查。只有当宝宝身体状况良好、消化能力正常时才可以考虑断奶。

母乳不足而又不肯吃奶的婴儿可提前喂断奶食品，因为婴儿需要一些有营养的食品。

在给婴儿喂断奶食品的时候，应先从练习用勺子开始，因为断奶的过程其实就是使婴儿从习惯吮吸液体到习惯吃固体食物而已。而固体食物婴儿只能用勺而不能用奶嘴来吃。所以断奶前的准备应从练习婴儿用勺子进食开始。

连续1周或者10天试着用勺给婴儿喂一些果汁、菜汤或其他清汤，如果宝宝能顺利吃下，就可逐渐实行断奶。

小贴士

有些妈妈生病了，就急着要给小宝宝断奶，其实，应该视病情而定。比如轻微的伤风感冒，根本不必中止喂奶，只要戴上口罩，注意呼吸隔离就行。

给宝宝喝肉汤好吗

有的妈妈怕宝宝吃肉卡住喉咙，觉得汤的营养应该会更丰富一些，于是就每天换着花样地给宝宝煲各种汤，鱼汤、鸡汤、鸭汤、肉汤，等等。

其实，由于煲汤时水温升高，动物性食物中所含的蛋白质遇热后发生蛋白质变性，就凝固在肉里，真正能溶到汤中的蛋白质是很少的。

很多爸妈希望给孩子补钙，于是经常煲骨头汤给孩子喝。实际上，即使经过长时间高温煲煮，骨头里所含的钙质也不容易溶解到汤内。所以，提醒爸爸妈妈们在煲骨头汤时要加入一些酸类蔬果，如番茄等，可使骨头中的钙较多地分解出来。

如果宝宝只喝汤、不吃肉，就等于“丢了西瓜捡芝麻”，把绝大部分营养素都丢失了。

宝宝吃了辅食后不吃奶粉怎么办

宝宝厌奶的现象普遍发生在6个月以后，3个月以前人工喂养或混合喂养的宝宝很少有讨厌奶粉的，到6个月以后，宝宝身体逐渐成熟，有的宝宝反而出现食欲下降、不吃奶粉的情况，这种突然间宝宝就不吃奶的现象，通常被称为“厌奶”。

这是因为宝宝具有消化蛋白质的能力了，食量一开始会猛增，导致消化器官过度疲劳，一段时间后就出现不想吃奶的情况，但蛋白质量少的食物还是愿意吃的。有的宝宝添加了辅食，开始不愿意接受奶粉，这是因为宝宝比较喜欢新口味的食品，对奶粉暂时失去了兴趣。

妈妈可以采取以下应对方法帮宝宝顺利度过厌奶期：

◎ 不要随意更换奶粉。这时宝宝本来奶量就有所减少，增加辅食后，丰富多样的口感容易使宝宝对吃奶失去兴趣，如再忽然将平时吃熟悉的奶粉更换，会引起宝宝拒食，要换奶粉需采用前面提到的渐进式的添加方法：混合置换或一顿一顿置换。

◎ 了解原因，补充需求。如果宝宝厌奶是因为生病了，那就必须先依症状的不同给予适当的食物。如便秘会影响食欲，导致无心喝奶，这时给些蔬菜、水果等富含维生素的食物，可改善便秘，等便秘好后自然就又吃奶了。

◎ 给宝宝制造一个安静进食的环境，以免分心而忘记吃奶。

◎ 有的宝宝只是暂时性的厌奶，一段时间过去后，随着运动量的增加，奶量又会恢复正常。这并不是“自我断奶”，所以不能贸然给宝宝断奶。

小贴士

如果宝宝实在不想吃牛奶，妈妈不要每天强行地喂，否则宝宝会产生厌奶情绪，反而会一直不想吃了。妈妈可想办法提供一些含钙的食物替代，过一段时间再喂牛奶宝宝就可接受了。

聪明宝宝的美食

鲜味肉汤粥

原料：大米、肉汤（猪肉汤均可、鸡肉汤、牛肉汤、排骨汤）、胡萝卜适量。

做法：

❶ 将胡萝卜加工成碎末。

❷ 将大米淘洗干净，加入肉汤和胡萝卜末旺火煮开，然后改用文火煮30分钟即可。

营养功效：大米有健脾养胃的功效。

三色蛋

原料：新鲜鸡蛋1个，胡萝卜20克左右，盐、白糖少许。

做法：

❶ 将胡萝卜洗净，切成小块，放到锅里煮熟，用勺子捣成胡萝卜泥。

❷ 将鸡蛋煮熟，剥去皮，把蛋黄、蛋白分开，分别研成泥。

❸ 在蛋黄里加入白糖，蛋白里加入盐，分别拌匀。

❹ 将蛋黄放在蛋白上面，装入一个小碗里，放到锅里用中火蒸7～8分钟。

❺ 放入胡萝卜泥，拌匀即可。

> **小贴士**
>
> 蛋白、蛋黄一定要蒸熟，否则容易使宝宝过敏。

营养功效：含有丰富的胡萝卜素、蛋白质和铁，可以满足宝宝的各种营养需要。

鱼泥青菜粥

原料：大米50克，新鲜菠菜叶30克，新鲜鱼肉20克（鲫鱼、草鱼等淡水鱼），高汤、清水适量，盐少许。

做法：

❶ 将菠菜洗净切碎，放到开水锅中煮2分钟左右捞出，用小勺在干净的不锈钢滤网上挤出菜泥。

❷ 将鱼肉蒸熟，用小勺压成泥。

❸ 将大米淘净，加入锅中，加适量清水熬成稠粥。

❹ 加入高汤、菠菜泥和鱼泥，用小火煮5分钟，边煮边搅拌。

❺ 加入盐调味即可。

小贴士

❶ 菠菜叶必须先焯水，才能进行下一步操作。

❷ 制作鱼泥时必须去掉鱼皮，并把刺挑干净。

营养功效：可以为宝宝补充蛋白质、维生素、钙、铁、磷等多种营养素，帮宝宝预防缺铁性贫血、佝偻病等疾病。

牛奶蛋黄粥

原料：大米10克（约1小勺），牛奶50毫升（约1大勺），蛋黄1/4个，蜂蜜少许。

做法：

❶ 将大米淘洗干净，加入适量水旺火煮开，开锅后改文火煮30分钟。

❷ 再把牛奶和蛋黄（蛋黄用小勺背面研碎）加入粥中再稍煮片刻出锅，加入少许蜂蜜即可。

营养功效：牛奶是优质蛋白质、核黄素、钙、维生素D的极佳来源。

鸡蓉南瓜泥

原料：去皮南瓜（研碎）50克，鸡肉末25克，虾皮汤200毫升。

做法：

❶ 将鸡肉末里加入少许虾皮汤上火煮开，煮开锅后把虾皮捞出切碎。

❷ 把少许南瓜末放入开水中上火煮软后，再加入鸡肉末煮一会儿，把虾皮末倒入锅内煮至黏稠状出锅即可食用。

营养功效：鸡肉富含蛋白质，南瓜富含钙、磷、铁和多种维生素。

聪明宝宝的一日饮食安排

6~7个月宝宝一日饮食安排

第7个月的宝宝体格发育逐渐减慢，自主活动明显增多，热能消耗不断增加，饮食结构也要随之进行调整。宝宝每天所吃的辅食结构为：以谷物类为主食，配上蛋黄、鱼肉或肉泥，以及碎菜或胡萝卜泥等做成的辅食，适当添加小块水果。

前6个月纯母乳喂养的宝宝在第7个月也必须开始添加辅食，以满足宝宝日益增长的营养需要。

6~7个月宝宝一日饮食表

早上6:00	母乳喂哺20分钟（或豆奶220毫升，白糖适量）
上午8:00	鱼泥：带鱼20克，植物油1克，盐适量；菜糊：胡萝卜20克，植物油2克，盐适量
上午10:00	新鲜蔬菜汁或水果泥20克；香蕉20克；小儿鱼肝油滴剂（用量遵医嘱）
中午12:00	母乳喂哺20分钟（或豆奶250毫升，白糖适量）
下午2:00	鸡蛋青菜面：挂面25克，蛋黄1个，新鲜青菜10克，植物油2克
下午6:00	母乳喂哺20分钟（或豆奶250毫升，白糖适量），新鲜果泥或蔬菜泥30克
晚上10:00	母乳喂哺20分钟（或牛奶250毫升，白糖适量）

Part 8

宝宝7～8个月

宝宝身心发育情况

如果说婴儿在上个月已经能认出爸爸妈妈，那么这个月与爸爸妈妈的联系则更加密切，看到母亲就表现出高兴的劲儿，也比上个月更加明显了。

身体发育		
体　重	男婴约9.12千克	女婴约8.49千克
身　长	男婴约71.51厘米	女婴约69.99厘米
胸　围	男婴约45.28厘米	女婴约44. 40厘米
头　围	男婴约44.16厘米	女婴约43.17厘米
坐　高	男婴约45.74厘米	女婴约44.65厘米
牙　齿	大部分婴儿已经开始出牙，有些宝宝已经出了2～4颗牙齿，即上门齿和下门齿	

手脚的发育情况

婴儿一般在7～8个月就会翻身了。这个月龄的婴儿，多数会自己坐着了，但能坐的时间因人而异。

婴儿会爬也多数在这个月龄，许多婴儿在开始爬时，都是先做后退的动作。

也有不少的婴儿不会爬，却突然能扶着东西站起来。这个时候孩子腿脚也逐渐强壮起来了。握住宝宝的两只小手，宝宝常常能站起来。发育快的孩子，到了8个月时，会在某个偶然的条件下扶着东西站起来。这个时期的婴儿已经具有一定的灵活性。

婴儿的牙齿发育

婴儿出牙也多在这个时期，但也有在6个月或更早些的。

约在出牙前1个月，婴儿多从嘴里发出“噗——噗——”的声音。婴儿虽不会因为出牙而发热，但也许是多少有些痛的缘故，常会有一些情绪上的改变，如夜里不易入睡等。出牙的早晚在不同的孩子中差异也很大，已满1周岁才出牙的也不罕见，这并不是什么特定的疾病所致，并且也没有出牙晚，牙的质量就不好的说法。

为了早出牙而给孩子服用钙剂是没有意义的。因为牙齿早就长好了，只不过是还没有露出来而已。

婴儿的睡眠情况

睡眠的时间和深度因孩子而异。一般来说，孩子上、下午各睡1次，每次1～2小时，有些婴儿在傍晚时还补睡1次。

这时的婴儿晚上一般醒1～2次，而有的婴儿即使换尿布也不醒，也有的婴儿一睁开眼睛就哭，还有一些婴儿不给喂点奶或水就不再睡了。

不在夜里吃奶的孩子是越来越多了。不过如果母乳充足，夜里喂母乳当然比喂配方奶或水要有营养，且方便得多。因此，夜里不妨给婴儿喂母乳。

本月宝宝喂养重点

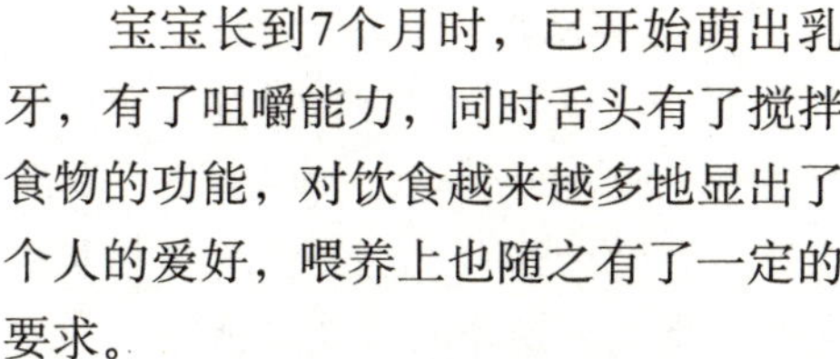

宝宝长到7个月时，已开始萌出乳牙，有了咀嚼能力，同时舌头有了搅拌食物的功能，对饮食越来越多地显出了个人的爱好，喂养上也随之有了一定的要求。

此阶段妈妈乳汁的质和量都已经开始下降，难以完全满足婴儿生长发育的需要。已经7个月的宝宝要是还以母乳为主，就会导致缺铁性贫血。因此，奶量只保留在每天500毫升左右就可以了，增加半固体性的代乳食品，用谷类中的米或面来代替2次乳类品。在每日奶量不低于500毫升的前提下，减少2次奶量，用2次代乳食品来代替。

辅食方面，可以让宝宝尝试更多种类的食品。由于此阶段大多数婴儿都在学习爬行，体力消耗也较多，所以应该供给更多的糖类、脂肪和蛋白质类食品。

这个阶段多让宝宝吃各类水果和新鲜蔬菜，可以避免因叶酸缺乏而引起的营养不良性贫血。

聪明宝宝的营养需求

宝宝缺钙会有什么表现

- ◎ 常表现为多汗，即使气温不高，也会出汗，尤其是入睡后头部出汗，并伴有夜间啼哭、惊叫，哭后出汗更明显。部分宝宝头颅不断摩擦枕头，颅后可见枕秃圈。
- ◎ 偶见手足抽搐症：宝宝缺钙，血钙低时，可引起手足痉挛抽搐。
- ◎ 厌食偏食。人体消化液中含有大量钙，如果人体钙元素摄入不足，容易导致食欲不振、智力低下、免疫功能下降等。
- ◎ 易发湿疹。2岁前的宝宝比较多见，有的到儿童或成人期发展成恶急性、慢性湿疹，或表现为异位性皮炎。
- ◎ 出牙晚或出牙不齐。有的宝宝1岁半时仍未出牙，前囟门闭合延迟，常在1岁半时仍不闭合。
- ◎ 前额高突，形成方颅。
- ◎ 常有串珠肋。由于缺乏维生素D，肋软骨增生，各个肋骨的软骨增生连起似串珠样，常压迫肺脏，使宝宝通气不畅，容易患气管炎、肺炎。

妈妈可以对照一下，看看宝宝有没有缺钙。妈妈在怀孕期、哺乳期有没有常规补钙，如果没有，宝宝缺钙概率是非常高的。那么，这个时候就应该补钙了。

如果妈妈带宝宝去医院检查了，检查结果表明你的宝宝并不缺钙，那么你不需要额外给宝宝补充钙剂，但还是需要多吃含钙丰富的食物，因为宝宝对钙的需求是一直存在的。

测测宝宝缺不缺锌

锌的主要生理功能就是促进生长发育，被誉为“生命之花”。缺锌会给儿童带来一系列的身体不适，现在就来测试一下，看看你的宝宝是否缺锌。

以下10种表现，只要你的孩子符合 3 种，就可视为缺锌，要及时去医院检查。

◎ 食欲减退：挑食、厌食、拒食，普遍食量减少，孩子没有饥饿感，不主动进食。

◎ 乱吃奇奇怪怪的东西，比如咬指甲、衣物，啃玩具、硬物，吃头发、纸屑、生米、墙灰、泥土、沙石等。

◎ 生长发育缓慢，身高比同龄组的低3～6厘米，体重轻2～3千克。

◎ 免疫力低下，经常感冒发烧，反复呼吸道感染，如扁桃体炎、支气管炎、肺炎、出虚汗、睡觉盗汗等。

◎ 指甲出现白斑，手指长倒刺，出现地图舌（舌头表面有不规则的红白相间图形）。

◎ 多动，反应慢，注意力不集中，学习能力差。

◎ 视力问题：视力下降，容易导致夜视困难、近视、远视、散光等。

◎ 皮肤损害：出现外伤时，伤口不容易愈合；易患皮炎、顽固性湿疹。

◎ 口腔溃疡反复发作。

怎样防止宝宝缺锌

锌是人体内必不可少的一种微量元素。如果婴儿体内锌缺乏，就会引发一些疾病或引起婴儿生长发育障碍。缺锌的婴儿一般食欲不好，又矮又瘦，免疫力低下，极易生病，容易患消化道溃疡或呼吸道、口腔溃疡等。为了促进儿童的健康生长发育，宝宝妈妈要注意预防宝宝缺锌。

为宝宝安排含锌丰富的饮食

应注意婴幼儿良好饮食习惯的养成。不挑食、偏食，提倡饮食多样化，不要经常食用精制的米和面，如精白米、富强粉、巧克力等精制食品。因为在精细的加工过程中，食物的营养成分会丢失。

食物中牡蛎、鲱鱼含锌量最高，每千克食物中含锌超过100毫克；其次是肉、肝、蛋类、蟹、花生、核桃、茶叶、杏仁、可可、芝麻，每千克含量20～50毫克；麦类、鱼类、胡萝卜、土豆每千克含6～20毫克。这些食物含锌量较高，可以作为补锌食用。让孩子多吃一些动物性食物，在饮食中应供给含锌量较高的食品，如鱼肉、蛋类、豆制品、坚果类等食物。含锌的食物很多，动物性食物含锌量高于植物性食物，吸收利用率也高。

孩子缺锌，应设法及时纠正

对于低出生体重儿，营养不良儿，长期腹泻、反复感染的小儿，在饮食补充的同时，可服用适量的锌剂。

已确诊为锌缺乏症的宝宝，应在医生的指导下服用锌剂，但不得滥用。锌剂服用过量也会影响体内其他微量元素的吸收利用，如导致铜缺乏或贫血，故应科学合理地使用锌剂。此外，治病要治本，应找到小儿缺锌的原因，给予病因治疗；饮食的补充和调整，在预防锌缺乏症中也是不容忽视的。

有些爸爸妈妈为了使宝宝健壮、聪明，滥用锌制剂，殊不知微量元素摄入过量，对人体反而有害。锌的有效剂量与中毒剂量相距甚小，如果使用不当，很容易导致过量，使体内数量元素平衡失调，甚至出现加重缺铁、缺铜、继发贫血等一系列病症。

聪明宝宝的喂养

8个月宝宝可添加的食物

烂面条：可以买那种专门给宝宝吃的面条，煮的时候掰成小段，加一些切碎的蔬菜、蛋黄等，煮到很烂的时候给宝宝吃，锻炼宝宝的咀嚼能力。

蛋类食品：不但可以吃蛋黄，还可以尝试吃蒸全蛋，但是要从少量开始添加，并注意观察宝宝有没有过敏反应。

碎肉末：一些家禽和家畜的肉，可以做成肉末给宝宝吃。

鱼松和肉松：猪肉、牛肉、鸡肉和鱼肉等瘦肉都可以加工肉松。含有丰富的蛋白质、脂肪和很高的热量，可以给8个月的宝宝吃。

在喂食结束后，可拿些烤馒头片、面包干、磨牙饼干等让宝宝咀嚼，以锻炼宝宝的肌肉和牙床，促进乳牙的顺利萌出。搭配的果泥、肉泥可以略粗些，不用做成泥状。

婴儿的代乳食品因人而异

婴儿一过7个月，与饮食有关的各种个性就会逐渐表现出来。喜欢吃粥的孩子与不爱吃粥的孩子，在吃粥的量上就拉开了距离。每次100克，每日吃2次的孩子会让母亲感到很骄傲，而若婴儿每日只能吃50克，母亲则感到很懊恼。其实没有必要这样。

吃菜也一样，有喜欢吃蔬菜的，也有喜欢吃鱼类的。蔬菜和薯类可以直接切碎或磨碎后煮熟给孩子吃，含脂肪较多的鱼开始不要给婴儿喂得太多，如果没有变态反应发生的话，就可以继续增加。牛肉、猪肉可以做成肉末喂给孩子。

总之，婴儿的代乳食品因孩子而异。不过无论有多大的差别，有一点必须注意，就是7个月大的用奶粉喂养的婴儿，每日的奶量不得少于500毫升。

注意控制宝宝体重

对于那些不太喜欢喝牛奶而喜欢吃米粥或面包粥的婴儿，每次吃100克粥、1个鸡蛋，每日2次的话，婴儿体重增加得会很快。一般来说，这个月龄的婴儿，平均每日体重只增加10克左右，而这样能吃的婴儿却可能平均增加15克。

这个月龄的婴儿如果体重每日增加20克以上，就极有可能长成巨大婴儿的。因此，对除代乳食品外，每日仍然像以前那样每次喝200毫升牛奶，1日5次的婴儿要限制奶量，给他一些尽可能淡的果汁或鲜奶。如果是质量较好的袋装灭菌牛奶就可以直接饮用，但一旦开封就要当日喝完。

及时给宝宝断奶

及时断奶就是婴儿长到1周岁左右完全断奶。在此之前必须进行断奶的准备工作。

随着宝宝渐渐长大，母乳的量越来越少，质量也下降了，变成了稀薄的奶水，但是孩子需要的营养素却日渐增多，所以奶水已不能满足孩子生长发育的需要。这时如果还不断奶，孩子就会出现营养不足、逐渐消瘦、多病的现象，最常见的是婴儿营养不良性贫血。由于贫血小儿食欲不佳，甚至拒食，于是就会喂养困难。

长期哺乳对母亲自身也不利。长期哺乳会引起内分泌紊乱，如全身无力、

食欲不振、消瘦，以致出现闭经、子宫萎缩等。

而如果断奶过早，由于婴儿的消化功能尚不健全，过多辅食的添加，则会引起婴儿消化不良、腹泻或营养不良等后果。因此，及时断奶很重要。

宝宝断奶的方式有讲究

为了宝宝的生长发育和母亲健康的需要，婴儿8～12个月时完全断奶是比较合适的。

宝宝完全断奶的时间

通常婴儿到了1岁左右就应断奶。但也要根据具体的实际情况而定。

若宝宝正在生病，把奶换成其他食物，就容易造成宝宝消化不良，使病情加重，故应在宝宝病愈后再断奶。若是妈妈体质不错，而且奶量也一直很充足，辅食添加得比较晚，则可以稍晚些再断奶。

另外，还要注意季节，冬、夏季天气时冷时热，婴儿的消化力弱，抵抗力差，突然改变饮食习惯容易导致宝宝生病，所以断奶时间应选在春、秋季。

逐渐给宝宝断奶

从开始断奶至完全断奶需经过一段时间的适应过程，也就是一顿一顿地用辅助饮食代替母乳，逐渐实行断奶。

有些妈妈平时未做好给孩子断奶的准备，未能逐渐改变孩子的饮食结构，而是采用在乳头上抹黄连、辣椒汁、清凉油等办法，突然不给宝宝吃奶，致使婴儿因突然改变饮食而适应不了，连续多日又哭又闹、精神不振、不愿吃饭、体弱消瘦，影响其发育，甚至引发疾病。这种方式显然是不正确的。

正确的断奶方式是：从4个月起添加些辅食，如米汤等，逐渐过渡到吃蛋黄、烂面条、菜泥、豆腐等；孩子长牙以后，可吃点饼干、烂饭或面片等，减少哺乳1～2次，使胃肠消化功能逐渐与辅食相适应；10个月后，可以以米面类食物代替主食，奶类、代乳品为辅食，这样，断奶时孩子就适应了。

开始断奶时一定要耐心喂小儿其他食物，或让孩子离开妈妈1～2日。

让宝宝喝白开水

即使从一出生就给宝宝喂白开水，也可能有那么一天，宝宝会不喜欢喝白开水了。越大的宝宝越不爱喝没有味道的白开水。

6个月以前，宝宝的吸吮能力强，放到嘴里的奶瓶，他会很自然地去吸吮，

尽管白开水没什么味道，却能满足宝宝吸吮的欲望。6个月以后，宝宝天生的吸吮欲望减退，对于吸吮已经有更具体的目的了，那就是喝他喜欢喝的东西。

到了8个月，宝宝对味道的品尝能力已经很强了，喝惯了果汁，配方奶，咸淡适中的菜水、菜汁等，对白开水更是不感兴趣了。

虽然宝宝本身不喜欢喝白开水，但妈妈还是要努力让宝宝喝白开水，哪怕喝几口也是好的。因为任何饮料都不能代替水。宝宝每天至少需喝30～80毫升的水，喝配方奶的宝宝应该喝100～150毫升的水。

妈妈最好让宝宝自己拿着奶瓶喝水，宝宝喜欢自己做事。把喝水的任务交给宝宝自己，妈妈在一旁看着，宝宝会喝下不少水。

宝宝不爱吃蔬菜易患病

◎ 经常发生便秘

不吃蔬菜，纤维素摄取不足，对肠壁的刺激性小，致使肠肌蠕动减弱，粪便在肠道停留的时间过长。因而，宝宝经常发生便秘，并将粪便中的有毒成分吸收到血液，影响正常的新陈代谢，容易生病。

◎ 破坏肠道环境

蔬菜中的纤维素可促进肠道中有益菌生长，抑制有害菌繁殖。如果经常不吃蔬菜，就会破坏肠道内有益菌的生长环境，影响肠道对营养的吸收功能。

◎ 维生素C摄入不足

蔬菜是维生素C的主要来源，而维生素C对宝宝的发育有很大影响。它可促使钙质沉积，是正在快速生长发育中的宝宝的牙齿及骨骼健全发育的必需营养素。如果经常不吃蔬菜，就会出现牙龈出血，牙髓炎，骨骼松软、易断以及皮下出血和身体感染等表现。

◎ 维生素A摄入不足

黄绿色蔬菜是β－胡萝卜素的丰富来源，β－胡萝卜素可在人体内转变为维生素A。缺乏维生素A后，会影响宝宝的视力、皮肤、黏膜等功能，以致发生夜盲症、皮炎或反复呼吸道感染。

◎ 热能摄取过多

进餐时不吃蔬菜，不容易产生饱足感，常常会使宝宝不知不觉地热能摄入过多，引发身体肥胖，影响成年后的健康。

小贴士

有的宝宝不爱吃蔬菜，大便比较干燥，妈妈会用水果代替蔬菜，以为这样可以补充维生素，缓解便秘。其实，水果是不能代替蔬菜的，蔬菜，特别是绿叶蔬菜，不仅有着丰富的维生素，还富含植物纤维，可以刺激宝宝肠道的蠕动，保证大便的通畅。

◎ **常常胃口不佳**

经常不吃蔬菜的宝宝，身体的其他生理功能也会受到影响，经常出现食欲不振、胃口不好等症状。

◎ **长大后也不爱吃蔬菜**

如果宝宝从小吃蔬菜少，偏爱吃肉，长大后就很可能不太容易接受蔬菜，那时再纠正就很费力气了。

选购一套适合宝宝的餐具

妈妈给宝宝选择餐具要注意以下几个要点：

1. 注重品牌，确保材料和色料纯净，安全无毒。市场上宝宝餐具品牌很多。宝宝餐具应将安全性放在首位，知名品牌多是经受住了国家和消费者考验的，较为可靠。
2. 餐具的功能各异，有底座带吸盘的碗，吸附在桌面上不会移动，不容易被宝宝打翻；有感温的碗和勺子，便于父母掌握温度，不至于让宝宝烫伤；大多数合格餐具还耐高温，能进行高温消毒，保证安全卫生。
3. 在材料上，应选择不易脆化、老化，经得起磕碰和摔打，在摩擦过程中不易起毛边的餐具。
4. 在外观上，应挑选内侧没有彩绘图案的器皿，不要选择涂漆的餐具。毕竟宝宝的餐具主要还是以安全实用为标准。

应避免的7类餐具

1. 材质为玻璃、陶瓷的餐具：一方面易碎，另一方面还可能划伤宝宝。
2. 西式餐具：如刀、叉，既坚硬又尖锐，很容易造成意外伤害。
3. 筷子：使用筷子是一项难度很大的技术，不应要求婴儿学习，一般要到宝宝3～4岁时才可练习。
4. 塑料餐具：塑料餐具在加工过程中会添加一些溶剂、增塑剂与着色剂等，有一定毒性，而且容易附着油垢，比较难清洗，不是理想的餐具，尤其是那些有气味的、色彩鲜艳、颜色杂乱的塑料餐具，其中的铅含量往往过高。

小贴士

大人和宝宝不要共用餐具，宝宝的餐具应该专用，大人的餐具无论是大小还是重量都不适合宝宝，还可能将疾病传染给宝宝。

培养宝宝良好的饮食习惯

定时进餐

饭前半小时要让宝宝保持安静而愉快的情绪，不能过度兴奋或疲劳，不要责骂孩子，以免影响食欲。

如果宝宝正玩得高兴，不宜立刻打断他，而应提前几分钟告诉他“快要吃饭了”；如果到时他仍然迷恋手中的玩具，可让宝宝协助成人摆放碗筷，这会转移他的注意力，增加对进食的兴趣，做到按时进餐。

专心进餐，定量饮食

吃饭时不说笑，不玩玩具，不看电视，保持环境安静，培养宝宝专心进食的习惯。

要根据宝宝一日营养的需求安排饮食量，使宝宝养成定量饮食的习惯。

宝宝某餐进食量较少时不要强迫进食，以免造成孩子厌食。进餐时不能催促孩子，而要让孩子细嚼慢咽；应为宝宝准备一条干净的餐巾，让他随时擦嘴，保持进餐卫生；要让宝宝咽下最后一口才能离开饭桌；注意饭后擦嘴和保持桌面干净。

不挑食、不偏食

应按食谱安排每日孩子的饮食，尽可能根据当地的情况和季节选用多种食物，培养孩子爱吃各种食物，不挑食、不偏食。

餐桌上特别可口的食物应根据进餐人数适当分配，培养宝宝关心他人，不独自享用的好习惯。要注意桌面清洁，餐具齐全、卫生，饭菜冷热适度。

细心讲解

在照顾宝宝饮食时，要细心讲解或提问各种食物的名称、颜色、烹调方法，使宝宝既获得知识，又提高言语表达能力。

断奶期深夜喂奶是正常的

夜间给断奶期的婴儿喂奶是比较正常的。食欲旺盛的孩子一般是因为夜间肚饿而醒，如果孩子睡前喂的是母乳，这时就应该考虑是不是母乳不足。这种情况就要试着喂婴儿牛奶，如换成牛奶后婴儿夜里不再醒了，就可以继续喂下去。

小贴士

婴儿疾病将在这个时期多起来，麻疹、水痘、婴儿急疹都是这个时期婴儿常患的疾病，上呼吸道感染如感冒、咽喉炎等也较多。所以，这个时期的爸爸妈妈一定要仔细照顾好宝宝。

母亲有奶的时候，这种夜里陪着孩子睡、孩子醒了喂母乳的方式对母亲和孩子都很轻松，所以没有什么值得困惑的，只不过孩子睡着以后要注意把乳头从孩子口中拔出来，以免发生因乳房挤压鼻腔出现窒息的不测。

总之，夜间喂奶只要对孩子的成长有利，能让孩子睡好觉，不论是喂牛奶还是喂母乳，怎么做都没有关系，不必拘泥于任何形式，一切都只是为了婴儿的健康成长。

宝宝患了奶癣怎么办

奶癣，医学上称为婴儿湿疹，主要与过敏有关。

对于喝母乳的宝宝，妈妈应回顾一下是否吃了易过敏的食物。

如果怀疑是牛奶过敏，一则可以将牛奶多煮沸几次，以破坏致敏的蛋白质，然后再喂孩子；二则可以用豆奶、奶糕等代乳品来替代牛奶喂养。

如果既不是牛奶，也不是母乳，而是对添加的其他辅食过敏所致的奶癣，只要限制过敏辅食的摄入即可。

奶癣宝宝的护理

◎ 洗脸洗身都应用温开水清洗，少接触肥皂，以免婴儿皮肤受到肥皂的碱性刺激，必要时可用淡盐水浸泡纱布敷在湿疹处止痒。

◎ 婴儿的衣服要宽大，经常更换，保持清洁，避免细菌感染。衣服和被褥均应选用全棉布制作，忌用化纤或毛织品，避免接触鸭绒等容易引起过敏的物品。

◎ 患奶癣较严重的婴儿，应禁止接种多种疫苗，不能注射预防针。一般在1~2岁以后，奶癣会自然减轻消退。

宝宝什么都往嘴里塞是怎么回事

宝宝总是往嘴里放东西，很多父母误认为宝宝饿了，赶忙给宝宝食物，而这些食物多半被宝宝拒绝。其实这是因为婴儿在长牙，他们的牙床间歇地发痒和疼痛，宝宝往嘴里塞东西可能就是试图减轻牙痒和牙疼带来的不舒服。

宝宝长牙以后，喜欢咬硬一点的东西，拿玩具也放在嘴里啃。有的宝宝喜欢咬人，咬人不一定是恼怒，也许高兴，咬住就不松口。对宝宝咬人的习惯不要大惊小怪，越是当一回事，宝宝会越得意。妈妈可以给宝宝一些硬的食物吃，如馒头干、饼干等。尽量把宝宝情绪调整好，使他愉快。妈妈也可以给宝宝准备一根磨牙棒，有利于宝宝小牙的健康。

另外，为了宝宝的安全，妈妈在给宝宝选择玩具时要注意：

必须是无毒、卫生而又不怕啃咬的。玩具也不能太小，太小他会吞下去，或放进鼻孔、耳朵里。不能给宝宝羊毛制品的玩具，他可能会从玩具身上扯下一些毛，塞进自己嘴里。也不要给他一串小珠子，因为宝宝也许会扯断线绳吞下去几个珠子。

多给宝宝吃点鸡蛋可以吗

鸡蛋并不是吃得越多越好，以6个月前的宝宝为例，他们的消化系统还未发育成熟，肠壁的通透性较高，可使鸡蛋中的白蛋白经过肠壁直接进入血液中，刺激体内产生抗体，引发湿疹、过敏性肠炎、喘息性支气管炎等不良反应。宝宝的胃肠道消化酶分泌还较少，1个周岁左右的宝宝每天吃3个鸡蛋就不容易消化了。另外，过多吃鸡蛋会增加消化道负担，使体内蛋白质含量过高，在肠道中异常分解，产生大量的氨，引起血氨升高，同时加重肾负担，引起蛋白质中毒综合征，发生腹部胀闷、四肢无力等不适。

小贴士

妈妈可以用菜汤来拌蛋黄给宝宝吃，这样不容易噎着，还可避免宝宝厌烦蛋黄的味道（每天都吃蛋黄会让宝宝厌烦的，菜汤可以每天换种类和味道）。如果总是把蛋黄和奶一块儿吃，容易使宝宝也厌食奶。

如何给宝宝换配方奶粉

随着宝宝不断长大，对配方奶粉中营养素的需求也会有所变化，原先吃的是第一阶段的配方奶粉，现在应该换成第二阶段的配方奶粉。

1岁之内的宝宝如果转换配方奶粉，应该遵循以下两种办法：

◎ **混合置换**

如果宝宝以前是一顿吃3勺第一阶

段的奶粉，那么现在可以转换成每顿2勺第一阶段的奶粉加1勺第二阶段奶粉冲调，观察3～4天，宝宝消化良好，然后每顿1勺第一阶段的奶粉加2勺第二阶段奶粉，观察3～4天，宝宝消化良好，一切正常后就可以完全换过来了。如果在换的过程中宝宝消化不良，就要延长观察的时间，待大便正常后再进一步置换。或者每次先少量置换，如半勺半勺置换。

◎ **一顿一顿置换**

如果宝宝以前是一天吃4顿奶，那么现在可以一天先用第二阶段的配方奶粉置换一顿，观察3～4天。如果宝宝消化良好，就可以再置换一顿，再观察3～4天，宝宝消化还是不错，就这样反复置换，直至换完。如果在置换的过程中宝宝消化不良，可以延长观察时间，大便正常后再继续置换。

宝宝出牙晚是否因为缺钙

一般情况下，宝宝在6个月甚至更早的时候长出第一颗乳牙，到12个月的时候已经长出6～8颗乳牙。

当然，由于宝宝间的身体差异，有的出牙早，有的出牙晚，一般早和晚的差别在半年左右，这些都属于正常的范围，在1岁以内萌出第一颗牙都属正常。妈妈不要一见宝宝该出牙时没长牙就以为是缺钙，就给宝宝吃鱼肝油和钙片，这是不可取的。宝宝的出牙快慢原因有多种：可能是遗传原因，也可能是妈妈怀孕时缺乏一些营养，也可能是宝宝缺钙。总之，宝宝出牙晚不一定都是缺钙引起的。

如果盲目补钙，可能会引起身体浮肿、多汗、厌食、恶心、便秘、消化不良等症状，严重的还容易引起高钙尿症，同时补钙过量还可能限制大脑发育，并影响生长发育。血钙浓度过高，钙如果沉积在眼角膜周边将影响视力，沉积在心脏瓣膜上将影响心脏功能，沉积在血管壁上将加重血管硬化。

1岁左右的宝宝如果没出牙，只要没有其他毛病，注意合理、及时地添加泥糊状食品，多晒太阳，就能保证今后牙齿依次长出来。是否需要补钙治疗，要看宝宝是否缺钙，补钙也必须遵医嘱，切不可滥用鱼肝油、钙剂等药物盲目补钙。当然，为了防止宝宝缺钙，可适当地多吃些富钙食物，或给予一些钙保健品服用，但千万不可滥用。

如果宝宝1岁半才出牙，就要注意查找原因了，如是否为佝偻病，是否伴有其他异常情况，应该到医院进行检查、治疗。

断奶过程中母乳充足怎么办

如果母乳很充足，而且宝宝也愿意吃母乳以外的其他食物，那么就没有必要强行给宝宝断乳。

如果宝宝只喝母乳而不吃其他食物，若是母乳缺铁（母乳中铁含量较低），就有可能导致宝宝贫血，因此要给宝宝补充铁质。

完全停喂母乳，而将每日2次的米粥改为3次，这从营养角度来讲对婴儿是不利的。婴儿必须吃下与母乳等量的米粥，可是6～7个月的婴儿是怎么吃也吃不下那么多米粥的。因此，在母乳同前一个月一样充足，且婴儿本身并不讨厌吃母乳以外的其他食物的情况下，停止喂母乳不仅没有任何好处，反而会剥夺宝宝吃母乳时的快乐。

怎么清洗宝宝的餐具

很多妈妈在清洗宝宝餐具时会选择婴儿用的奶瓶清洗剂来清洗，这种方法应该是比较普遍的，但毕竟清洗剂含有一些化学物质，如果没有将其彻底清洗干净，对宝宝来说还是不好的，妈妈可以用面粉清洗宝宝的餐具。

宝宝的餐具清洗前，先抓一小把普通面粉，放入宝宝餐具中，用手干搓几次，油腻多的话多搓一会儿就行。记住，一定要干洗！然后倒掉面粉，餐具放入水中正常清洗即可。面粉具有超强的吸油功效，比那些洗洁精、奶瓶清洗剂效果好多了，便宜又没有任何污染，还没有任何残留物和味道。切勿用强碱或强氧化化学药剂，如苏打、漂白粉、次氯酸钠等进行洗涤。

清洗好的餐具不要用毛巾擦干（因为毛巾也是细菌传播的一种途径），可放在通风处晾干，然后放入消毒柜中储存，使用前要记得用开水烫一下消消毒，更安全可靠。如果没有消毒柜，则应定期用开水蒸煮消毒。

聪明宝宝的美食

鸡肝粥

原料：熟鸡肝20克，大米20克，水1大杯。

做法：

❶ 将鸡肝洗净，剔去膜，去筋，剁成泥状备用。

❷ 将大米加适量清水煮开，改成小火，加盖煮至米烂。

❸ 拌入肝泥，再次煮开即可。

> **小贴士**
>
> 一定要把肝上的膜和筋去掉，否则宝宝会因为不容易咀嚼而拒绝吃鸡肝。

营养功效：可以为宝宝补充蛋白质、钙、磷、铁、锌及维生素A、维生素B_1、维生素B_2和尼克酸等多种营养素，尤其是可以为宝宝补铁，帮助宝宝预防缺铁性贫血。

红绿豆粥

原料：粳米100克，红豆、绿豆各50克，白糖适量。

做法：

❶ 将红豆、绿豆淘洗干净，用清水浸泡4个小时左右。

❷ 将粳米淘洗干净，与泡好的红豆、绿豆一起放到锅里，加入适量清水，用大火煮开，再用小火煮至米粒开花，红豆、绿豆酥烂。

❸ 加入白糖，搅拌均匀，稍煮一会儿即成。

营养功效：色泽鲜艳，甜香适口，还有清热解毒、消暑利水的作用，特别适合宝宝夏天食用。

肉末胡萝卜汤

原料：瘦猪肉50克，胡萝卜100克，葱、姜少许，清水适量，盐、白糖各少许。

做法：

❶ 将瘦猪肉洗净，剁成极细的末；葱、姜洗净，分别剁成细末。

❷ 将葱、姜末加入猪肉中拌匀，上笼蒸熟。

❸ 将胡萝卜洗净，切成大块，放入加清水的锅中煮烂，捞出挤成泥，再放回原汤中煮沸。

❹ 将熟肉末加入胡萝卜汤中拌匀，加少许盐、白糖调味即可。

小贴士

1周岁前的宝宝每天摄入的食盐量应该不超过1克，所以，妈妈一定要少给宝宝加盐。

营养功效：可以为宝宝补充蛋白质、维生素A、维生素D、维生素E等多种营养素，满足宝宝生长发育的需要。

桃仁稠粥

原料：大米（或糯米）50克，熟核桃仁10克，白糖少许，清水适量。

做法：

❶ 将大米（糯米）淘洗干净，用清水浸泡2个小时左右。

❷ 将熟核桃仁放入榨汁机里打成粉，拣去皮。

❸ 将大米（糯米）放入锅中，加入适量清水，先用大火煮开，再转小火熬成比较稠的粥。

❹ 将核桃放入粥里，用小火煮5分钟左右，边煮边搅拌，最后加入一点点白糖调味即可。

小贴士

核桃里面含的油脂比较多，一次不要给宝宝吃太多，免得对宝宝的脾胃不利。

营养功效：这道粥富含蛋白质、脂肪、钙、磷、锌等多种营养素，其中核桃仁所含的不饱和脂肪酸对宝宝的大脑发育极为有益。

面包粥

原料：面包1片，牛奶2大匙。

做法：

❶ 牛奶放入锅中，面包去边，撕成碎片放入牛奶中。

❷ 牛奶开后熄火，用勺子将面包搅碎即可。

小贴士

如果用奶粉冲泡的牛奶可不用煮，直接加入撕碎的面包，搅烂即可。

营养功效：面包粥吃起来有浓汤的感觉，很受宝宝喜爱。

肝末汤

原料：猪肝10克，胡萝卜1/2个，番茄1个，洋葱1/2个。

做法：

❶ 猪肝洗净，去筋膜，放入搅拌机绞碎。

❷ 洋葱和胡萝卜洗净后切碎；番茄汆烫后去皮切碎。

❸ 锅内烧水适量，待水开后下所有材料大火煮3分钟即可。

营养功效：此汤富含蛋白质以及各种维生素，能帮助宝宝全面补充营养，预防贫血。

猪肉猪肝泥

原料：猪肝、猪肉各30克，酱油少许。

做法：

❶ 猪肝洗净，去筋膜后剁成猪肝泥；猪肉洗净剁成泥。

❷ 将猪肝泥和猪肉泥放入碗内，加水、酱油适量搅匀。

❸ 将混合的猪肝、猪肉泥放入蒸笼蒸熟即可。

营养功效：猪肉猪肝泥富含蛋白质以及铁、硒等微量元素，可有效防止宝宝缺铁性贫血，增强宝宝视力，促进宝宝免疫系统的发育。

鱼肉豆腐

原料：豆腐、鱼肉各50克，番茄1/2个，鱼汤1/2碗，葱花、姜末各适量，白糖适量。

做法：

❶ 豆腐洗净，放入沸水中汆烫后捞出放入小碗中碾碎；番茄汆烫后去皮切碎。

❷ 起锅烧水，下葱花、姜末，再放入鱼肉煮熟后捞出剔除鱼刺后碾碎。

❸ 另起锅倒入鱼汤，下鱼肉末、豆腐末、番茄末，大火煮成糊状后加适量白糖即可。

豆腐宜与鱼肉同食，能够提高豆腐中蛋白质的吸收利用率，提高豆腐的营养价值。

营养功效：豆腐和鱼都含有丰富的蛋白质，二者合而为一营养价值更高。

聪明宝宝的一日饮食安排

7～8个月宝宝一日饮食安排

第8个月的宝宝每天可以喂5次：3次喂母乳，2次喂辅食。如果已经开始断奶，也可以用鲜牛奶或奶粉代替母乳，每次给宝宝吃150～180毫升，每天500毫升左右。辅食的种类可以在前几个月的基础上增加面包、面片、芋头等品种。

这个月辅食添加的基本原则是：添加的次数基本不变（一天3次），添加的时间不变，但要使辅食的种类更加丰富，并要注意合理搭配，以保证给宝宝提供充足而均衡的营养。

7～8个月宝宝一日饮食表

早上6:00	母乳喂哺15～20分钟（或牛奶220毫升，白糖适量）
上午9:00	母乳喂哺10～15分钟（或豆浆110毫升，白糖适量）；馒头20克；炒鸡蛋：鸡蛋黄1/2个，植物油1克；小儿鱼肝油滴剂（遵医嘱）
上午10:30	苹果泥（苹果1/4个）
中午12:00	小馄饨：面粉25克，新鲜青菜15克，肥瘦猪肉15克，香油1克
下午3:30	小蛋糕1个（面粉20克），母乳喂哺10～15分钟（或豆浆110毫升，白糖适量）
下午6:30	豆腐肉末粥：大米25克，豆腐和猪瘦肉各25克，植物油2克

Part 9

宝宝8～9个月

宝宝身心发育情况

8～9个月的宝宝其活动能力日益增强，活动范围也增大了许多，一旦离开爸爸妈妈的视野，就有发生危险的可能。

身体发育		
体 重	男婴约9.4千克	女婴约8.8千克
身 长	男婴约73厘米	女婴约72厘米
头 围	男婴约45.6厘米	女婴约44.5厘米
胸 围	男婴约45.6厘米	女婴约44. 6厘米
坐 高	男婴约46厘米	女婴约44.2厘米
牙 齿	宝宝的乳牙开始萌出时间，大部分在6～8个月时，最早可在4个月，晚的可能在10个月时。婴儿乳牙萌出的数目可用公式计算：月龄减去4～6，例如9个月的宝宝，9-（4～6）=5～3，应该出牙3～5颗	

这个时期的孩子已经清楚地记住了爸爸妈妈的容貌，认生的孩子见到陌生人哭得比上个月更厉害了。当然也有不认生的、见到谁都笑的孩子。

宝宝手的动作比上个月灵活多了。坐也不需要东西支撑就可以坐很长时间。吃饭时有东西从桌子上掉下来就会寻找似的看。大部分的宝宝已经出牙，有些宝宝已长出了2～4颗牙。

婴儿的睡眠情况

婴儿睡眠的情况基本上和上个月差不多，仍然是大多数都在午前、午后各睡一次。午睡时间因婴儿而异，一般是睡1～2小时。但好动的孩子则午前一会儿都不睡了。

晚上9时左右睡，早晨七八点钟醒来的婴儿比以前多了，但这个月龄的孩子从晚上睡到早晨，中间一次也不醒的却很少，一般都要因小便醒2次左右。

本月宝宝喂养重点

一般认为，8～12个月是断奶的最佳时期。此阶段，母乳充足的不必完全断奶，但不能再以母乳为主，喂奶次数应逐渐从3次减到2次，时间可以安排到早上6时起床后和晚上9时睡觉前。每天哺乳400～600毫升就足够了，而辅食要逐渐增加，为断奶做好准备。

这时期的宝宝已经长牙，有咀嚼能力了，可以让其啃食硬一点的东西，这样有利于乳牙的萌出。妈妈可以增加一些粗纤维的食物如茎秆类蔬菜，但要把粗的、老的部分去掉。

给宝宝做的蔬菜品种应多样，如胡萝卜、番茄、洋葱等，对经常便秘的宝宝可选菠菜、卷心菜、萝卜、葱头等含纤维多的食物。

宝宝满8个月后，可以把苹果、梨、水蜜桃等水果切成薄片，让宝宝拿着吃。香蕉、葡萄、橘子可整个让宝宝拿着吃。

蔬菜和水果两类食物不可偏废。不要因为水果口感好，宝宝乐于接受，而把蔬菜推向一边。实际上水果和蔬菜各有所长，全面衡量的话，蔬菜还要优于水果，其中许多营养是宝宝发育的“黄金”物。蔬菜还有促进食物中蛋白质吸收的独特优势。

这个月龄的宝宝要注意面粉类食物的添加，其中所含的营养成分主要为碳水化合物，可以为宝宝提供每天活动与生长所需的热量。另外还有一定含量的蛋白质，促进宝宝身体组织的生长。

聪明宝宝的营养需求

聪明宝宝不能缺脂肪酸

婴儿体格、智力和行为的发育除了受先天因素和早期教育的影响外，还与后天的营养状况有很大关系。儿童的脑力发展80%以上取决于营养。而在众多营养素中，脂肪酸与智力发育有密切关系是受到学术界肯定的。

婴儿期营养供给是否充足，直接影响宝宝以后的大脑发育水平。脑组织是人体含脂肪最多的组织之一，其中又以ω－6、ω－3多不饱和脂肪酸含量最高。这表明，多不饱和脂肪酸在人类脑发育中起着重要作用。

大脑发育如果错过了宝贵的婴幼儿时期，以后无论补充多少营养物质，都不能使大脑结构得到明显发展。所以，在婴幼儿大脑发育速度最快时，要及时补充各种脂肪酸以满足脑发育的需要，这样才能养育出聪明的宝宝。

富含脂肪酸的食物

金枪鱼：金枪鱼属于深海鱼类的一种，含有大量的ω－3多不饱和脂肪酸，有利于宝宝大脑的发育。另外，它还含有丰富的维生素E和硒，对所含的不饱和脂肪酸有很好的保护作用。

鳕鱼：鳕鱼营养丰富，含有丰富的β－3多不饱和脂肪酸，对于宝宝的神经系统发育极为有利。鳕鱼的口感较好，是宝宝日常补充不饱和脂肪酸的良好选择。

核桃：核桃含有丰富的亚油酸和亚麻酸，并含有多种维生素，以及钙、磷、铁、锌、锰、铬等人体必需的营养物质，可磨碎后给宝宝食用。

花生：花生中含有丰富的亚油酸和亚麻酸，并含有多种维生素、卵磷脂、蛋白质，能帮助宝宝大脑的发育。但由于其可能会误人宝宝的气管，因而不适合给宝宝食用整粒花生。

芝麻：芝麻中含有丰富的不饱和脂肪酸、蛋白质、卵磷脂、维生素及多种矿物质，这些都是宝宝大脑发育和身体代谢所必需的营养物质。

榛子：榛子营养丰富，除含有丰富的有利于宝宝智利发育的不饱和脂肪酸外，还含有各种宝宝必需的氨基酸，口感良好，可磨碎后给宝宝食用。

三文鱼：深海鱼类的一种，含有较多的ω－3多不饱和脂肪酸，并含有丰富的维生素D和钙，有利于宝宝骨骼和牙齿的发育。

聪明宝宝的喂养

为断奶做好充分的准备

断奶是婴儿发育到一定阶段后有计划的必经过程。在顺利添加辅食的条件下，宝宝出生后8～10个月为最佳断奶期。如果母乳充足，且处于不易获得动物食品和乳品缺乏地区，也可推迟断奶，但不宜超过1周。

婴儿出生后6个月或更早的一段时间里，应每日定时定量供应辅助食品，每次吃完辅助食品后应酌情再让孩子饮用50～100毫升牛奶或吃少量母乳。以培养孩子对一般家庭膳食的适应能力和兴趣，逐渐减少对牛奶或母乳的依恋。

如果婴儿现在比较喜欢活动，每天上午9～10时、下午3～4时可以出去活动，而每日午睡2次，每次1小时，且半夜里1时左右醒来吃1次母乳就安然入睡的话，那就可以只在早晨起床时、晚上睡觉前和半夜里喂母乳，而在其他时间则一概不喂母乳，因为这个月龄的婴儿如果白天喂他母乳，他就会向妈妈撒娇，不分时间地要求吃奶，这样一来，就不吃其他的辅食了。

如果孩子突然食欲不振，或不愿意吃辅助食物，只要孩子身体状况、精神和体重正常，就不要硬性勉强孩子吃辅助食物，也不要喂哺牛奶或母乳。

给宝宝断奶的误区

◎ **不要动摇给婴儿断奶的决心**

在给孩子正式断奶的数日至1周内，妈妈要下定断奶成功的决心。

断奶时，孩子会有几天哭闹，但无论如何，也不要用母乳喂养，否则将前功尽弃，还会影响孩子的胃肠消化功能。断奶期间的关键是妈妈要痛下决心。

◎ **避免使用骤然断奶的方法**

断奶的前期准备工作从逐渐添加辅食时开始，不应采取骤然的方法。应在逐渐减少喂奶次数的同时，逐渐增加辅助食品的次数和数量，直至完全不喂奶时为止。

◎ **避免盛夏时断奶**

断奶时间最好选择在气候较凉爽的春、秋季，不宜在盛夏时断奶。在盛夏时节，由于小儿的消化功能降低，抵抗力减弱，极易出现消化不良。

断奶时间的选择还应视孩子的健康状况而定。在孩子身体虚弱或病后恢复期，不宜进行断奶计划，应适当推迟断奶时间。

◎ **断奶不能完全断奶类食物**

尽管奶类食物已经不能完全满足婴幼儿日益成长的需要，但它仍不失为一种良好的营养性食品。断奶后的婴儿还应适当摄取鲜牛奶等奶品，以充分满足机体对动物蛋白质的需要，摄取量以不影响正常饮食和食欲为度。

宝宝偏食巧应付

添加辅食以后，许多宝宝都会出现挑食的现象，表现出对某种食物的偏好，有的爱吃肉食，有的爱吃甜食，有的不肯吃菜等，挑食过度就是偏食。对已经出现偏食倾向的宝宝，爸爸妈妈应该怎样对待呢？

以身作则

宝宝的饮食习惯受爸爸妈妈影响很大，因此爸爸妈妈一定不要在宝宝面前议论什么菜好吃、什么菜不好吃，自己爱吃什么、不爱吃什么，不要让爸爸妈妈的饮食嗜好影响到宝宝。为了宝宝的健康，爸爸妈妈应当调整自己的饮食习惯，不能因为自己不喜欢吃什么就也不让宝宝吃，努力使宝宝得到全面丰富的营养。

巧妙加工

对宝宝不爱吃的食物在烹调方法上下工夫，如注意颜色搭配、适当调味或改变形状等，不爱吃炒菜就用菜包馅，不爱吃煮鸡蛋就做成蛋炒饭，总之要多变些花样，让宝宝总有新鲜感，慢慢适应原来不爱吃的食物。

不强迫也不放弃

每个宝宝都可能有不同程度的偏食，爸爸妈妈越强行纠正，宝宝可能会越反感，因此，建议爸爸妈妈不宜强迫进食，否则可能适得其反。很可能过一段时间后，宝宝会接受某种原来不爱吃的食物。但也不能因为某种食物宝宝不爱吃就不再给他做，听之任之。

鼓励进步

对宝宝克服偏食的每一点进步，爸爸妈妈都应予以鼓励，这样宝宝自己也会很乐意保持自己的进步的。

刚长牙的宝宝怎样吃面食

由面粉所制成的面食，可以从一般的面条、面线，到面包、馒头、包子等；还有水饺、馄饨、各式中西式点心（如蛋糕、饼干、葱油饼等），可见面粉类食品的多样性。

面食主要提供其每日生长所需的热量来源，还有部分的蛋白质，对宝宝的生长发育有重要的作用。

开始让宝宝吃面食制品时，应先从少量开始，特别是月龄小的宝宝，咀嚼及吞咽的能力尚未发育完全，所以切记要烹调至熟透为止。

面条吸水，摄取量应增加

面食类食物，由于大部分需以热水烹煮至熟透，吸水量就较多。所以若是米饭类食物，每日需一碗至一碗半的分量时，替换成面食类食物则必须增加到2～3碗的分量了。

适合宝宝的面食类食物

以面条类食物来说，面条、面线、锅烧面、油面，煮至熟透时都适合宝宝食用。而意大利面或是通心面，则因其不容易煮软，建议等宝宝年龄稍长，牙齿成长较完全，且咀嚼能力较强后再给予。

年纪越小，烹煮越久

小宝宝的咀嚼及吞咽的能力还未发育完全，所以要记得烹煮至熟透为止。另外，像面条类的食物，因为长度较长，不易咬断或吞食，可以在烹调前用刀子切短，或是用手折断面条，使宝宝更容易食用。

让宝宝尝试固体辅食

7～9个月的婴儿已开始长门牙，食品的形态可由半固体的泥、糊状转为较松软的固体食物。

可以为婴儿选择较柔软的固体食物

为了促进婴儿长出乳牙，可给婴儿食用饼干、烤面包片、馒头片等，也可选购钙奶饼干。

可以在糊状食物中添加柔软的固体颗粒状辅食，如肉末、菜末、南瓜、胡萝卜、红薯、土豆等细丁（煮烂后加入到米糊、粥或面条中去）。也可给婴儿喂食蛋羹、豆腐等。添加的食物颗粒可以粗些，也可以不过筛，但豆沙仍要去皮，番茄和茄子仍要去皮、去子。

可以添加些鲜水果和高钙食物

水果如苹果、香蕉、桃（用匙喂食或切片，煮食会因为加热而损坏维生素C）。此时，应相应减少1～2次母乳或牛奶（包括配方和其他奶制品），为断奶做准备。米汤中由于脂肪含量低，可在其中加入肉汤或植物油（豆油、麻油等，每日5～10毫升）。

为增加钙质和铁、锌等多种营养素，可给婴儿添加骨肉糊（粉）及其制品（如强化乳儿粉等），以保证婴儿正常的生长发育。

让宝宝吃出健康好牙齿

◎ **改变口腔pH值：喝牛奶、酸奶，吃奶酪**

面包、土豆和面条等淀粉类食物，糖分含量高，留在孩子的口腔中，容易形成某些细菌生长的温床，加速蛀牙的产生。而牛奶、酸奶或奶酪含有丰富的钙质、维生素D和双磷酸盐，它们能使口腔中的pH值升高，酸性降低，这样就会大大降低蛀牙的概率。

◎ **消除牙内细菌：吃橘子、猕猴桃、草莓、哈密瓜、木瓜**

孩子口腔中可能滋生各种细菌，引发牙龈炎。以上水果中都含有丰富的维生素C，不仅可以消灭细菌，还会促进牙龈所需胶原蛋白的生成，使牙龈更健康。此外，番茄、红薯以及红色、黄色和橙色的柿子椒中也含有比较丰富的维生素C，可以适当多吃。但是孩子在

刷牙前半小时内，尽量不要吃橘子等较酸的食物。因为这些酸性物质会使牙齿外层的保护膜变得脆弱，暂时削弱牙齿的抵抗力，如果马上刷牙，容易损害牙齿。

◎ 清洁牙齿残留物：吃生胡萝卜、芹菜、花椰菜、豌豆

口感清脆的蔬菜可以作为孩子的咀嚼食物，它们可以清洁牙齿和牙龈，在咀嚼的同时，将牙缝里藏着的残余食物轻松去除掉。咀嚼的速度要放慢，而且要让每个牙齿都能参与进来。

◎ 强健牙釉质：吃芝麻、瓜子、南瓜子和坚果

坚果和植物种子中含有天然的脂肪，可以起到保护牙齿和抵抗细菌的作用，同时，它们还能够强健牙釉质，让这种人体最坚硬的物质更加坚固。除此之外，坚果和种子中大多含有钙质，可以预防蛀牙。

防止宝宝肥胖的辅食添加法

6个月左右的肥胖儿在成年后的肥胖概率为14%，7岁的肥胖儿为41%，10～13岁的肥胖儿为70%，由此可见，宝宝肥胖将是成人期肥胖的先兆，并成为糖尿病、高血压、高血脂及冠心病等疾病的“隐形炸弹”。避免宝宝发生肥胖应从宝宝期开始，儿童肥胖的高峰就是在12个月之内。

妈妈要正确巧妙地调整辅食的添加，以防止宝宝肥胖。

❶ 不要习惯于用鸡汤、骨头汤、肉汤等为宝宝熬粥炖菜

其实，原汁原味的粥、面、菜、肉是最适宜宝宝的辅食，肉汤偶尔为之（1周1～2次）即可，而且还应撇去浮在表面上的白油。

❷ 午餐“瘦”一些，晚餐“素”一些

肉类最好集中在午餐添加，宜选择鸡胸、猪里脊肉、鱼虾等高蛋白低脂肪的肉类；而晚餐的菜单中则最好以木耳、嫩香菇、洋葱、香菜、绿叶菜、瓜茄类菜、豆腐等为主。

❸ 避免淀粉类辅食在胖宝宝饮食中比例太大

土豆、红薯、山药、芋头、藕等食物，尽管营养价值高，但由于易“嚼”且含有大量淀粉，因此容易被吃多，故而容易助长宝宝的体重。因此，妈妈要适当减少它们在宝宝菜单中出现的频率，且最好是搭配绿叶菜而不是大量的肉类一起吃。

❹ 控制水果只“吃”不“喝”

如果宝宝吃饭很好，就没有必要在正餐之外还吃很多水果，每天半个苹果量的水果就足矣；如果是葡萄、荔枝等高甜度的水果，则更不要太多，因为水果中的糖分是体重增加的帮凶。此外，果汁特别是市售的瓶装果汁的热量密度，远高于新鲜水果，且“穿肠而过”的速度太快，喝了既长肉又不管饱，还对牙齿不利，因此不宜给胖宝宝多食用。

⑤ **管住“油”和“糖”，减少小点心**

油和糖是两个导致肥胖的“元凶”，不要过多出现在胖宝宝的辅食中。此外，磨牙棒和小饼干固然是锻炼宝宝咀嚼能力的好工具，但也常常是含油或糖较高的食品，不宜多给胖宝宝吃。妈妈可以用烤馒头干、面包片等作为替代品。

⑥ **适量吃粗粮**

各种杂豆、燕麦、莜麦、薏苡仁等杂粮远比精米精面更能增加宝宝的饱腹感，加速代谢废物排泄，待宝宝的胃肠能够接受时，可以做成烂粥烂饭给胖宝宝食用。

教宝宝用杯子喝水喝奶

要让习惯使用奶瓶的宝宝学会用杯子喝水，执行起来比较困难，需要掌握一些小方法。

第一步：用吸管取代奶瓶

辅助工具：饮料吸管2支、1个装了半杯白开水的杯子、防水围兜。

① 妈妈将一支吸管含在嘴里，用力做出吸吮的动作，让宝宝模仿着重复数次。

② 将另一支吸管的一端让宝宝含在口里，另一端放在装了半杯白开水的杯子里。妈妈拿着杯子，并协助宝宝固定好吸管。

③ 妈妈不断重复吸吮动作，让宝宝模仿着做。当宝宝意外地吸到杯子里的水之后，他很快就能了解这个动作所带来的结果，进而学会用吸管喝水。

第二步：用杯子取代吸管

在坚持使用吸管喝水一段时间之后，如果宝宝出现了看见大人喝水，自己也想学大人用杯子喝水的行为时，就可以考虑让宝宝尝试使用没有吸管的杯子了。一般来说，在宝宝大约满1岁时就可以开始训练。多练习几次，宝宝很快就能学会。

辅助工具：1个装了约10毫升白开水的杯子、防水围兜。

① 妈妈协助宝宝握紧杯子，慢慢将杯子里的水倒入宝宝口内。

② 一开始宝宝还无法很好地控制力量，可能会弄湿全身，所以要替宝宝围上防水围兜，并且提醒宝宝要慢慢喝。

③ 当宝宝练习成功之后，记得要及时

小贴士

宝宝刚开始使用杯子时，妈妈应选择不易破碎，有紧扣的盖子、小吸嘴、双把手的方便水杯，等宝宝适应后再过渡到普通水杯。

鼓励宝宝，并逐渐增加杯子内的盛水量。即便宝宝做得不够好，也不要责怪他，以免影响其学习用杯子喝水的积极性。

及时为宝宝清理牙齿

7～9个月的宝宝已经长牙了，吃食物时难免将食物残留在口腔与牙齿间，有时还会堵在牙缝中，为了避免宝宝出现龋齿，妈妈要及时为宝宝清理口腔与牙齿。

清理宝宝牙齿的方法如下：

1. 先让宝宝躺在妈妈的膝盖上。
2. 妈妈准备一只婴儿用的软毛弹性牙刷。
3. 用大拇指和食指夹住牙刷，用其他手指扶住牙刷。
4. 让宝宝把嘴巴张大，用一只手的食指压住宝宝的嘴唇。
5. 用另一只手拿着牙刷在宝宝的牙齿和牙龈间的小缝处上下或左右移动，确认是否塞着东西。

小贴士

在给宝宝刷牙时，切忌用成人的牙膏，以免宝宝将牙膏吞咽下去致使摄入过多的氟。

宝宝被噎住了怎么办

宝宝被食物或异物堵塞千万不能顺着拍背，大多数人以为顺着拍背能把食物或异物拍下去，拍到食管里，事实上这是一个误区，顺着拍背很有可能将食物或异物拍到气管深处，越堵越严重。

被小而硬的东西噎住，如小玩具或玩具零件、糖果、纽扣、果核或坚果类的食物都有可能使宝宝噎住，这时，可采用的催吐方式是：屈起一条腿，用膝盖抵住宝宝的心窝，面朝下，妈妈用力拍打宝宝的背部。如果还是无法吐出，请将宝宝从后面抱起，头朝下，妈

妈用拳头抵住宝宝的心窝，然后再进行挤压。如果还是弄不出来，就赶紧送医院。

被软而黏的东西噎住，如年糕、口香糖、软糖，甚至面包这些软而黏的东西对宝宝来说也危险，宝宝噎着了，这时所采取的催吐方式是：让宝宝侧躺，然后要宝宝将嘴巴张开，如果你可以看到噎在喉咙里的东西的话，请用手指将东西抠出来；看不到时，可用食指用力压在宝宝后舌根，帮助宝宝催吐。

怎样止住宝宝打嗝

妈妈要学会防止宝宝打嗝，如：

1. 不要在宝宝过度饥饿或哭得很凶时喂奶。
2. 天气寒冷时注意给宝宝保暖，避免身体着凉。
3. 无论喂母乳还是配方奶，都不要让宝宝吃得过快或过急。

当宝宝打嗝时，妈妈不妨试试以下方法：

◎ 拍背并喂上点儿温热水

如果宝宝是受凉引起的打嗝，妈妈先抱起宝宝，轻轻地拍拍他的小后背，然后再给喂上一点温热水，给胸脯或小肚子盖上保暖衣被等。

◎ 刺激宝宝的小脚底

如果宝宝是因吃奶过急、过多或奶水凉而引起的打嗝，妈妈可刺激宝宝的小脚底，促使宝宝啼哭。这样，可以使宝宝的膈肌收缩突然停止，从而止住打嗝。

◎ 把食指尖放在宝宝嘴边

妈妈也可将不停打嗝的宝宝抱起来，把食指尖放在宝宝的嘴边，待宝宝发出哭声后，打嗝的现象就会自然消失。因为，嘴边的神经比较敏感，挠痒即可放松宝宝嘴边的神经，打嗝也就会消失了。

◎ 轻轻地挠宝宝耳边

宝宝不停地打嗝时，在宝宝耳边轻轻地挠痒，并和宝宝说说话，这样也有助于止住打嗝。

◎ 转移宝宝的注意力

妈妈也可试试给宝宝听音乐的方法，或在宝宝打嗝时不住地逗引他，以转移注意力而使宝宝停止打嗝。

聪明宝宝的美食

山药玉米羹

原料：山药100克，嫩玉米50克。

做法：

❶ 山药洗净，削皮切小丁；玉米粒淘洗干净，与山药一起放入榨汁机打碎成泥。

❷ 将玉米山药泥倒入锅中，加少许水煮10分钟即可。

营养功效：山药含有淀粉酶、多酚氧化酶等物质，有利于脾胃消化吸收功能，可以煲汤或煮给宝宝吃，脆的山药还可以炒肉片，蒸熟了做泥吃也很好。

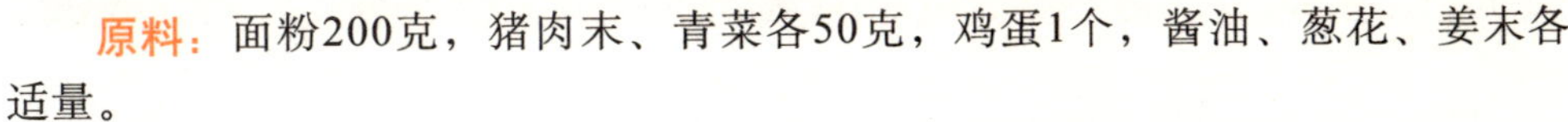

肉末面片汤

原料：面粉200克，猪肉末、青菜各50克，鸡蛋1个，酱油、葱花、姜末各适量。

做法：

❶ 凉水与面粉比例1∶3，用筷子搅拌成面疙瘩，然后揉成团，再擀成薄片后切成块。

❷ 起锅热油，下葱、姜末炝锅，下肉末煸炒片刻，加水、酱油烧开。

❸ 下面片、青菜末，待汤液再煮开时淋入蛋液，待蛋液煮熟即可。

营养功效：这道汤营养丰富，含有丰富的钙质、蛋白质、维生素C及B族维生素，可增强宝宝抵抗力，促进宝宝食欲。葱含有挥发油，油中的主要成分为葱辣素，具有较强的杀菌或抑制细菌、病毒的功效。

奶酪粥

原料：大米50克，奶酪10克。

小贴士

奶酪不要和鲈鱼同食，否则容易引起过敏。

做法：

❶ 将奶酪切成小块，大米淘洗干净。

❷ 锅内倒入水，煮开后将米放进去，煮成粥。

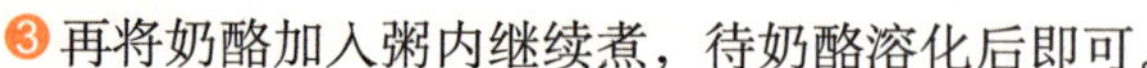

❸ 再将奶酪加入粥内继续煮，待奶酪溶化后即可。

营养功效：奶酪是含钙最高的奶制品，而且它所含的钙很容易被宝宝吸收。

八宝粥

原料：

A：大米150克，薏苡仁、莲子、芡实、桂圆、豌豆、白扁豆各30克。

B：淮山、百合、红枣各30克，白糖适量。

做法：

❶ 将所有材料洗净，清水浸泡2个小时以上。

❷ 材料A放入锅中，加入清水，人火煮沸。

❸ 加入材料B，改小火慢熬30分钟，出锅加入糖即可。

营养功效：八宝粥可为宝宝提供全面的营养，强身健脑，很适合做给宝宝吃。

虾仁小馄饨

原料：虾仁50克，猪后腿肉50克，鸡蛋1个，馄饨皮10张，高汤适量，香油适量，盐少许。

做法：

小贴士

一定要挑选少筋的猪肉，以免宝宝因为嚼不烂而无法下咽。

❶ 将猪腿肉、虾仁分别绞碎，和在一起拌匀，加盐，打入鸡蛋，再拌匀。

❷ 将馅料放入馄饨皮中，包成一个个小馄饨。

❸ 锅中加高汤烧开，下入馄饨煮熟，加香油调味即可。

营养功效：含有丰富的卵磷脂、胆固醇营养成分，可以促进宝宝的智力发育。

胡萝卜牛肉粥

原料：粳米50克，胡萝卜1/2个，牛肉30克。

做法：

❶ 胡萝卜洗净，切成碎末；牛肉洗净后用清水泡20分钟，再剁成肉末。

❷ 粳米洗净放入沙锅，加清水，大火煮开，转小火熬制。

❸ 待粥浓稠时，放入胡萝卜、牛肉，大火煮开，小火熬15分钟即可。

营养功效：瘦牛肉蛋白质含量高，而脂肪含量低，是促进婴幼儿生长发育、滋养强身、提高抗病能力的补益佳品。胡萝卜中丰富的胡萝卜素能在体内转变成维生素A，有助于婴幼儿提高自身免疫力，是制作婴幼儿辅食的常用蔬菜。

什锦鸡蛋面

原料：新鲜鸡蛋1个，儿童面条50克，番茄1/2个（30克左右），干黄花菜5克，嫩菜叶20克（菠菜、青菜皆可），花生油10毫升，清水适量，盐少许。

做法：

❶ 将黄花菜泡软，择洗干净，切成1寸来长的小段；番茄洗净，用开水烫一下，剥去皮，去掉子，切成碎末备用；鸡蛋洗净，打到碗里，用筷子搅散；菜叶洗净，剁成碎末。

❷ 锅中加油烧至八成热，下入黄花菜和盐，翻炒几下。

❸ 加入番茄末煸炒几下，加入适量清水煮开。

❹ 下入面条煮软，撒入菜末，淋上蛋液，煮至蛋熟即可。

营养功效：可以为宝宝补充蛋白质、钙、磷、铁和多种维生素，特别是含有丰富的卵磷脂，可以促进宝宝的大脑发育。

小贴士

黄花菜要多浸泡一会儿，并多淘洗几次，才能去掉残留在黄花菜上的二氧化硫等有害物质，使宝宝的健康多一些保障。

聪明宝宝的一日饮食安排

8～9个月宝宝一日饮食安排

这个月的哺喂原则与第8个月大致相同：喂奶量在原来的基础上继续减少，辅食则逐渐增加，为断奶做准备。

可以增加面粉类食物的添加，为宝宝补充足够的能量。但是，体重超过10千克的肥胖宝宝要少给点心，以免加大宝宝发胖的趋势。

8～9个月宝宝一日饮食表

早上6:00	母乳喂哺15分钟（或牛奶220毫升，白糖适量）；鲜肉小包子：面粉20克，猪瘦肉5克
上午9:30	饼干15克，鲜果汁100毫升，小儿鱼肝油滴剂（用量遵医嘱）
中午12:00	蛋花青菜面：挂面30克，鸡蛋黄1个，新鲜青菜25克，植物油2克
下午3:00	母乳喂哺15分钟（或豆浆220毫升，白糖适量），甜橙1个
下午6:30	清蒸带鱼：带鱼25克（去刺），植物油1克；土豆泥：土豆50克，植物油2克，葱花少许；米粥：大米或小米25克
晚上9:00	母乳喂哺20分钟（或牛奶220毫升，白糖适量）

Part 10

宝宝9～10个月

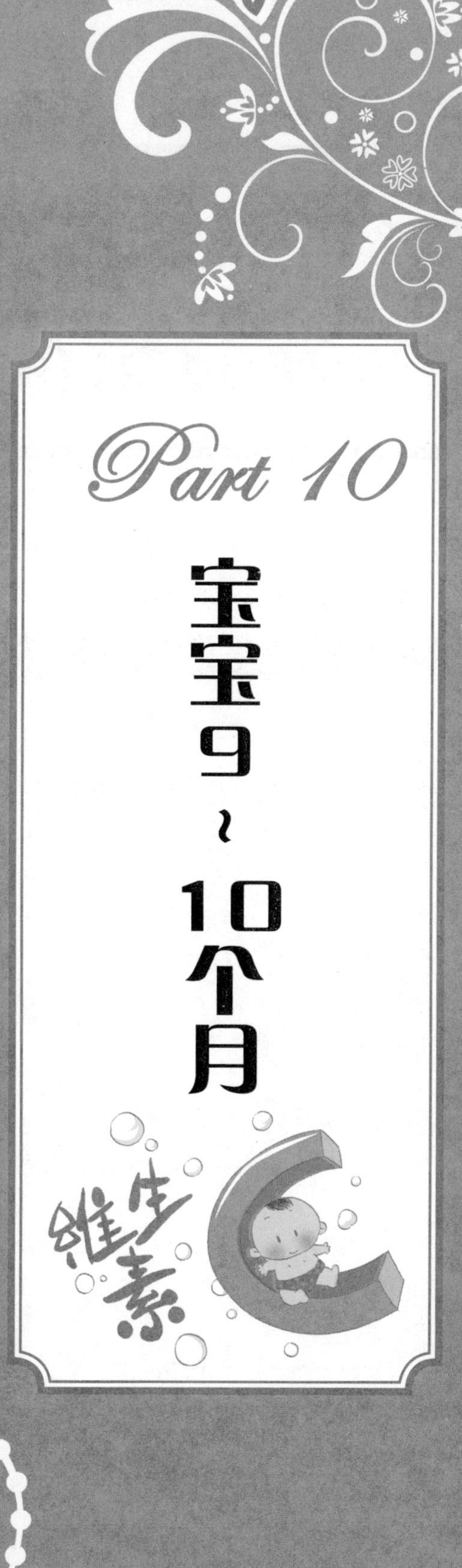

宝宝身心发育情况

婴儿一过9个月，独自玩耍的时间就多了起来，并且能逐渐站立起来。随着宝宝对周围世界认识的逐渐加深，兴趣也更加集中了。

身体发育		
体　重	男婴约9.66千克	女婴约9.08千克
身　长	男婴约74.27厘米	女婴约72.67厘米
头　围	男婴约46.09厘米	女婴约44.89厘米
胸　围	男婴约45.99厘米	女婴约44. 89厘米
坐　高	男婴约46.92厘米	女婴约46.03厘米
牙　齿	10个月的宝宝一般萌出了4～6颗牙齿，上边4颗和下边2颗切牙。但也有些正常宝宝从10个月才开始出牙	

这时的宝宝，给他玩具玩，他就能不厌其烦地玩起来。不仅仅是玩具，对身边的烟灰缸、化妆品容器、抽屉的拉手、电器的开关等，无论什么东西宝宝都喜欢用手摸，拿着玩，什么都想试一试。

一般来说，婴儿过了9个月后，都能坐着一个人玩，但婴儿身体的活动方式却因人而有很大的差异。

宝宝的手脚发育情况

宝宝已经能很长时间稳稳地坐着。并且由于手的握力增强，不只是攥着手了，宝宝还能用拇指和食指抓住东西了，也可以把右手拿着的玩具换到左手里去。

发育早的婴儿能扶着东西站起来，也有些宝宝能合着爸爸妈妈的拍子，两手不扶东西站几秒钟。当然，也有少数在这个月龄能扶着东西走的婴儿。与此同时，还有一些全然没有想扶着东西站起来那种欲望的婴儿，有爬着移动的婴儿，有坐着用手和脚移动的婴儿等各种情况。

9～10个月宝宝的牙齿发育情况

这个时期的婴儿，有的下面的门牙已长出2颗，还有很多宝宝到这个月龄上牙也长出来了。

给婴儿吃完辅食后，选一个婴儿情绪好的时间，用纱布或软一点的牙刷给婴儿清洗一下牙齿，手要轻，不要让孩子感到害怕。让婴儿脸朝上，妈妈用膝盖夹住孩子的头，用最稳妥、最安全、边清洗边和婴儿说着话的方式，让婴儿感觉到和平时没什么两样，要把清洗牙齿作为一种习惯灌输给孩子。

本月宝宝喂养重点

母乳充足时，除了早、晚睡觉前喂母乳外，白天应逐渐停止喂母乳，让婴儿进食更丰富的食品，以利于各种营养元素的摄入。

此阶段可以给宝宝断奶了，但宜用自然断奶法，即通过逐步增加哺喂辅食的次数和数量，慢慢减少哺喂辅食的次数，在1～2个月的时间内使宝宝断奶。刚开始时，宝宝可能很不适应，若无特殊情况，一定要耐心加喂辅食，按期断奶。

这个阶段原则上继续沿用上月时的哺喂方式，可以让宝宝尝试全蛋、软饭和各种绿叶菜，既增加营养又锻炼咀嚼，同时仍要注意微量元素的添加。

适当增加辅食，可以是软饭、肉（以瘦肉为主），也可在稀饭或面条中加肉末、鱼、蛋、碎菜、土豆、胡萝卜等，量也比上个月增加。

9～10个月的婴儿大多数每日喂2次代乳食品，那些不喜欢吃奶粉或牛奶的婴儿，可以适当多喂一些面包粥或者面条，每天只喂1～2次米粥。当然，还有极少数婴儿每天3顿都和爸爸妈妈一起吃米饭。

这时给婴儿喂的水果绝大部分可以不切碎、不榨汁，整个的给婴儿吃，婴儿也会喜欢。

给宝宝做饭时多采用蒸煮的方法，比炸、炒的方式保留更多的营养元素，口感也较松软，同时，还保留了更多食物原来的色彩，能有效地激发宝宝的食欲。

聪明宝宝的营养需求

容易感冒的宝宝要注意摄取维生素C

有的宝宝很容易感冒，妈妈要注意饮食调节。要知道，饮食不调导致的某些营养素缺乏，可能会影响呼吸道黏膜的免疫机制，如核黄素和维生素C缺乏时，呼吸道黏膜表面容易形成破溃，为致病微生物的入侵提供便利，使宝宝成为感冒等呼吸道传染病的易感者。

补充核黄素和维生素C对策：

1. 多给宝宝摄取奶，蛋黄，动物的心、肝、肾及绿叶蔬菜，这些食物中都含有丰富的核黄素。
2. 核黄素和维生素C是两种水溶性维生素，储存、烹制的过程容易损失，特别是维生素C，加热、暴露于空气中都会被氧化破坏。因此，在储存和烹调时一定要加以注意。
3. 多给宝宝摄取新鲜的蔬菜和水果，因为维生素C主要来自青菜、甜椒、菠菜、蒜苗、山楂、柚子、鲜枣、猕猴桃等新鲜蔬菜和水果中，而且是天然的维生素C。

有些妈妈觉得维生素C对宝宝有好处，就自作主张地给宝宝吃维生素C丸，这对宝宝的健康是不利的。其实只要经常给宝宝吃含有维生素C的食物，就能满足宝宝对维生素C的需求，如果需要额外补充，也要先咨询医生。

适当给宝宝补益生菌

益生菌是一种对人体有益的细菌，它可以促进体内菌群平衡，从而让身体更健康。父母应该适当地给宝宝补充益生菌，以增强宝宝身体的抵抗力，特别是有下面这些情况的宝宝更应该补充益生菌。

❶ 服用抗菌素时需要补充。抗菌素尤其是广谱抗菌素不能识别有害菌和有益菌，所以它杀死“敌人”的时候往往把有益菌也杀死了。这时候或者过后补点益生菌，都会对维持肠道菌群的平衡起到很好的作用。

❷ 消化不良、牛奶不适应证、急慢性腹泻、大便干燥及吸收功能不好引起营养不良时，都可以给宝宝补充益生菌。

❸ 剖宫产和非母乳喂养的宝宝不能从妈妈那儿得到足够的益生菌源，可能会出现体质弱、食欲不振、大便干燥等现象，也应该适量补充益生菌。

❹ 对于免疫力低下或者需要增强免疫力的特殊时刻，补充益生菌能够有备无患。

❺ 带宝宝出行或旅游时带点益生菌类产品，如果宝宝肠胃不舒服，服用后能够有效缓解。

成人要获取益生菌的途径比较多，比如米酒、红葡萄酒还有豆腐乳以及丰富的保健益生菌。为宝宝补充益生菌需要购买市售益生菌，如：

◎ 发酵乳品：应选择通过卫生署健康食品的认证，且以知名品牌的产品为佳，因为大厂使用的乳酸菌菌种多为好的菌种，且经过实验证明其功效。

不少市售的由益生菌发酵而成的乳品添加了过量的糖分，有些添加糖量高达7～8颗方糖，妈妈在选择时要注意这一点，尽量选择含糖分较少的益生菌。

◎ 益气菌粉剂或胶囊：应选择菌种标示清楚、有研究团队、有提供学术资料证实其功效的产品。

聪明宝宝的喂养

10个月宝宝可添加的食物

10个月宝宝可以添加食物如下：

粥	用各种谷物为主料，加上肉、蛋、水果、蔬菜等配料熬成的粥，可以为宝宝提供各方面的营养
面食	包括烂面条、软面包、小块的馒头等，可以锻炼宝宝的咀嚼能力
豆制品	主要是豆腐和豆干，可以帮宝宝补充蛋白质和钙
肉类食品	鸡肉、鸭肉、猪肉、牛肉、羊肉等各种家禽和家畜的肉，可以做成肉泥或肉末
水产品、海鲜	鱼、虾及各种海产品，但是要根据宝宝的情况从少量开始添加。有的宝宝属于过敏性体质，就不要添加，免得对宝宝不利
蛋类食品	可以吃用蒸、煮、炒、炖等各种做法做出来的鸡蛋或其他禽类的蛋。但是量不要太多，吃鸡蛋一天别超过1个
肝	可以做成泥，也可以做成末。鸡肝是首选
动物血	鸡血、鸭血、猪血都可以，含有丰富的铁质，可以帮宝宝预防贫血
水果和蔬菜	除了葱、蒜、姜、香菜、洋葱等味道浓烈、刺激性比较大的蔬菜外，各种蔬菜都可以弄碎了给宝宝吃。水果可以切成小片，让宝宝直接用手拿着吃
汤汁类食物	各种果汁和菜汁可以继续给宝宝吃。此外，还可以煮一些蔬菜汤、鱼汤、肉汤给宝宝补充营养
鱼松和肉松	含有丰富的蛋白质、脂肪和很高的热量，可以给宝宝补充营养
磨牙食品	烤馒头片、面包干、宝宝饼干等，可以帮宝宝锻炼牙床，促进乳牙的萌出

不要突然断奶

事先不做断奶准备，突然断奶会对宝宝的心理造成很大的打击。他会认为妈妈抛弃他，情绪极不稳定，进而影响进食。宝宝没有适应断奶食物的过程，也很容易生病。

每日给婴儿3次代乳食品，其中有2次在吃完代乳食品后喂母乳，在怎么也断不了母乳的情况下，是否要采取强制性措施停止喂母乳，要看喂母乳是否影响婴儿吃代乳食品。如果婴儿断不了母乳，但并不少吃代乳食品，喂他母乳也没关系。

只想着吃母乳，而排斥代乳食品的婴儿，则必须要想办法停止喂母乳。如果只停喂白天的母乳有困难，则可以连晚上的也一起停喂。在乳头上贴上橡皮膏，告诉婴儿说："这里痛，不能给你吃。"也可以用从前的办法，在妈妈的乳头涂上苦味的中药。之所以采取这种强制性措施，主要是为了对付那些不分时间场合，整天缠着妈妈想吃奶的婴儿。如果不是这种情况，而只是在白天的午睡前、晚上临睡前、夜里醒来时吃母乳，代乳食品也能好好吃的婴儿，就不必停喂母乳。

喂宝宝吃蔬菜的误区

宝宝的什么都比成人弱，所以宝宝吃的食物也要注意。吃蔬菜就有10大陷阱。

◎ 把绿叶蔬菜长时间地焖煮着吃

绿叶蔬菜在烹调时长时间地焖煮，蔬菜中的硝酸盐将会转变成亚硝酸盐，容易使宝宝食物中毒。

◎ 经常在餐前吃番茄

番茄应该在餐后再吃。这样，可使胃酸和食物混合大大降低酸度，避免胃内压力升高引起胃扩张，使宝宝产生腹痛、胃部不适等症状。

◎ 给宝宝吃没用沸水焯过的苦瓜

苦瓜中的草酸会妨碍食物中的钙吸收。因此，在吃之前应先把苦瓜放在沸水中焯一下，去除草酸，需要补充大量钙的宝宝不能吃太多的苦瓜。

◎ 香菇洗得太干净或用水浸泡

香菇中含有麦角甾醇，在接受阳光照射后会转变为维生素D。如果在吃前不过度清洗或用水浸泡，就不会损失很多营养成分。煮蘑菇时也不能用铁锅或铜锅，以免造成营养损失。

◎ 胡萝卜与萝卜混在一起做成泥酱

不要把胡萝卜与萝卜一起磨成泥酱。因为胡萝卜中含有能够破坏维生素C的酵素，会把萝卜中的维生素C完全破坏掉。

◎ 速冻蔬菜煮得时间过长

速冻蔬菜类大多已经被涮过，不必

煮得时间过长，不然就会烂掉，丧失很多营养。

◎ **过量食用胡萝卜素**

虽然胡萝卜素对宝宝很有营养，但也要注意适量食用。宝宝过多饮用以胡萝卜或番茄做成的蔬菜果汁，都有可能引起胡萝卜血症，使面部和手部皮肤变成橙黄色，出现食欲不振、精神状态不稳定、烦躁不安，甚至睡眠不踏实，还伴有夜惊、啼哭、说梦话等表现。

◎ **韭菜做熟后存放过久**

韭菜最好现做现吃，不能久放，如果存放过久，其中大量的硝酸盐会转变成亚硝酸盐，引起毒性反应。另外，宝宝消化不良也不能吃韭菜。

◎ **吃未炒熟的豆芽菜**

豆芽质嫩鲜美，营养丰富，但吃时一定要炒熟。不然，食用后会出现恶心、呕吐、腹泻、头晕等不适反应。

◎ **给宝宝过多地吃菠菜**

菠菜中含有大量草酸，不宜给宝宝过多吃。草酸在人体内会与钙和锌生成草酸钙和草酸锌，不易吸收而排出体外，影响钙和锌在肠道的吸收，容易引起宝宝缺钙、缺锌，导致骨骼、牙齿发育不良，还会影响智力发育。

哄宝宝吃药的小妙招

让宝宝吃药是件比较困难的事情，特别是面对着一个多动且精力旺盛的小家伙，看着宝宝痛苦的样子，用什么方法可以尽快结束痛苦的喂药过程呢？

◎ **苦药变美食**

良药苦口，让长在蜜罐里的宝宝“吃苦”，真是让人心疼啊！不过，我们可以变个小魔术，如果药是液体，可以加一点糖或果汁，在甜甜的吮吸中，大功告成！如果是固体药品，可以将药片研成碎末，拌入果泥或者奶粉中，让宝宝在不知不觉中乖乖吃药！

◎ **喷射型喂药**

口腔注射器可以有效地帮助小宝宝吃药。喷射位置最好在两颊内侧，不要伸到太里面，以防宝宝窒息或者咳嗽。喷射时不用一次性喷进去，每次一点，让宝宝慢慢消化。

◎ **奶嘴巧喂药**

把药剂冲入奶嘴中，让宝宝像吮

安抚奶嘴一样把药吸进去。当宝宝意识到吃的东西苦苦的时候，药已经吃进去了。然后在奶嘴里加点糖水，帮助药物稀释，同时缓解苦涩。

◎ **宝贝，向上看**

让宝宝竖直坐起，然后在头部垂直上方悬挂玩具，吸引宝宝抬头观看，当宝宝注意力集中在一点时，小嘴会微微张开，迅速滴一滴药进去，如果动作熟练的话，可以达到“神不知，宝不觉”的效果。

◎ **包包好，吹吹气**

用小毯子把宝宝包裹起来，防止他用双手抵抗药物；药入口之后，可以轻轻地在宝宝脸上吹气，从生理反射角度来看，可以帮助宝宝有效吞咽。

◎ **爱心传递**

让宝宝在你的微笑和富有节奏的语调中轻松服药。你可以表现出很好吃的样子，吸引宝宝来尝试，很快把药喝掉。我们提到“药”这个词时，要像提到糖果或者巧克力一样开心。

◎ **冰藏药物**

向医生咨询一下，是否可以把药物放在冰箱里冷藏。一般来说，冷藏过的药物，味道不会太重。事先用冰水“麻痹”一下宝宝的小舌头，也能有效地降低药的味道。

◎ **药物巧隐藏**

巧克力汁是掩饰难闻药味最好的宝贝。把药和1匙巧克力混合在一起，就像1匙糖一样，很容易下咽。不过，这种方法不要用在6个月以下的宝宝身上，同时也不能用蜂蜜（1岁以下的宝宝食用会引起肉毒杆菌中毒）和花生酱（很容易引起食物过敏）掺服。

咨询医生，确定药物是否可以与食物相掺和。最好不要把药物掺在乳汁中，因为如果宝宝发现其中有药物，可能会拒绝下一次的哺乳。

◎ **巧用“溺爱”**

宝宝不舒服的时候，鼓励、赞赏是非常有效的，不要担心会惯坏他，这只是暂时的安慰手段。你可以给宝宝1块糖、1杯果汁，随他的意，看动画片，但前提就是乖乖地吃药。比如让女儿穿着最喜爱的公主裙吃药，让她在大大的满足感中实现你的小愿望。

宝宝稍大一点，可以听懂大人说话时，爸妈要跟他讲事实，摆道理，让宝宝知道，药虽然苦，但是会让他身体健康，有的时候，最好的办法就是讲实话。

不要给宝宝吃过于精细的食物

有些家长总是担心宝宝太小，还不能吃硬的食物，所以但凡拿给宝宝吃的东西都做得非常精细，甚至宝宝1岁多了，还一直吃糊状食物。其实，宝宝开始吃稍硬的食物时，是因为不会咀嚼和吞咽，所以才会再吐出来。最好在1岁前让宝宝学会咀嚼和吞咽，让宝宝吃点儿固体食物，一来增加热量提供宝宝行走所需，二来有的牙齿萌出，使已萌出的牙齿经过锻炼更加结实。另外，咀嚼和吞咽可以促进宝宝口腔肌肉的协调性，可以促进语言的发展。有部分说话较迟的宝宝，就是因为缺乏口腔锻炼导致的。

爸爸妈妈日常多给宝宝提供一些锻炼咀嚼和吞咽的机会。如把苹果或黄瓜切成小条让宝宝自己拿着咬，开始吐出来没关系，重要的是要提醒宝宝不要急着吞咽，要多嚼一会儿，多次练习后，宝宝就知道嚼到什么程度可以咽下去了。另外，也可以买磨牙饼干来让宝宝吃。

辅食安排要有变化

随着婴儿的逐渐长大，婴儿的辅食安排也应发生相应的变化。

这个时期婴儿长出了牙齿，咀嚼、消化能力增强了许多，糊状食物内加的动、植物辅食颗粒可以粗一些，以锻炼婴儿的咀嚼能力。可以给婴儿吃烂饭、碎面条、面片以及去皮的碎豆瓣、粗肉末等。这时可再减1～2次母乳或乳制品，增加1次普通类似成人食品，即每日2～3次母乳或乳制品，2～3次辅食。

母乳喂养次数视不同的婴儿个体是否早些或晚些断奶而定，每日仅喂1～2次母乳，就比较容易完全断奶。

随着以后添加的动、植物辅食品种的不断增多，硬度也可以逐渐增加，但由于婴儿乳牙未长齐，缺少磨牙（大牙），所以食物不可过硬，不能给婴儿喂坚硬食品。

12个月以后的婴儿进入幼儿期，消化功能日趋完善，可以吃类似成人日常食用的较软食物，如软饭、面条、馄饨、饺子和小包子等。

这段时期一般每日喂母乳1～2次，这样就很容易给婴儿断奶。

断奶时期的营养缺乏病的患病率较高，婴儿的体格发育较为迟缓，常易感染消化或呼吸系统疾病，所以合理添加断奶食品极为重要。

提高钙的吸收量

有些蔬菜如菠菜、竹笋、苋菜、毛豆、茭白、洋葱、草头等，含有草酸盐，它可以和钙结合形成草酸钙，影响钙质的吸收。所以在烹调这些蔬菜前，应先在沸水中烫一下，除去其中的草酸。

钙剂不应与油脂类食物同食，因为脂肪进食过多时，消化后产生的游离脂肪酸容易与钙结合，使钙的吸收减少，所以应避免宝宝摄入过多的脂肪。

膳食纤维摄入过多时，其中的成分与钙结合也会降低钙的吸收，因此不提倡宝宝吃较多的粗杂粮。

下面几个小窍门可以提高钙的吸收量：

1. 平常煮汤时，可多选一些大骨头来熬汤，再加几滴醋，这样可增加钙质的吸收。
2. 黑芝麻是便宜又好吃的植物性钙质的来源，父母可给宝宝适量吃黑芝麻食品，如芝麻糊、黑芝麻糖、芝麻汤圆等。
3. 选择蔬菜时，每天应至少挑选1~2种含钙量高的蔬菜，而煮菜的汤汁也很重要，最好不要倒掉，可以让宝宝连汤汁也吃掉。
4. 如果宝宝喜欢吃肉松类的食品，可选择含钙较多的鱼松来代替肉松。

吃母乳时间是越长越好吗

坚持纯母乳喂养，对婴儿的生长发育十分重要。

孩子一生中有2个生长高峰期，第一个生长高峰期就是1岁以内，特别是6个月以内是高峰期中的高峰。用母乳喂养，无疑是对孩子良好生长发育的保证。母乳含有4个月内婴儿生长发育所需要的所有营养物质，但是不是母乳喂养的时间越长越好呢?

从我国具体情况出发，母乳喂养应坚持到产后4个月，如果能坚持到孩子1岁就更好了。

宝宝在4个月前应完全由母乳喂养，不必加任何食物和水及其他饮料。当婴儿满4个月后，不论母乳量分泌多少，都应开始给孩子添加辅助食品，如蛋黄、菜泥等，以预防贫血，并为以后断奶做准备。母乳固然对婴儿的发育有至关重要的作用，但断奶过晚也是不可取的做法。哺乳期过长会致小儿营养不良，也使孩子失去了学习探索新事物的机会。一般来说，哺乳时间以11~12个月为宜。

聪明宝宝的美食

番茄鳜鱼泥

原料：番茄1个，鳜鱼100克，清水、盐、白糖、葱花、姜末、植物油各适量。

做法：

❶ 番茄洗净，切块；鳜鱼洗净，去除内脏、骨刺，剁成鱼泥。

❷ 锅置火上，放入适量植物油，烧热后下葱花、姜末爆香，再放入番茄煸炒片刻。

❸ 放入适量清水煮沸后，加入鳜鱼泥一起炖，加盐、白糖和少许葱花、姜末调味即可。

营养功效：鳜鱼少刺，适合用来做泥，番茄鳜鱼泥色亮味美，非常好吃，而且补充蛋白质和维生素。

蛋花藕粉

原料：鸡蛋1个，水1/4杯，配方奶1/4杯，藕粉1/2匙，糖少许。

做法：

❶ 将藕粉加水搅成水淀粉，加水、配方奶搅拌后放入锅内；将鸡蛋搅成糊。

❷ 藕粉煮沸后淋入鸡蛋糊，边煮边搅，最后加糖即可。

营养功效：鸡蛋含丰富的优质蛋白，还有其他重要的微营养素，宝宝食用蛋类，可以补充奶类中铁的匮乏，蛋中的磷很丰富，但钙相对不足，所以，将奶类与鸡蛋共同喂养婴儿就可营养互补。藕粉除含淀粉、葡萄糖、蛋白质外，还含有钙、铁、磷及多种维生素。

甘薯饭

原料： 甘薯30克，鳕鱼肉50克，米饭2/3碗，绿色蔬菜（菠菜、白菜等）少许，清水适量。

做法：

❶ 甘薯去皮洗净，切成小块，放入锅中煮熟。

❷ 将鳕鱼肉用热水烫过，剁成末备用；将绿叶蔬菜投入沸水中焯一下，切成小段。

❸ 将米饭倒入小锅中，加入适量清水，再将甘薯、鳕鱼肉及绿色蔬菜放入锅中，一起煮熟即可。

小贴士

绿叶蔬菜一定要焯水，以免其中所含的草酸和食物中的钙结合生成不溶于水的草酸钙，妨碍宝宝吸收。

营养功效： 含有丰富的优质蛋白质、脂肪及维生素A、铁、钙、磷、锌等营养素，是健脑益智的良品。

五彩冬瓜盅

原料： 冬瓜1小块（50克左右），金华火腿10克，胡萝卜10克（不带硬心），鲜蘑菇20克，冬笋嫩尖10克，鸡油5克，鸡汤适量，盐少许。

做法：

❶ 将冬瓜去皮洗净，切成1厘米见方的丁备用；胡萝卜洗干净，切成碎末备用。

❷ 将蘑菇、冬笋分别洗干净，切成碎末备用；火腿切成碎末备用。

❸ 将准备好的原料一起放到炖盅里，加上盐搅拌均匀，浇上鸡汤和鸡油，隔水炖至冬瓜酥烂即可。

不要和鲫鱼一起吃。

营养功效： 冬瓜含有丰富的蛋白质、脂肪、维生素和矿物质，并且十分容易被人体吸收，特别适合给宝宝吃。

鳕鱼苹果糊

原料：新鲜鳕鱼肉10克，苹果10克，婴儿营养米粉2大匙，冰糖1小块，水适量。

做法：

❶ 将鳕鱼肉洗净，挑出鱼刺，去皮，煮烂制成鱼肉泥。

❷ 苹果洗净，去皮，放到榨汁机中榨成汁（或直接用小匙刮出苹果泥）备用。

❸ 锅置火上，加入适量水，放入鳕鱼泥和苹果泥，加入冰糖，煮开，加入米粉，调匀即可。

营养功效：鳕鱼含丰富蛋白质，对记忆、语言、思考、运动、神经传导等方面都有重要的作用。

红枣葡萄干土豆泥

原料：土豆1个，葡萄干少量，红枣5个，白糖适量，水少许。

做法：

❶ 将葡萄干用温水泡软，切碎；红枣煮熟去皮、去核，剁成泥。

❷ 土豆洗净，蒸熟去皮，趁热做成土豆泥。

❸ 将炒锅置火上，加水少许，放入土豆泥、红枣泥、葡萄丁、白糖，用小火煮熟即可。

营养功效：富含淀粉及维生素C，是宝宝补血的佳品。

聪明宝宝的一日饮食安排

9～10个月宝宝一日饮食安排

这个月宝宝已经开始断奶，除早晚各喂1次母乳外，其他时间已经不需要喂母乳，而应该代之以品种丰富、搭配合埋的辅食，使宝宝摄入充足的营养。

进食次数可以固定在1天4～5餐。早餐一定要保证质量，午餐可以清淡些。

鱼肝油每天保持6滴左右。

鱼、肉每天50～75克；豆制品每天25克左右，以豆腐和豆干为主；鸡蛋每天1个，蒸、炖、煮、炒都可以。

上午可以给宝宝一些香蕉、苹果片、鸭梨片等水果当点心，下午可以加一些饼干和糖水。

9～10个月宝宝一日饮食表

早上6:00	母乳喂哺20分钟（或豆奶250毫升，白糖适量）
上午8:00	果汁：鲜橙汁或番茄汁180毫升
上午10:00	营养米粉：鸡蛋米粉40克，鸡蛋黄1个，白糖适量；小儿鱼肝油滴剂（用量遵医嘱）
中午12:00	肉末大米粥：大米15克，瘦猪肉10克
下午2:00	母乳喂哺20分钟（或豆奶250毫升，白糖适量）
下午6:00	母乳喂哺20分钟（或豆奶250毫升，白糖适量），新鲜果泥或蔬菜泥30克
晚上10:00	母乳喂哺20分钟（或牛奶250毫升，白糖适量）

Part 11

宝宝10～11个月

宝宝身心发育情况

这个月龄的婴儿终于能够站立起来了。婴儿的自我意识也更强了，看到妈妈就乐呵呵的，而看到穿白大褂的医生就哇哇直哭。

身体发育		
体　重	男婴约9.8千克	女婴约9.3千克
身　长	男婴约75.5厘米	女婴约74厘米
头　围	男婴约46.3厘米	女婴约45.3厘米
胸　围	男婴约46.3厘米	女婴约45.3厘米
坐　高	男婴约47.8厘米	女婴约45.3厘米
牙　齿	应出5～7颗牙齿	

这个时期的宝宝对自己喜欢的东西，从老远就伸手来拿，而不喜欢的东西给他则不要。

孩子会走以后，眼界大开，对于一切事物都感到新鲜、好奇，对什么都感兴趣，都想试探一下。

宝宝的手脚运动情况

婴儿的运动能力比上个月有了很大的进步。在上个月还好不容易才能抓着东西站起来的婴儿，这时候能扶着东西走了。发育快的婴儿能松开扶东西的手，自己站一会儿了。

婴儿移动的方式各种各样，有爬行的，有扶着东西走的，有坐着挪动的，还有摇摇晃晃走的。还有一些婴儿在爸爸妈妈的照看下，站着可使两脚交换着迈步了。这时候让婴儿练习走路是可以的，但如果让婴儿走多了就不是太好了。

同时，宝宝手的功能也更加灵活了，能推开较轻的门，也有一些宝宝能把抽屉拉开了。

10～11个月婴儿的睡眠

睡眠情况会因婴儿的性格不同而有所不同。好静的婴儿还是午前、午后分别睡上1～2小时；也有一些是睡0.5～1小时这样的短时间，每日睡3～4次的婴儿。

晚上睡觉的时间从8～10时各不相同。从10个月起，有的婴儿能自己翻身趴着睡了，怎么让他脸朝上睡都不管用，这是因为婴儿觉得这个体位睡着舒服。早上醒来的时间也不相同，有早上6时醒后吃了一些奶后睡到8时的，也有从晚上10时一直睡到早晨8时的。

宝宝的牙齿发育状况

在上、下颌各长出2颗门牙的婴儿，到了这个月龄，会在上颌2颗门牙的两侧又长出牙来，这样上颌就出现了4颗。

婴儿正常的出牙顺序是这样的，先出下颌的1对正中切牙，再出上颌的正中切牙，然后是上颌的紧贴中牙的侧切牙，而后是下颌的侧切牙。婴儿到1岁时一般能出8颗乳牙。

本月宝宝喂养重点

如果白天停喂母乳较困难，宝宝不肯吃代乳食品，此时有必要完全断掉母乳，以免影响宝宝的食欲。

宝宝已有了一定的消化能力，可以吃点烂饭之类的食物，辅食的量也应比上个月略有增加。如果以往辅食一直以粥为主，而且宝宝能吃完1小碗，此时可加1顿米饭试试。开始时可在吃粥前喂宝宝2～3匙软米饭，让宝宝逐渐适应。如果宝宝爱吃，而且消化良好，可逐渐增加。

宝宝普遍已长出了上下中切牙，能咬下较硬的食物。相应地，这个阶段的哺喂也要逐步向幼儿方式过渡，餐数适当减少，每餐量增加。婴儿期最后2个月是宝宝身体生长较迅速的时期，需要更多的糖类、脂肪和蛋白质。

宝宝开始表现出对特定食品的好恶。对于孩子喜爱的食品，不能让其上顿下顿地吃，在保证营养足量的基础上，合理安排宝宝的食谱，还要注意变换烹调方式，引起宝宝对食品的兴趣，以防养成偏食习惯。在每次喂餐前的半小时给宝宝喝20毫升的温白开水，有助于增加孩子的食欲。

聪明宝宝的营养需求

乳牙晚萌，营养来帮忙

牙齿萌出是宝宝骨成熟的粗指标之一。乳牙萌出的早晚，不同的婴儿个体之间差异较大。一般情况下，10个月龄的婴儿应该有乳牙2～4颗。

乳牙晚萌的原因

如果婴儿在10～12个月龄时仍未萌出一个乳牙，则可视为乳牙晚萌。

导致牙齿生长缓慢，乳牙晚萌的原因主要有重度营养不良、佝偻病、先天愚症等。除疾病原因外，牙齿的正常萌出也需要足够的蛋白质、钙、磷、铁、维生素C、维生素D和一定的甲状腺素。如果这些营养素缺乏，也可导致乳牙晚萌。

营养饮食来预防

疾病原因导致的乳牙晚萌可以找医生检查，然后对症治疗。由于缺乏营养素而导致的乳牙晚萌，则应加强日常饮食营养。

- ◎ 富含蛋白质且适宜婴儿食用的食物主要有糯米、血糯米、粳米、嫩豆腐、紫菜、猪肝、猪肉、猪肚儿、肉松、蛋类和鱼类等。
- ◎ 富含钙、磷、铁且适宜婴儿食用的食物主要有血糯米、嫩豆腐、土豆、胡萝卜、卷心菜、菠菜、空心菜、莴苣、茄子、山楂糕、肉松、全脂奶粉、带鱼、虾仁、紫菜、海带和麻油等。
- ◎ 富含维生素C、维生素D且适宜婴儿食用的食物主要有草莓、山楂、番茄、青椒、菜花、大白菜、小白菜、菠菜、卷心菜、土豆、豌豆苗、蛋黄和动物肝脏等。
- ◎ 富含甲状腺素的食物主要有猪（牛）的甲状腺体。

牙齿生长缓慢的婴儿，应搭配选用上述4类食物食用，每日2～3次，常食可有效果。

聪明宝宝的喂养

宝宝的饮食有了更多个性

过了10个月的婴儿的饮食情况，随着孩子的个性和母乳的多少而有所不同。

有的婴儿从10个月起就开始吃米饭，蔬菜可以是菠菜、胡萝卜或卷心菜等，另外还提供一些动物蛋白质，午后则提供一些草莓、香蕉等水果，晚餐就和爸爸妈妈吃一样的饭食了。而有的婴儿非常爱吃粥，一点米饭都不吃。

还有一些婴儿，代乳食品吃得也很好，不过母乳仍然很充足，所以可以给喂一些母乳。这些情况都是因人而异。所说的断乳食谱只是为大多数母亲提供一个依据而已。5个月的婴儿或许可以依照统一的断乳食谱喂哺婴儿，但10个月的婴儿就没有这么简单了。

婴儿的断乳进行得是否顺利，并不是用断乳食谱来衡量的，而是要看所选择的饮食能否让宝宝快乐。只要宝宝的日平均体重增加5～10克就可以了。

向幼儿的哺喂方式过渡

11个月的宝宝普遍已长出了上下中切牙，能咬下较硬的食物。相应地，这个阶段的哺喂也要逐步向幼儿方式过渡，餐数适当减少，每餐量增加。

每天早、晚各1次喂宝宝母乳或母乳加配方奶，每次均为250毫升左右，上午每间隔1个半小时给宝宝加餐1次，根据宝宝的食量，每次总量为80～150克左右，下午给宝宝加餐2次，每次总量为150克左右。

此外，每天1次给宝宝喂食适量鱼肝油，并保证饮用适量白开水。

11个月的宝宝仍以稀粥、软面为主食，适量增加鸡蛋羹、肉末、蔬菜之类。多给宝宝吃些新鲜的水果，但吃前要帮宝宝去皮、核。这时，一般的宝宝不愿意吃切碎的水果，因要嚼食果肉的味道。

怎样给宝宝喂米饭

从未满10个月开始就每日吃2次米饭的婴儿，过了10个月后，也并不是要每日吃3顿米饭。即使是过了1周岁的婴儿，每日吃3顿米饭的也少。

在10个月以前一直只吃粥的婴儿，如果1次能吃100克粥的话，应该给1次米饭试一试。开始时，在喂粥之前喂2～3勺米饭，如果婴儿喜欢吃，就可以逐渐增加分量。

总之，在婴儿的饮食问题上不可强制，只要能确定婴儿喜欢吃什么就可以了。鱼或肉末的量也并不因为婴儿过了10个月就一定要增加。如果婴儿能高兴地多吃一些的话，当然可以逐渐增加。

宝宝断奶的建议

◎ 少吃母乳，多喂牛奶。开始断奶时，可以每天都给宝宝喝一些配方奶，也可以喝新鲜的全脂牛奶。需要注意的是，尽量鼓励宝宝多喝牛奶，但如果他想吃母乳，妈妈也不该拒绝他。

◎ 可以先断掉夜里的奶，再断临睡前的奶。宝宝睡觉时，可以改由爸爸或家人哄宝宝睡觉，妈妈避开一会儿。但如果宝宝半夜醒来不喝奶就不睡觉，还是得给他喝，可以改成喂配方奶或牛奶。让半夜醒来的宝宝很快入睡是目的，让宝宝不夜啼也是目的，能达到这个目的，夜间吃奶并非禁忌。

◎ 并不是说到了1岁以后就要马上断奶，如果不影响宝宝对其他饮食的摄入，也不影响宝宝睡觉，妈妈还有奶水，母乳喂养可延续到1岁半。

◎ 有些宝宝1岁以后，即使妈妈不强行断奶，宝宝对母乳也已经不怎么感兴趣了，可吃可不吃的样子，这样的宝宝是很好断奶的，不要采取什么在乳头上抹辣椒、贴胶布等硬性措施。

◎ 即使1岁还断不了母乳，再过几个月，也能顺利断掉母乳。婴儿到了该断奶的时候，就会有一种自然倾向，不再喜欢吸吮母乳了。母乳少的妈妈，基本可以不吃断乳药，宝宝不吃了，乳汁也就自然没有了。

小贴士

断奶后妈妈若有不同程度的奶胀，可用吸奶器或人工将奶吸出，同时用生麦芽60克、生山楂30克水煎当茶饮，3～4天即可回奶，切忌热敷或按摩。

帮宝宝戒掉奶瓶和奶嘴

许多宝宝到了一两岁了还叼着奶瓶奶嘴，这会影响到宝宝的口腔发育及其他问题。

◎ **龅牙**

奶嘴在舌头上前后摇动，长期如此就容易使牙齿和嘴唇变形，形成龅牙、咬合不良等不正常面容。

◎ **口干、肠绞痛、感染细菌**

宝宝使用安抚奶嘴容易消耗唾液，而唾液里含有很多种酶和蛋白质，消耗唾液过多宝宝容易口干。

宝宝在含安抚奶嘴时容易吃进很多空气，这也是导致宝宝肠绞痛的原因之一。

另外，宝宝比较小，自己拿不好，咬一会儿奶嘴就会从嘴里掉出来，再放入嘴里难免会沾染细菌，很不卫生。

◎ **蛀牙**

“奶瓶性蛀牙”大多发生在含着奶瓶边吃边睡的婴儿身上。

因为奶液和果汁等甜味饮料都是酸性的，长期侵蚀着牙齿的保护层珐琅质，会使牙齿表面粗糙、空洞化，最终出现蛀牙。

◎ **中耳炎**

因为小婴儿含橡皮奶头时，嘴里的唾液分泌明显增多。过多的唾液，或嘴里过多的奶汁，容易沿着宽平的耳咽管流入中耳。

帮宝宝戒掉奶瓶、奶嘴的小招数

尽量减少宝宝使用安抚奶嘴的时间与次数，淡化它，让宝宝慢慢忘记安抚奶嘴的存在。爸爸妈妈要持之以恒，不要宝宝一吵闹就拿给他。

◎ **不采取打骂、吓唬的方法**

在戒安抚奶嘴的过程中，有的宝宝容易戒，有的很难。对于难戒的宝宝，爸爸妈妈不要采取恐吓、吓唬的方法，更不能在奶嘴上涂辣椒油。

◎ **让宝贝照镜子看自己**

经常让宝贝照镜子看含安抚奶嘴的样子，可对宝贝说：“你看这样很不好看，小朋友们都不这样，小心他们笑话你。”如果宝贝听了妈妈的话有进步，马上给予鼓励或奖励品。

◎ **把奶嘴作为礼物送人**

你可以告诉你的宝宝：“奶嘴只是给小孩子用的，可你现在已经是一个大孩子了。”如果有你认识的新生儿，那么再好不过了，你可以和你的孩子商量把奶嘴送给小妹妹作为礼物，一般孩子会乐意这样做。

◎ **帮助宝宝建立安全感**

有些宝宝是因为缺乏安全感才依赖安抚奶嘴的，平时爸爸妈妈需要多抽出时间来陪伴宝宝，给他更多的关爱，让他有充分的安全感。

◎ **善用辅食**

在戒除奶嘴的调整期内，爸妈也要视孩子的需求做出相应安排，比如给孩子一些辅食满足他的咀嚼欲，像磨牙棒之类的就可以。

◎ **用玩具分散宝宝的注意力**

分散宝宝的注意力，给他一些有趣的玩具，让他在忙碌的玩耍中淡忘奶嘴。不产奶嘴后，他很快就能戒掉。

◎ **减少无聊时间**

许多宝贝喜欢安抚奶嘴，是因为他们太无聊了。如果每天的生活都充满了游戏的乐趣，他们可能就想不起来自己还有这样的爱好了。

◎ **培养用水杯喝水的习惯**

用餐时如果孩子感到口渴，可以让他先用水杯喝水，然后再使用奶瓶。一旦小家伙习惯了新的喝水方式，就可以完全脱离奶瓶了。

让宝宝吃点“苦”

苦味以其清新、爽口而能刺激舌头的味蕾，激活味觉神经；也能刺激唾液腺，增进唾液分泌；还能刺激胃液和胆汁的分泌。这一系列作用结合起来，便会增进食欲、促进消化，对增强体质、提高免疫力有益。

◎ **苦味可清心健脑**

苦味食品泄去心中烦热，具有清心作用，使头脑清醒，使大脑更好地发挥功能。

◎ **苦味可促进造血功能**

苦味食品可使肠道内的细菌保持正常的平衡状态。这种抑制有害菌、帮助有益菌的功能，有助于肠道发挥功能，尤其是肠道和骨髓的造血功能，改善少儿的贫血状态。

◎ **苦味可泄热、排毒**

我国医学认为，苦味属阴，有疏泄作用，对于由内热过盛引发的烦躁不安有泄热宁神之作用。泄热、通便不仅可以退烧，还能使体内毒素随大、小便排出体外，使少儿不生疮疖，少患其他疾病。

苦味食物推荐

苦味食品就在日常饮食生活中，关键是注意选择，合理食用。苦味食品以蔬菜和野菜居多，如莴苣叶、莴笋、生菜、芹菜、茴香、香菜、苦瓜、萝卜叶、蔓菁、苜蓿、曲菜、苔菜等。在干鲜果品中，有苹果、杏、荸荠、杏仁、黑枣、薄荷叶等，此外还有荞麦、莜麦等。更有食药兼用的五味子、莲子心等，用沸水浸泡后饮用更好。五味子适用于冬、春季，莲子心适用于夏季饮用。

试着让宝宝自己吃饭

从生物学的角度来看，寻找食物是动物的本能。我们可以看到，婴儿一出生就会用啼哭来表示饥饿，用嘴来寻找食物，稍大一点，就会用手捧着妈妈的乳房或奶瓶快乐地吮吸。随着小儿的生长发育，到了1岁以上，饮食量不断增加，对各类食物的适应能力渐渐增强，咀嚼功能逐步建立，对食物的色、香、味有了自己的辨别力，这时小儿就开始有自主进食的渴望了。

在这一阶段，小孩逐步成为进食的主体，爸妈的作用应从主导转变成辅助作用，通过鼓励和协助小孩进食，让小孩感到进食的快乐，和大人一起享受食物的美味。

摒除喂饭的习惯

◎ 喂饭对宝宝消化不好

食物咀嚼不充分，咽下肚子不易消化，影响孩子消化功能的吸收。

◎ 心理负担过重或角色不明

在喂饭的过程中，爸妈的各种行为和形形色色的表现，给孩子带来不同程度的心理压力和伤害。如有的爸妈由于赶时间，一边喂饭一边催促小孩快吃，久而久之会使孩子感到吃饭是一种负担，觉得进食毫无乐趣。

许多孩子对吃饭所持的抵制态度，厌食、挑食的习惯，就是在这种情况下产生的。还有的爸妈，在给孩子喂饭时，往往一边喂饭一边与其游戏，一顿饭经常要喂1个小时以上。这样作为孩子心情固然不错，但是孩子并不明白这是在吃饭还是在做游戏，角色不明。

如形成不良习惯，一旦没有游戏伴随，饭当然就吃不下去了。这种行为如继续下去，将导致小孩的注意力不集中，影响今后的学习和工作。还有的爸妈在喂饭时，为了让孩子多吃一点，一边喂一边承诺给孩子各种东西。这样一旦形成习惯，孩子就可能认为，通过吃饭可以获取某些利益。

宝宝偏食的纠正方法

每个宝宝的脾气秉性不同，饮食习惯和喜好口味也就各不相同。但如果宝宝偏食严重，甚至影响到宝宝的身体健康，妈妈可就要万分小心了。宝宝偏食的表现和偏食的原因各种各样，但纠正偏食，还是有一些基本的章法可循的。

◎ **有足够耐心去等待**

“吃完这些青菜，妈妈就给你拿饮料。”这样的许诺只能让宝宝产生对饮料的喜爱和对青菜的厌恶。其实没有必要用宝宝喜欢的其他食物做诱饵，只需要你不断地将青菜同其他食物放在桌子上，不用特别唠叨或许诺，也不用威胁，只要耐心等待。当宝宝看到爸爸妈妈津津有味地吃新鲜的青菜，几次之后，他就会改变自己的主意，一点一点地接受青菜。

◎ **正确估计宝宝的食量**

宝宝虽然活动量大，但胃口小，我们不能对他们的食量有太高的期望值。如果你还是很担心，那就采取少食多餐的饮食原则，在下一餐给他提供含维生素较多的水果，以弥补前一餐营养不均衡的缺憾

◎ **游戏引导**

妈妈在装有宝宝不喜欢吃的蔬菜盘底下，贴上一张很可爱的粘贴画，然后告诉宝宝，如果把这盘菜吃光了，就会在盘底发现一个秘密。这样，会使宝宝很好奇，尽管眼前的饭菜他不喜欢，但也会尽力去吃。经常变换这些小花招，宝宝在不知不觉中就会把不爱吃的饭菜快乐地吃完。

◎ **妈妈做“大厨”**

饭菜要常变花样，上、下餐之间不要重样，如果每天都是番茄、茄子、黄瓜、豆角，做法也很单调，炒、蒸、炖，即使是我们大人也会吃腻的，更何况宝宝。所以，不妨向有经验的其他妈妈取点厨艺经，或者上网去交流关于如何变换宝宝饭菜的花样。

别让宝宝消化不良

随着宝宝渐渐长大，爸爸妈妈就需要给孩子增加越来越多的辅助食品，不过要注意给予孩子营养平衡的饮食，别让食物引起了宝宝的消化不良。宝宝消化不良一般有以下原因：

◎ **给的食物不太易消化**

由于婴幼儿的消化能力差，爸爸妈妈要针对孩子的年龄特点，给孩子吃能消化吸收、愿意接受的食品。

爸爸妈妈要根据孩子不同的年龄特点，饮食逐渐由流质向半流质（如米汤、糊状食品、稀饭）以及固体食物（如软饭、面包等）转变。3个月内的婴幼儿，其消化液与成人不同，对淀粉的消化比较差，需要特别注意。而对于2岁以下的婴幼儿，所添加的副食品，一定要烂、细、软，比如，可将青菜切碎，弄烂，做成菜泥。而对于2～3岁的婴幼儿，因为已经有16～20颗乳牙，食品可以稍微粗一点。同时，像整颗的瓜子、豆子、花生米、果冻这些食品对于婴幼儿都十分危险，可能会被吞到食管里，所以必须小心，要磨成粉，弄碎了才能吃。

◎ **给太多新的食物**

比如：有的孩子第一次吃虾，觉得味道很好，就一下子吃许多，结果造成消化不良。因此爸爸妈妈在让婴幼儿尝试吃一种新的食物时，要让他慢慢适应。一次量不能给太多，要逐渐地增加，让孩子有个适应的过程。

◎ **食品搭配不合理**

婴儿4个月过后，爸爸妈妈就需要给孩子增加奶类以外的辅助食品，要注意给予孩子营养平衡的饮食。平衡的饮食就是指婴幼儿吃进去的食物能满足他这个年龄和身体发展的需要。孩子的生长需要各种各样不同的营养，其中包括蛋白质、脂肪、糖类、维生素、矿物质和微量元素、纤维素等营养素。粮食是最基础的食品，而肉、鱼、奶、蛋、蔬菜、水果等都是身体所必需的。

因此，爸爸妈妈需要细心搭配孩子的饮食，做到多品种、多样化，避免孩子偏食、挑食、食物过于单调。

宝宝吃什么点心好

点心的主要成分是糖，与粥、米饭和面条的成分基本相同。如果婴儿能很好地吃米饭或面条的话，从营养学的角度来讲就没有必要给婴儿点心吃，因此，并不是过了10个月的婴儿都必须喂点心。但给婴儿点心既可增加婴儿的乐趣，又能增加营养，那么如何调剂作为乐趣的点心和作为营养品的点心呢？这就要看婴儿的营养状况了。

体重过重婴儿

对过胖并已限制其粥、米饭和面食食量的婴儿，再给他饼干和蛋糕吃，那么这限制就失去了意义。这类婴儿给他点心还不如给他水果吃，不过，香蕉因含糖量高不要给婴儿吃。

吃很多粥、米饭的过胖婴儿，非常喜欢吃烤饼、蛋糕，这样的婴儿常常是给多少就吃多少。这时候如果也想给婴儿作为乐趣的点心的话，可先给宝宝水果等，待婴儿米饭吃得少了些的时候，再给点心。如果不是特别胖的婴儿，应在正餐之间尽量给孩子吃点心。

体重过轻婴儿

对那些只吃一点点粥、米饭、面包等，体重增长得不能令人满意的婴儿，在中餐和晚餐之间要给喂一些点心。特别是婴儿只吃三四口粥或米饭，如果他喜欢吃点心，就应该给他吃。

也许有人会说是因为给了婴儿点心吃，婴儿才不吃饭了。而实际上有这样的婴儿，即使一点点心也不给他吃，他也不会吃很多粥和米饭的。

体重过轻的婴儿如果不喜欢吃饼干或蛋糕之类的甜食，那就给他吃咸味的饼干。

其他点心

像糖块这样的东西，对10个月前后的婴儿，还有卡喉咙的危险。其他一些如年糕的东西，如果不是1厘米以内的小块的话，也会有危险。

卫生的、新鲜的豆沙包可以给婴儿吃，但在小摊上卖的最好不要给10个月以内的婴儿吃，因为其中混入了哪怕是少量的细菌，也会给婴儿带来麻烦。

爸爸妈妈可把给婴儿吃点心的时间规定下来。在婴儿吃完后，要让婴儿喝点茶水或凉开水漱一下口，这样做可以预防龋齿。

开心地给宝宝添加新食物

添加新辅食是宝宝品尝新口味的开始，应该是一件开心的事情。

妈妈要做到的

◎ **要有足够的耐心**

第一次喂新的食品或固体食物时，宝宝可能会将食物吐出来，这是因为他还不熟悉新食物的味道，并不表示他不喜欢。需要连续喂食数天，宝宝才可能习惯新食品的口味。

◎ **创造愉悦的进餐氛围**

最好在宝宝心情舒畅、你自己感觉轻松的时候，给宝宝添加新的食物。你和宝宝的情绪都会影响宝宝对新食品的兴趣。

◎ **读懂宝宝进食时的肢体语言**

宝宝肚子饿、对食物感兴趣时，他会兴奋地手舞足蹈，身体前倾并张大嘴；相反，如果不饿，宝宝会面对食物紧闭嘴巴，把头转开或者干脆闭上眼睛。勉强和强迫只会让宝宝产生反感，把享受美食当成痛苦。

妈妈应了解的

◎ 每次喂食一种新食物后，必须密切观察宝宝排便、食欲、情绪和皮肤等全面状态。如有便秘、腹泻、呕吐、皮肤出疹或潮红以及哭闹等不良反应，应立即停止喂食，并带他去医院。

◎ 添加辅食过快过量，会加大宝宝肠胃负担，引起消化系统的麻烦。

◎ 将食物装在碗内，用小匙一口口地喂，让宝宝渐渐适应成人的饮食方式。当宝宝具有一定的抓握力后，可鼓励他自己拿小匙。

小贴士

辅食必须放在消过毒的容器内，密封后再放入冰箱，一般只能在冰箱里存放2天。尤其要注意的是，生、熟食品要分开保存。

◎ 添加辅食最好安排在宝宝喝奶之前，这样不会因为肚饱而无兴趣尝试辅食。

◎ 如果宝宝性格比较温和，吃东西速度比较慢，千万不要责备和催促，以免引起他对进餐的厌恶。

不要让味精伤害了宝宝

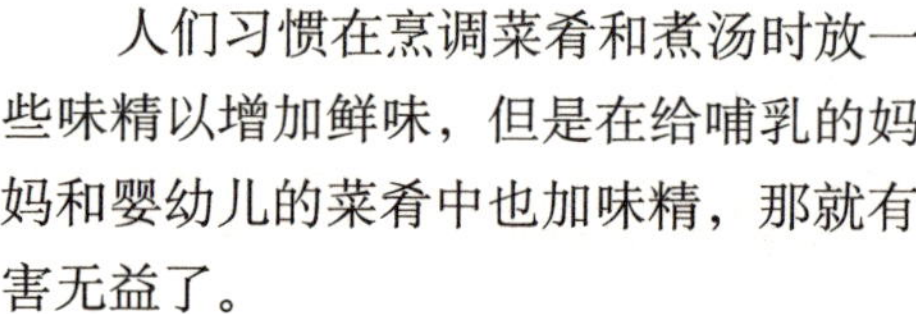

人们习惯在烹调菜肴和煮汤时放一些味精以增加鲜味，但是在给哺乳的妈妈和婴幼儿的菜肴中也加味精，那就有害无益了。

对于成人来说，味精随食物进入人体后，在肝脏中被谷氨酸丙酮酸转移酶转化，生成谷氨酸后再为人体吸收。婴幼儿则不然，过量的谷氨酸能与婴幼儿血液中的锌发生特异性结合，生成不能被机体利用的谷氨酸锌，随尿液排出体外，从而使婴幼儿体内的锌逐渐被带走，导致机体缺锌。婴幼儿一旦缺锌，便可出现味觉迟钝，甚至厌食，日久造成智力减退、生长迟缓、性晚熟等不良后果。周岁以内的孩子食用味精过多有引起脑细胞坏死的可能。

孕妈妈如果在妊娠后期经常吃味精会引起胎儿缺锌。母乳喂养的宝宝，如果母亲从菜肴中摄入味精，也会通过乳汁进入婴幼儿体内，因此在给妈妈和婴幼儿的菜肴中不应该放味精。

世界卫生组织提出：成人每天摄入味精量不得超过4克，孕妇和周岁以内的孩子禁食味精。即使孩子大了也尽量少给孩子吃含味精多的食物。

吃饭时宝宝不吃蔬菜怎么办

婴儿能吃米饭后，很多妈妈就不为他做什么特殊的代乳食品，而让婴儿与爸爸妈妈一起吃饭了。在吃饭时想让孩子多吃些蔬菜，可有些孩子却怎么也不吃。妈妈该怎么办呢？

孩子无论如何都不吃蔬菜，无论是菠菜、卷心菜，还是胡萝卜、土豆，都用舌头顶出来。于是许多妈妈就想出了一些妙招，把蔬菜切碎后与鸡蛋做成蔬菜蛋卷，或者放入碎肉中搅拌，做成肉饼给孩子吃。

可有些“强硬”的婴儿，一旦混入了青菜，就连鸡蛋和肉饼也不吃了。这样一来，很多妈妈就会担心，宝宝不吃蔬菜会不会引起某种营养的不足呢?

不必过多考虑婴儿厌吃蔬菜的问题

人类吃蔬菜的目的是补充钙、钾、铁等矿物质和维生素A、维生素C以及B族维生素等，但这些营养成分在蔬菜以外的其他食物中也有。如在牛奶、奶粉和鱼类、肉类中就含有大量的维生素A和矿物质；在水果中含有维生素C和B族维生素。这样，即使婴儿一点蔬菜都不吃，只要充足地喝牛奶、吃水果，就不会导致营养不良。当然，婴儿能吃蔬菜是最好的了。

也有不少孩子在婴儿时期不吃蔬菜，而长大后却逐渐喜欢吃蔬菜了。如果用了各种办法，可婴儿就是不吃的话，可用水果来代替蔬菜。爸爸妈妈在每顿饭时都不要强迫婴儿吃他不喜欢吃的东西，因为孩子能愉快地吃饭，比吃什么都重要得多。

宝宝可以直接喝纯净水吗

爸爸妈妈在给宝宝挑选饮用水的时候，最好不要用纯净水。有以下两个原因：

◎ **缺少营养**

虽然看起来纯净水用起来十分方便，但是从纯净水的工艺流程来看，因为它进行了多次净化，虽然纯净，但是在滤过杂质的同时，把水中本来存在的对人体有益的矿物质也滤掉了。这样一来，宝宝在喝水的时候就不能像饮用自来水一样补充人体一些必需的矿物质，长期这样，对宝宝的健康很不利。

◎ **不一定“纯净”**

纯净水究竟干不干净很难判断。为了保险起见，可以把纯净水煮沸以后再给宝宝喝比较好。

所以，建议你还是用最普通的办法——烧自来水喝，虽然麻烦一些，但是经过高温消毒的自来水是不含有细菌的，而且还保留了对人体有用的矿物质，对宝宝身体是有好处的。一般来说，自来水煮沸后，把盖子打开再烧三分钟，这时候的水是最好的。

宝宝吃少或吃多要紧吗

如果妈妈看到别的宝宝能吃一碗饭，而自己的宝宝只吃几口饭，就开始着急，认为自己的宝宝不正常，这是不必要的。

别的宝宝吃得多，情况可能是这样的：

❶ 可能是食量大的宝宝。

❷ 可能是有肥胖倾向的宝宝。

③ 可能是其他食物吃得少。

④ 可能是爱吃饭、不爱吃奶的宝宝。

你的宝宝吃得少，情况可能是这样的：

① 宝宝吃奶多，吃饭少。

② 宝宝食量小。

③ 宝宝可能喜欢吃蛋、肉。

宝宝能吃多少不是重点，重点的是宝宝是不是健康，生长发育是否正常。如果宝宝一切都好，生长发育正常，吃多吃少都没有关系。

面对宝宝喂养问题，无论宝宝出现怎样的表现，最主要的要抓住一个问题，喂养的目的是保证宝宝正常的生长发育。包括体重、身高、头围、肌肉、骨骼、皮肤等可测的指标，还有专业机构提供的营养指标，这些是衡量宝宝喂养好坏的指标，如果这些指标都在正常范围，喂养就是成功的。

另外，在保证宝宝正常生长的前提下，妈妈要尊重宝宝的个性和喜恶。让宝宝快乐进食是父母的责任。

宝宝哭闹着不肯断奶怎么办

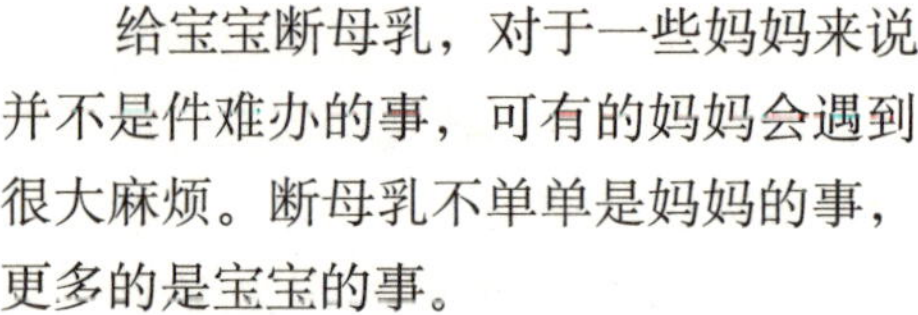

给宝宝断母乳，对于一些妈妈来说并不是件难办的事，可有的妈妈会遇到很大麻烦。断母乳不单单是妈妈的事，更多的是宝宝的事。

对于宝宝来说，断母乳，不单是不让他吮吸妈妈的乳头了，而是有和妈妈分离的感觉，宝宝在情感上不能接受。这不是宝宝还需要母乳中的营养，或不接受母乳以外的食物，不是身体和生理上的需要，而是心理和情感上的需要。

所以，妈妈不要采取一些强制性的断母乳措施，比如，在妈妈的乳头上抹辣椒，涂上可怕的带有颜色的药水，贴上胶布，甚至妈妈突然消失不见。其实，不用这些强制手段，宝宝也不会一直吮吸妈妈的乳头。妈妈只要一步一步来，并不会惯坏宝宝。

到现在，妈妈的母乳已经没有太多的营养了，如果一直喂母乳，宝宝就不会习惯吃配方奶或牛奶，这样营养自然跟不上。所以，1岁后给宝宝断奶是必需的，只要妈妈掌握一定的技巧，耐心地对宝宝进行安抚，宝宝会顺利度过断乳期的。

① 不让乳汁成为宝宝的安慰剂。当宝宝情绪急躁、哭闹时，许多妈妈会选择用喂奶来安慰宝宝，久而久之，宝宝不仅饿了吃奶，在情绪急躁不安时也要寻求母乳，从而加剧了宝宝对母乳的依赖。

② 不能养成妈妈抱着入睡或含着妈妈乳头入睡的坏习惯。宝宝入睡时，妈妈可以守候在宝宝的床边，让宝宝不担心与妈妈分离，使宝宝心里更踏实，能安安稳稳地入睡，渐渐淡化宝宝对母乳的依恋。

③ 断母乳期间，妈妈要对宝宝格外关心和照料，并花一些时间来陪伴他，和他多做游戏，抚慰他的不安情绪，可大大改善宝宝的哭闹行为。

聪明宝宝的美食

虾仁炒鸡蛋

原料：虾仁20克，鸡蛋1个，精盐、水淀粉、植物油各少许。

做法：

①将鸡蛋打入碗中，用筷子调匀。

②锅热后加入少许植物油，油热后放入洗净切碎的虾仁煸炒。

③倒入鸡蛋液快速翻炒，同时加入精盐，最后用水淀粉勾芡即成。

营养功效：本菜做法简单，但营养丰富，是补钙的最佳菜肴。

鲜蔬虾蓉饭

原料：大虾2只，番茄100克，鲜香菇3朵，胡萝卜30克，西芹少许，米饭100克，清水适量。

做法：

①将大虾收拾干净，煮熟后去皮，取虾仁剁成虾蓉。

②将番茄放入开水中烫一下，剥去皮，切成小块；香菇洗净，去蒂，切成小碎块；胡萝卜切粒；西芹切成末备用。

③把所有蔬菜放入锅中，加少量水煮熟，再加入虾蓉，一起煮熟。

④把汤料淋在米饭上，拌匀即可。

小贴士

此时宝宝还不能吃成人的饭菜，最好用专门为宝宝做的软米饭来做。

营养功效：含多种维生素和微量元素，能为宝宝补充各种营养，促进宝宝的生长发育。

嫩蒸肉丸子

原料：瘦肉馅50克，青豆仁10颗，清水适量，淀粉少许。

做法：

❶ 将青豆洗净，放入锅中煮烂。

❷ 在肉馅中加入煮烂的青豆仁及淀粉拌匀，甩打至有弹性，搓成一个个红枣大小的丸子。

❸ 放入盘中，上笼用中火蒸1小时左右，至肉馅熟软即可。

小贴士

青豆一定要去皮，否则容易使宝宝的咽喉卡住。

营养功效：可以为宝宝提供蛋白质、脂肪、维生素A、维生素E等多种营养素，促进宝宝的生长发育。

苹果酸奶

原料：苹果1个，酸奶1杯，水少许。

做法：

❶ 苹果洗净，去皮，去核，切成小块，放入大碗中，加少许水大火煮熟。

❷ 煮好的苹果放入盘中，浇上酸奶即可。

营养功效：苹果可中和过剩的胃酸，促进胆汁分泌，增加胆汁酸功能，所以能够有效治疗脾胃虚弱、消化不良等病症。

南瓜饼

原料：南瓜100克，糯米粉100克，白糖、油适量。

做法：

❶ 南瓜洗净切块，大火蒸15分钟，蒸熟后待凉，用勺子压成泥。

❷ 在糯米粉中加入少量蒸熟的南瓜泥，放入白糖拌匀，揉成饼。

❸ 平底锅倒一薄层油，南瓜饼放入锅里，小火煎至两面金黄即可。

营养功效：南瓜有丰富的锌，可促进宝宝的生长发育。

小贴士

妈妈要注意，每个饼一定要是糯米粉多，南瓜泥少，南瓜泥中含水量非常高，要试着一点一点加，否则面太稀了就煎不出形状了，剩下的南瓜泥可做南瓜粥。

软煎蛋饼

原料：面粉50克，蛋黄1个，配方奶少许，油适量。

做法：

❶蛋黄搅打均匀，加配方奶混合均匀，再加入面粉，加水搅拌均匀。

❷平底锅放油烧热，将面糊放入摊成饼，煎至金黄即可。

营养功效：宝宝对钙的摄取量每天都在增加，鸡蛋中含有丰富的钙，很适合宝宝食用，可能的话，应每天都给宝宝安排1～2道鸡蛋类食谱。

玲珑馒头

原料：面粉适量，发酵粉少许，配方奶1大匙。

做法：

❶将面粉、发酵粉、配方奶混合在一起揉匀，放入冰箱，15分钟后取出。

❷将面团切成3份，揉成小馒头。

❸将小馒头放入上汽的笼屉蒸15分钟即可。

营养功效：小麦含有丰富的维生素E，还含钙、磷、铁及帮助消化的淀粉酶、麦芽糖酶等，宝宝可常食。

小贴士

如果给宝宝吃巧克力，那么要注意，配方奶不宜与巧克力同食。

蛋黄肉糕

原料：蛋黄1个，瘦猪肉泥30克，淀粉、盐、葱水、香油各少许。

做法：

将蛋黄放入碗内调匀，加入淀粉汁，倒在肉泥碗内，加入葱水、盐搅匀，然后放点香油，上屉蒸20分钟即可。

小贴士

给宝宝吃时，可将蛋黄肉糕取出，放入干净布包好，用木板压实，然后切成小块，配素菜食。

营养功效：含有蛋白质、脂肪、糖类，以及钙、磷、铁、锌、铜等多种人体必需的微量元素。

聪明宝宝的一日饮食安排

10~11个月宝宝一日饮食安排

这个月宝宝吃的东西已经接近大人，但还不能吃成人的饭菜。

主食可以从稠粥转为软饭，烂面条转为包子、饺子、馒头片等固体食物。

水果和蔬菜不需要剁碎或是磨碎，只要切薄片或细丝就可以。肉和鱼可以撕成小片给宝宝吃。

水果可以稍硬一些，蔬菜、肉类、主食还是要软一些，具体硬度以肉丸子为标准。

如果宝宝不肯吃代乳食品，此时有必要完全断掉母乳，以免影响宝宝的食欲。

10~11个月宝宝一日饮食表

早上6:00	牛奶250毫升，白糖适量
上午8:00	鲜橙汁或番茄汁200毫升
上午10:00	鸡蛋米粉50克，蛋黄1个，白糖适量；小儿鱼肝油滴剂（用量遵医嘱）
中午12:00	蔬菜肉粥：粳米20克，猪瘦肉或鸡肉15克，碎新鲜蔬菜20克，植物油2克
下午2:00	豆奶250毫升，白糖适量
下午4:00	新鲜水果40克，饼干15克
下午6:00	白菜鱼片粥：粳米20克，去刺鲜鱼肉15克，切碎小白菜25克，植物油2毫升
晚上8:00	牛奶250毫升，白糖适量

Part 12

宝宝11～12个月

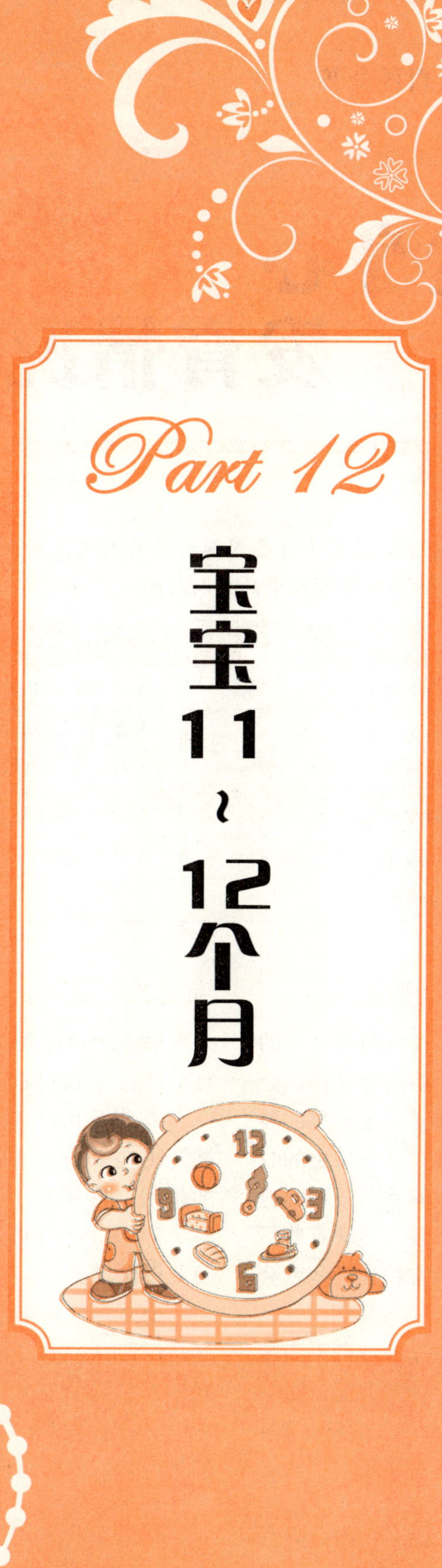

宝宝身心发育情况

11～12个月的婴儿逐渐懂得了自己周围的人与人之间的关系，能清楚地分辨出爸爸妈妈与外人，也能分辨出外人中的熟人与陌生人。

身体发育		
体重	男婴约10.14千克	女婴约9.58千克
身长	男婴约77.14厘米	女婴约75.69厘米
头围	男婴约46.47厘米	女婴约45.45厘米
胸围	男婴约46.54厘米	女婴约45.61厘米
坐高	男婴约48.46厘米	女婴约47.41厘米
牙齿	已长出6～8颗牙	

婴儿身体方面的运动情况

随着月龄的增加，婴儿身体方面的运动能力逐渐增强。一般的婴儿在这个时期都能扶着东西迈步了。走得早的婴儿撒手后能摇摇晃晃地走。开始走的时候可见到右边的腿呈罗圈状，或右大腿有点拖曳着似的，两条腿的运动有些不同，但这不用担心，宝宝稍大一些就会好的。

也有一些婴儿在这个时候既不会爬也不会扶东西站着，只要婴儿能自己坐着，其他方面的发育也正常的话，到1岁半左右也会走了。

宝宝的睡眠

睡眠随着婴儿性格的不同而不同。11个月的婴儿睡眠时间为12～16小时。

有些婴儿只在白天睡1次，而有些婴儿则在午前、午后各睡2小时。宝宝的睡眠一般在晚上9时至第二天早上7时，不过，现在晚上10时多还不睡的婴儿逐渐增多。

有规律地安排宝宝睡和醒的时间，这是保证良好睡眠的基本方法。同时在睡前不要让孩子吃得过饱，不要玩得太兴奋，睡觉时不要蒙头睡，也不要抱着摇晃着入睡，要让孩子养成良好的自然入睡的习惯。

其他方面的发育情况

婴儿到了这个月龄，一般都是上、下共长4颗牙了，发育早一些的可能已长出了7颗。

这个时期婴儿的大便次数也因人而异，有2日1次的，有每日1次的，还有每日2次的，各种各样。这时小便还不会告诉爸爸妈妈，所以只有多把尿（如每隔1个小时）才能让婴儿少尿湿尿布。

本月宝宝喂养重点

此时宝宝已经或即将断母乳了，食品结构会有较大的变化，乳品虽然仍是主要食品，但添加的食品已演变为一日三餐加两顿点心，其提供总热量2/3以上的能量，成为宝宝的主要食物。

宝宝的牛奶应继续补充。牛奶可以补充宝宝所需的必要的蛋白质，至于牛奶的量可根据宝宝吃鱼、肉、蛋的量来决定。一般来说，宝宝每天补充牛奶的量不应该低于250毫升。

这个月里，宝宝能吃的饭菜种类很多，基本上吃和大人一样的食物。这时选择食物的营养应该更全面和充分，除了瘦肉、蛋、鱼、豆浆外，还有蔬菜和水果。但由于宝宝的臼齿还未长出，不能把食物咀嚼得很细，因此，饭菜要做得细软一些，以便宝宝消化。食品要经常变换花样，巧妙搭配，以提高宝宝进食的兴趣。

这个阶段的宝宝开始咿呀学语，但是，在喂饭时，不要再逗宝宝说笑，否则，食物颗粒有可能呛入气管，引发危险，同时也不利于良好进食习惯的养成。

聪明宝宝的营养需求

给1岁宝宝补充蛋白质

随着婴儿的成长，身体的各部分组织都需要增加养料。人体的血液、肌肉和脏器都是由蛋白质构成的，为了制造这些蛋白质，就需要动物性蛋白质，也就是说鱼、肉、蛋类的食物无论如何都不可缺少。尽管如此，也还有不喜欢吃这类食物，或是连续吃就烦了的孩子。

既不令人喜欢也不让人讨厌，连续吃也不腻人的动物性蛋白质，最好的是牛奶（奶粉）。牛奶喝起来不费时间，价格也比较便宜，所以结束了断奶期的婴儿，也可把牛奶作为动物性蛋白质的来源，继续食用。

牛奶应该喝多少适宜，这要依据婴儿吃鱼、肉、蛋的量来决定，不喜欢吃鱼、肉、蛋的婴儿，就必须用牛奶来补充。所以不要因为婴儿满1岁了就只给200毫升牛奶，这个阶段的婴儿，每日还需要喝600毫升左右的牛奶。

摄入足够的糖类

食物中的糖类大多是淀粉，食用后在体内分解成葡萄糖后，才能迅速被氧化，进而供给机体能量。每克葡萄糖在体内经氧化成水和二氧化碳后可释放4000卡的热量。

糖类除了供给热能之外，还是人体内一些重要物质的组成成分，并参与机体的许多生理活动。它与脂类形成脂糖，构成细胞膜和神经组织的结构成分。无碳糖又参与人类遗传物质的生成等。

对宝宝来说，糖类能促进宝宝的生长发育，如果供应不足会出现低血糖，容易发生昏迷、休克，严重者甚至死亡。糖类的缺乏还会增加蛋白质的消耗而导致蛋白质营养素的不良利用。但是饮食中糖类的摄取量过量又会影响蛋白质的摄取，而使宝宝的体重猛增，肌肉松弛无力，常表现为虚胖无力、抵抗力下降，从而易患各类疾病。

富含糖类的食物

糖类含量丰富的食品有很多，如米类、面粉类、红糖、白糖、粉条、黑木耳、海带、土豆、红薯等。宝宝在此阶段每天需要的糖类大约在100克，而应该与脂类、蛋白质及其他类食品搭配食用，做到营养均衡。

聪明宝宝的喂养

可以和大人一起吃饭了

宝宝快满周岁了，一般都能吃爸爸妈妈日常吃的食物，所以即使不为宝宝做特别的食物也可以了。

有的婴儿每日只吃半碗米饭，给点心也不爱吃，而只爱吃鱼、肉和蛋类食物。这样的婴儿要大量地补充维生素C，所以应多给他喝些果汁。而有些婴儿既吃不下米饭，动物蛋白质也摄入不够，那就应该像以前一样喂牛奶，当然也并不是说快1周岁的婴儿必须施行以米饭为主，牛奶、奶粉等为辅的饮食结构。

当然还有一些婴儿即使过了11个月，仍然是喜欢吃粥，不喜欢吃米饭。这样的饮食情况因人而异。

婴儿个性不同，其喜欢的食物也不一样。总的来说，食量小的婴儿，喜欢吃带咸味的食物，食量大的婴儿则饼干、蛋糕等什么都喜欢吃，加餐时要结合婴儿的饮食喜好。

为宝宝选择合格的酸奶

酸奶，是以新鲜的牛奶为原料，经过巴氏杀菌后再向牛奶中添加有益菌（发酵剂），经发酵后，再冷却灌装的一种牛奶制品。让宝宝喝酸奶有4个理由：

◎ 酸奶营养素、能量密度高，1杯酸奶（150毫升）可以提供婴幼儿30%的能量和钙质以及10%左右的蛋白质。酸奶和人奶很相似，容易消化，特别适合于消化系统不成熟的婴幼儿。

◎ 酸奶中含半乳糖，半乳糖是构成脑神经系统中脑苷脂类的成分，与婴儿出生后脑的迅速成长有密切关系。

◎ 腹泻是婴幼儿夏季常见的疾病。酸奶中含充足的乳酸菌，可以有效抑制有害菌的产生，提高免疫能力，因而能预防腹泻或缩短慢性腹泻持续的时间。

◎ 酸奶是一种半固态的食品，饮用酸奶比牛奶有更强的饱腹感，适合于引导婴儿从液态食品到固态食品的过渡。

为宝宝选择合格的酸奶

◎ 购买前，仔细查看标签标志

特别是要仔细看产品上的配料表和产品成分表，以便于区分产品是酸牛奶还是酸奶饮料。根据国家标准，酸奶和含乳饮料的包装上都应标明产品成分和配料。酸奶的配料表中，蛋白质含量标示不应低于2.9%或2.3%。酸奶饮料的配料表中，一般会出现水和山梨酸，蛋白质含量标示不低于1.0%或0.7%。

◎ 选购时，考虑适合宝宝口味。购买酸奶时，爸爸妈妈只需要根据宝宝的喜爱来选择就可以了。

◎ 对于市场上出现的调味酸奶或果料酸奶，建议爸妈给宝宝选择原味酸奶，营养更佳。

◎ 全脂酸奶有丰富的维生素A或维生素D，是酸奶产品中最富营养价值的，爸妈不妨为宝宝选择全脂酸奶。

让宝宝快乐进食的小妙招

◎ 榜样示范法

在家中，爸爸妈妈就是好榜样了。有些爸爸妈妈喜欢边吃饭边小酌，或是抽烟，一方面延长了吃饭时间，影响小孩形成良好的进餐习惯，另一方面也不利于孩子的身体健康。因此，做榜样还要从爸爸妈妈做起。去同事亲戚家串串门，让孩子们一起吃饭也是好的，不过爸爸妈妈应该在旁边正确引导，不要偏爱某一个。

◎ 饮食控制法

许多爸妈为了给宝宝加强营养，给宝宝每天的饮食配餐多以肉食为主，此外还提供许多高、精、细的副食品，如高级糕点、巧克力等。宝宝摄入这些高糖、高热量的食物后，引起血糖增高，大脑中饱食中枢兴奋，摄入中枢受到抑制，使人觉得饱而没有食欲。许多爸妈反过来又抱怨“宝宝不好好吃饭”。因此爸妈要逐步掌握宝宝的饮食规律性，逐渐培养宝宝良好的饮食习惯。

吃饭的时间最好要固定，使宝宝在每次餐前保持空腹，产生饥饿感，以刺激大脑进食中枢产生食欲，这样既可以避免偏食、厌食的发生，又同时使宝宝在进餐后感到身体和情绪上的满足，产生快乐感，这种满足又可以进一步促进食欲的良性发展和完善。

合理控制宝宝吃零食，不选择含糖量较高的饮料、零食，以免引起中枢神经抑制，影响正餐时的饥饱状态。

◎ 美食引诱法

尽量将菜切得均匀，以免宝宝进食时挑来拣去。给宝宝做饭应多花心思，除了合理搭配食物的色、香、味以外，还应发挥一点想象力，例如把食物拼成卡通图案，以此刺激宝宝的胃口。

◎ 户外活动法

户外活动能令宝宝放松，同时适当的运动又会促进宝宝体内的新陈代谢，运动休息后不要急着给他吃含糖量高的饮料食品，此时的宝宝通常能够快乐地进餐。

怎样给宝宝吃水果

对婴儿来说，每个季节最多产的水果就可以，既新鲜又好吃，价格也合适。

草莓中的小籽，做不到一粒一粒都剔除后给婴儿吃，不过，西瓜、葡萄的籽是一定要去掉的。苹果的果肉太硬，要切成薄片后喂给婴儿。香蕉、梨和桃也可以给婴儿吃。

吃了西瓜等水果，无论是在婴儿多健康的时候，在大便中都可以见到像是原样排出来的东西。虽然排出了带颜色的东西，爸爸妈妈也不要认为是消化不良，这主要是婴儿的胃肠消化功能还不完善的结果。

自制果汁

婴儿每日需要一定的水分，尤其是在炎热的天气里，由于出汗较多，水和维生素C、B族维生素丢失较多，所以要给婴儿适量的牛奶、豆浆和天然果汁。果汁以番茄汁和西瓜汁为好，能清热解暑。

将新鲜西瓜切成小块，剔除瓜子后，放入洁净纱布中挤汁。做番茄汁时先将番茄洗净，放入沸水中烫泡一下，过凉水后剥去皮，切成块状，然后放入洁净纱布中挤汁。

夏季里婴儿以喝白开水为宜，可少量多饮，不宜多喝饮料。

小贴士

如果婴儿不爱吃水果却喜欢吃蔬菜，那么婴儿不至于缺少维生素。但若是婴儿既不爱吃水果又不爱吃蔬菜，那就要给他每日补充30克的维生素C。可把维生素C片磨碎后喂他，也可以把维生素C片磨碎后放入酸奶中让他喝。

让宝宝定时定点吃饭

定时：一日三餐定时，就能够形成固定的规律，使时间成为条件刺激，到时就会有饥饿感并产生食欲。此外，按时吃饭，使两餐间隔时间为4～5小时，这正是肠胃对食物有效地消化、吸收和胃排空的时间，使消化系统处在有节律的活动状态，保证充分足够地消化吸收营养和保持旺盛的食欲。这对宝宝的生长发育是非常有利的。

◎ 养成固定时间吃饭的习惯

每天相同的时间给宝宝吃饭，年龄较小的宝宝吃饭时间可以不限，2岁以上宝宝吃饭的时间不能超过半小时。时间到了如果没有吃完，告诉宝宝下次再吃，收拾碗碟结束用餐。全家人要统一，在下一次吃饭前不能给宝宝饼干、面包等零食吃，哪怕宝宝已经饿了。因为只有这样宝宝才会知道吃饭时间如果没好好吃饭，之后就会肚子饿。

定点：不管是和爸爸妈妈一起吃饭，还是宝宝单独吃饭，都要让宝宝有一个属于他自己的固定的用餐地点，而且要让宝宝在吃完自己的饭菜后才能离开座位，这样坚持要求，持之以恒，宝宝就会形成吃饭时间一到就去找餐椅的意识和习惯，而不至于养成走到哪儿吃到哪儿的不良习惯。

◎ **给宝宝属于他的位置、他的餐具**

吃饭的时候父母最好给宝宝属于他自己的位置、自己的餐具。餐具的选择要安全无毒，让宝宝坐好后进餐。

小贴士

不要随便给宝宝吃零食，尤其是吃饭前，零食会令宝宝产生饱腹感，导致正餐时不爱吃饭。但两餐之间喝水、喝牛奶、吃点水果等是可以的。

培养宝宝专心进餐的习惯

妈妈须知

一般到宝宝有自己吃饭的欲望开始，宝宝就不容易专心吃饭了，经常会一手拿饭勺，一手拿玩具，一边吃一边玩，还常常把碗里的食物扔到地上，把杯子里的水倒在桌子上。有的宝宝喜欢一边吃饭一边看电视，更使吃饭的结束时间变得遥遥无期……这其实对宝宝的健康是很不利的，妈妈一定要想办法培养宝宝专心吃饭的好习惯。

育儿指导

❶ 培养宝宝的吃饭兴趣

要想培养宝宝专心进餐的习惯，妈妈就要让宝宝对吃饭产生兴趣，这样才能使宝宝忘掉那些和吃饭无关的事情而专注于吃饭。

宝宝对于专属于自己的东西总是有很大的兴趣。在宝宝学会独立吃饭后，你可以为宝宝准备一套图案可爱、使用方便的专属餐具，可以在很大的程度上提高宝宝的用餐欲望，使宝宝对吃饭变得热爱起来。

在保证营养均衡的前提下，妈妈还可以多花点心思，为宝宝做一些创意新颖、色香味俱全的饭菜，以此来取代宝宝平常吃的米饭、面条等主食。为宝宝的食物换换花样，也能有效地激起宝宝吃饭的兴趣，使宝宝在吃饭的时候变得专心起来。如果让宝宝参与了做饭的过程，宝宝对吃饭将抱有更大的热情，吃饭的时候也能变得更专心。

❷ 营造良好的吃饭氛围

想让宝宝专心吃饭，一定要选择一个安静、舒适、没有什么干扰因素的地方。妈妈最好专门为宝宝准备一把餐椅，一到吃饭的时候就让宝宝坐在上面，使宝宝产生“我要吃饭了”的心理暗示，提前进入吃饭状态。宝宝吃饭的时候，妈妈最好把电视关掉，并将宝宝视线范围内所有能影响他吃饭的东西拿掉，还要和家里人说好，不要谈论和吃饭无关的话题，以免宝宝因为其他的事情分心，不肯好好吃饭。

妈妈注意

吃饭时全家人坐在一起，大家都要专心吃饭，不要做别的事情，比如看电视、谈事情等。父母是孩子最好的老师，言传身教和以身作则非常重要。请家长牢记，只要开始尝试，就必须坚持原则不能改变。

养成细嚼慢咽的习惯

吃饭太快会引起宝宝大脑中的饱食中枢和饥饿中枢的调节失衡，使宝宝容易吃得过多而出现肥胖。吃饭时狼吞虎咽，饭菜还没有嚼烂就被宝宝咽到了肚子里，只能让宝宝的胃花很大的力气去消化食物，还容易因为消化液没有充分分泌而造成食物消化不完全，使宝宝容易得胃肠道疾病。如果宝宝吃饭太快，不能充分咀嚼食物，还容易使宝宝的颌骨发育不充分，使宝宝出现颌面畸形、牙齿排列不齐、咬合错位等缺陷。

所以，为了宝宝的健康成长，妈妈一定要注意培养宝宝吃饭细嚼慢咽的好习惯，使宝宝不要吃得太快。

怎样养成细嚼慢咽的好习惯

要培养宝宝吃饭细嚼慢咽的习惯，妈妈的提醒是非常重要的。如果宝宝觉得烦，妈妈还可以给宝宝讲一讲吃东西细嚼慢咽的好处，如可以帮助消化、有利于吸收食物中的营养，等等。

在宝宝吃饭的时候，妈妈还可以和宝宝做一个小小的实验：先不提醒宝宝，让宝宝按平时的吃饭速度吃下一口饭，让宝宝说一说吃进去的食物的味道；再盛一口饭，让宝宝咀嚼15～20下后再咽下去，让宝宝说一说这次吃进去的味道。

很多食物在多嚼和少嚼的情况下味道是有很大差异的。一般来说，咀嚼的次数越多，宝宝唾液中的各种酶和食物混合得越充分，宝宝就越能品尝到食物的各种美妙味道。经过这样的对比，宝宝就会明白咀嚼得越多饭就越香，从而使宝宝养成细嚼慢咽的好习惯。

预防宝宝厌食

引起宝宝厌食的原因如下：

❶ 引起厌食的器质性疾病，常见的有消化系统的肝炎、胃炎、十二指肠球部溃疡等。局部或全身疾病影响消化系统功能，使胃肠平滑肌的张力降低，消化液的分泌减少，酶活性减低。

❷ 锌、铁等元素的缺乏，微量元素锌缺乏会使宝宝味觉减退而影响食欲。微量元素缺乏是引起宝宝厌食的原因，也是不良饮食习惯的结果。

❸ 长期使用某种药物如红霉素等，也可引起宝宝食欲不振。

❹ 长期不良饮食习惯扰乱了消化。

疾病引起的宝宝厌食在临床中所占的比率是非常低的，不良的饮食习惯和喂养方式所导致的非疾病性厌食是常见的。

在添加辅食过程中，妈妈按照食谱或书上推荐的食量喂宝宝，如果宝宝不能吃下去，或不喜欢吃，妈妈就认为宝宝厌食了。

如果宝宝喜欢吃某种食物，妈妈就没有限制地喂宝宝，结果吃腻了，妈妈顺手就拿“厌食”这个大帽子给宝宝扣上。

周围人说什么什么好吃，就不假思索给宝宝吃，导致宝宝消化功能障碍，积食了，辅食量和奶量都下降了，又是“厌食”。

所以要预防宝宝厌食，妈妈在喂养宝宝时要注意，不要让宝宝一味地吃一种或几种食物，也不要让宝宝一次吃太多食物，以免引起宝宝积食，进而发展成厌食。

如何区分酸奶与酸奶饮料

现在市场上很多乳酸饮料都打着酸奶的旗号，而且品种、口味越来越多。所以爸爸妈妈一定要仔细区别，别把不是酸奶的“酸奶”买回家了。鉴别方法如下：

◎ 制作工艺不同

酸奶是用纯牛奶发酵制成的，因此酸奶也属纯牛奶范畴。

酸奶饮料是以鲜奶或奶粉为原料，在经乳酸菌培养发酵制得的乳液中加入糖液等制成，是“稀释了的酸奶”，相当于一份酸奶加了两份水。

◎ **营养成分不同**

酸奶是由优质的牛奶经过乳酸菌发酵而成的，本质上属于牛奶的范畴，保存了鲜奶中所有的营养素，含有丰富的蛋白质、脂肪、矿物质。此外，酸奶中的胆碱含量高，还能起到降低胆固醇的作用。

酸奶饮料，也就是乳酸饮料只是饮料的一种，而不再是牛奶，营养成分含量仅有酸奶的1/3左右。

◎ **口感明显不同**

酸奶口感醇厚。

酸奶饮料由于加了水和果汁，所以口味上也没有酸奶纯，尤其是奶味不够。

◎ **乳酸菌含量差距大**

酸奶的活性乳酸菌具有促进营养吸收、调节胃肠道功能等多种保健的功效，而且它的含量还直接决定了酸奶品质的优劣。

酸奶饮料却只含有乳酸，而不含有这种能发酵的活性乳酸菌。

宝宝不肯吃饭是厌食吗

厌食指的是较长时间的食欲减低或消失，食量减少至原来的1/3～1/2，且持续时间达2周以上。不能摄入每天所需的热量和营养物，会阻碍宝宝的生长发育。

厌食的宝宝食欲低下，什么也不肯吃，看到吃的就会不高兴，会把吃进去的食物吐出来。如果强迫其吃进去，可能发生干呕，这样致使体重增长缓慢，生长发育落后，头发稀疏，缺乏光泽。对于这样的宝宝，要看医生，做必要的检查，并根据情况用药。

以下两种情况不能判定宝宝厌食

❶ **偶尔不爱吃饭**

宝宝每天的食量不可能一成不变，今天吃得少一点，明天吃得多一点，都是很正常的。宝宝的食欲也不会每天都像妈妈所期望的那样旺盛，今天可能很爱吃饭，明天可能就不那么爱吃了，这也是正常的。宝宝偶尔不爱吃饭不是厌食，妈妈不用急着带宝宝看医生。

❷ **短时食欲欠佳**

因为某种原因引起宝宝短时食欲欠佳，如感冒了，宝宝的食量会有所减少；天气炎热宝宝也不爱吃饭；胃部着凉或吃了过多的冷食，因摄入过多食物或高热量食物摄入过多，导致宝宝积食等，都可能造成宝宝短时间食欲欠佳。妈妈不能因此而认定宝宝厌食，而是要根据具体情况应对，如天气炎热宝宝不爱吃饭，妈妈可以做一些开胃的食物给宝宝吃；宝宝积食了，可以做一些对消化有帮助的食物给宝宝吃等。

聪明宝宝的美食

豆干肉丁软饭

原料：豆腐干25克，猪肉丁50克，粳米100克，盐少许，油适量。

做法：

1. 粳米淘洗干净，焖熟；豆腐干洗净，切成丁。
2. 起锅热油，放入猪肉丁炒3分钟，放入豆腐干丁、米饭，翻炒片刻后调少许盐即可。

营养功效：此饭含有大量蛋白质、脂肪、糖类，还含有钙、磷、铁等多种人体所需的矿物质，可以满足宝宝多方面的营养需求。

鲜肉小包子

原料：肉馅100克，葱10克，盐、姜少许，自发面粉、清水适量。

做法：

1. 将自发面粉加入适量水和成面团，放入盆中，盖盖醒半小时左右。
2. 将葱、姜洗净捣烂，用纱布包住绞汁，滴入肉馅中。
3. 加入少许盐，沿一个方向搅拌均匀。
4. 将醒好的面团揪成小剂子，用擀面杖擀成较厚的包子皮，挑上馅，包成一个个小包子，上笼蒸熟即可。

小贴士

面要醒透，蒸出来的包子才能松软可口。

营养功效：味道鲜美，营养丰富，很受宝宝的欢迎哦。

烧鳕鱼

原料：鳕鱼肉150克，水、白糖、盐、葱、姜、油各少许。

做法：

❶ 将鳕鱼肉洗净，加入盐、葱、姜拌匀，腌10分钟左右。

❷ 锅中加油烧热，下入鱼肉锅煎片刻。

❸ 加白糖和水，加盖焖15分钟左右即可。

小贴士

一定要挑干净鱼刺。

营养功效：可以为宝宝补充蛋白质、钙、锌和维生素A、维生素E等营养素，促进宝宝的发育。

双色豆腐

原料：内脂豆腐1盒，猪血豆腐1盒，鸡汤适量，水淀粉、酱油、葱花各少许。

做法：

❶ 内脂豆腐和猪血豆腐分别取1/3盒，切成方块，放入沸水中，再煮沸后捞出码在盘子里。

❷ 炒锅里放入鸡汤，再放入葱花、酱油，煮开后加水淀粉兑成芡汁，将芡汁淋到豆腐上即可。

营养功效：猪血中含丰富的铁，可为宝宝补血，可预防宝宝缺铁性贫血。

鸡肉香菇面

原料：鸡肉20克，小香菇1朵，菜心少许，婴儿面适量，酱油少许，香油1滴。

做法：

❶ 鸡肉放入锅内煮5分钟，放凉后切丁；小香菇洗净，放入开水中焯烫一下捞出，切成丁；菜心洗净，切碎。

❷ 锅内放水烧开，下面条煮熟，放入鸡肉丁、小香菇丁、碎菜心拌好，滴入酱油、香油调味即可。

营养功效：本面食含有多种维生素和矿物质，且口感好，很适合宝宝吃。

小贴士

选购香菇时要注意，那些特别大、特别艳丽的香菇不要给宝宝吃，因为它们很可能是激素催肥而成，对宝宝可能会造成不良影响。

虾蓉小馄饨

原料：虾仁50克，干香菇2个，小馄饨皮5片，肉汤2碗，紫菜、盐、香油各少许。

做法：

❶ 将虾仁切碎；泡开的香菇、紫菜除去水分，切碎。

❷ 将虾仁和紫菜、香菇混合，拌成馅，并用馄饨皮包好。

❸ 锅置火上，倒入肉汤，烧开，放入馄饨，加入盐，煮熟，淋上香油即可。

营养功效：香菇含有蘑菇多糖，常吃香菇，可以提高人体的免疫功能，增强人体的抗病能力。

小贴士

香菇具有极强的吸附性，必须单独贮存，即装贮香菇的容器不得混装其他物品，贮存香菇的地方不宜混贮其他物质。

海带细丝小肉丸

原料：海带1小块，肉末1勺，盐、葱末、姜末各少许，水适量。

做法：

❶ 海带洗净，切成细丝；肉末、葱末、姜末、盐搅拌成馅料，制成小肉丸。

❷ 锅中放水烧开，放肉丸、海带丝，再次煮沸后再煮5分钟即可。

营养功效：海带含有丰富的糖类、较少的蛋白质和脂肪，正好与肉丸“取长补短”。

小贴士

科学研究证实，常以豆腐与海带等海藻类食物合吃，对保持良好的思维能力有帮助，妈妈可以在制作时加入一点豆腐泥，制成的丸子营养价值很高。

聪明宝宝的一日饮食安排

11～12个月宝宝一日饮食安排

这个月宝宝基本上可以吃和大人一样的食物，除主食外，还可以吃瘦肉、蛋、鱼、豆制品、蔬菜和水果。

由于还未长出臼齿，宝宝不能把食物咀嚼得很细，饭菜要尽量做得细软一些，以便宝宝咀嚼和消化。

喂饭时不要再逗宝宝说笑，否则可能使食物颗粒呛入气管，引起窒息。

宝宝虽然已断掉母乳，牛奶还是要继续吃，并且每天应不低于250毫升。

11～12个月宝宝一日饮食表

早上6:00	母乳喂养20分钟，婴儿配方奶100毫升加20克麦片（或豆奶250毫升，白糖适量）
上午9:30	饼干15克；豆奶100毫升，白糖适量；小儿鱼肝油滴剂（用量遵医嘱）
中午12:00	猪肝炒花菜：猪肝25克，花菜40克，植物油5克；紫菜汤：紫菜1克，麻油1克，烂饭50克
下午3:30	鲜肉小馄饨：面粉20克，瘦猪肉15克，少许葱、姜；鲜水果：香蕉100克
下午6:30	番茄鸡蛋面：挂面30克，番茄50克，鸡蛋1个，植物油5克，葱、姜少许
晚上9:00	母乳喂养20分钟（或牛奶250毫升，白糖适量）

Part 13

宝宝1岁1~3个月

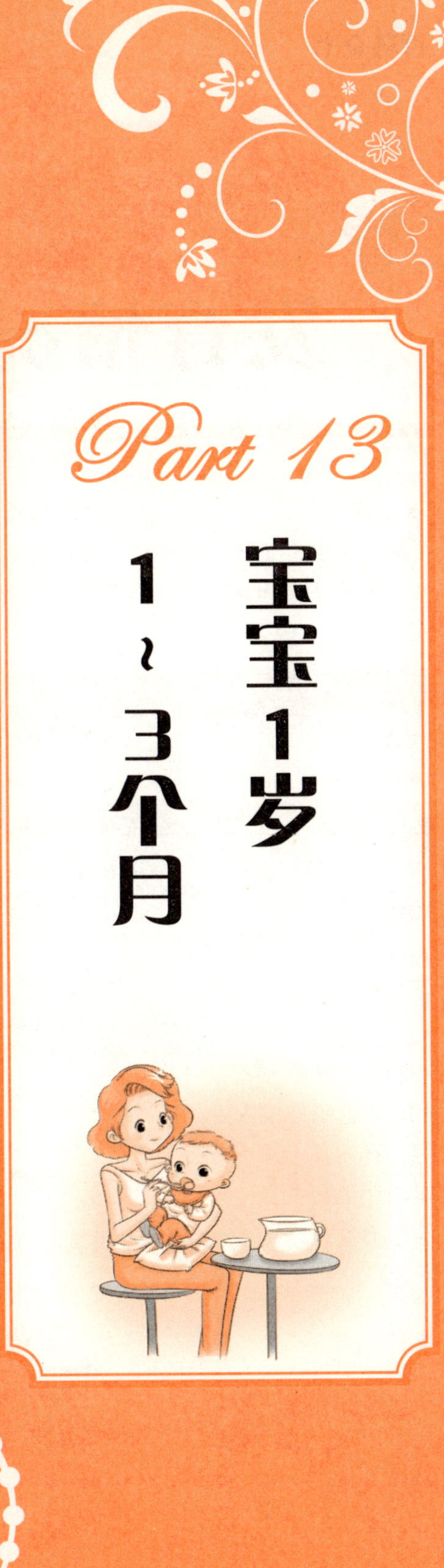

宝宝身心发育情况

安全度过婴儿期的宝宝这时大多能行走了，同时，他的自我意识也加强了。进入幼儿期的宝宝较婴儿期的宝宝有了较大的变化。他的活动范围也开始扩大，随即而来的是开始有了独立性的萌芽。你能明显地感觉到，这个时期的宝宝更接近一个完整意义的人了。

身体发育		
体　重	男孩约10.73千克	女孩约10.11千克
身　长	男孩约79.87厘米	女孩约78.72厘米
头　围	男孩约47.5厘米	女孩约46.6厘米
胸　围	男孩约47.42厘米	女孩约46.34厘米
坐　高	男孩约49.79厘米	女孩约48.82厘米
牙　齿	可长出9～11颗乳牙	

幼儿的动作发育情况

1岁的幼儿在动作发育上进步很大。他能够表情丰富地和爸爸妈妈交流，喜欢拖拉玩具到处跑，喜欢参与家庭生活小事。假如爸爸妈妈让他帮忙拿一些东西，他会很高兴地尽力拿过来，并希望得到爸爸妈妈的夸奖。

宝宝更喜欢户外活动

宝宝已不容易长时间安静地坐着了，他喜欢到户外去活动。如果你经常带宝宝到公园、广场等有孩子玩的地方，你会发现宝宝特别高兴。即使不能和其他幼儿一起玩耍，宝宝看着别人玩也是挺高兴的。

活泼的孩子在这个时候就想钻到大孩子群里去玩，尽管那些大一点的孩子认为他碍手碍脚而不欢迎他。

宝宝的语言心理发育

这个阶段的婴儿，虽然会说几个常用的词，但是，其语言能力还处在萌芽发展期，很多内心世界的需求和愿望不会用关键的词来表达，还会经常用哭、闹和发脾气来表达内心的挫折。遇到这种情况，爸爸妈妈应该尽量用经验和智慧来理解他的愿望，猜测孩子需要什么，试用不同方式来满足孩子，或者转移他的注意力，让他高兴起来，忘掉自己原来的要求。

让宝宝有轻松愉快的情绪，就要对孩子不舒适的表示及时做出反应，让孩子感到随时处于关怀之中，这样孩子才会对环境产生安全感，对他人产生信任感。爸爸妈妈不用担心这样会把孩子宠坏了，其实，宝宝在爸爸妈妈的亲切关心下，得到安抚与愉快，才有利于学习和探索新的事物。

宝宝认知能力的发展

这个时期的孩子对有沙子、泥土和水的地方特别感兴趣。如果爸爸妈妈一开始这也不行那也不行地予以禁止，宝宝就会感到特别烦闷无聊。

这个时期正是孩子接触新事物、新知识的时候，孩子会在接触丰富的事物中获取各种新鲜的知识，所以爸妈应让孩子到外面尽情地玩耍。孩子通过玩耍，还可以使身体的各种功能发达起来，手、脚、眼等身体各部分能协调地运动。

宝宝的睡眠情况

幼儿每日的睡眠时间仍是14～15小时，一般白天睡1～2次，每次1～2小时。这是由孩子的性格决定的。喜欢活动的宝宝睡眠时间少一些，而性格比较安静的宝宝不仅睡眠次数会多一些，而且睡眠时间也会久一些。

幼儿日常起居时间的安排，要尽可能地富有弹性。如果宝宝不喜欢某项作息时间，爸爸妈妈这时不妨暂停执行，等宝宝已经忘记反抗了，再接着执行。这样做会省去很多麻烦。

本阶段宝宝喂养重点

1岁以后的宝宝其生长发育虽不如出生后第1年迅速，但每年仍可增加体重2～3千克，因此，其营养素的需要量仍然相对较高。这个阶段的哺喂原则是营养要全面，以保证身体生长需要；三餐热量要根据宝宝活动的规律合理分配；食物品种要多样化，1周内的食谱尽量不重复，以保证宝宝良好的食欲。

牛奶还应是1～3岁宝宝的主要食物之一，每日平均400毫升左右，切不可认为断奶就将所有的牛奶或奶制品全部取消掉。

宝宝这个时候可以吃大部分谷类食品了，小米、玉米中含胡萝卜素，谷类的胚芽和谷皮中含有维生素E，应该让宝宝适量摄入。但是，谷类中某些人体必需氨基酸的含量低，不是理想的蛋白质来源，而豆类中含有大量这类营养物质，因此，谷类与豆类一起吃可以达到互补的效果。

此时宝宝的咀嚼功能还不够发达，还应该坚持每天单独为宝宝加工、烹调食物，少用油炸或面拖后油炸，以防脂肪过多，食物过硬。宝宝的食物加工要细且体积不宜过大，要引导和教育宝宝自己进食，进餐要有规律，进餐时让其暂停其他活动，集中精力进餐。

聪明宝宝的营养需求

蛋白质的完美摄取法则

由新生儿长成大人，无论是身高的增长、体重的增加，还是各种组织的生长发育、衰老组织的更新、损伤后组织的更新都离不开蛋白质。

幼儿需要蛋白质主要用来构成和增长组织，也用来修复细胞以补充丢失，因此需要量相对比成人多。人体要对抗外界细菌或病毒对人体的侵袭，就要产生对人体抵抗能力有着重要作用的抗体，它也是由蛋白质构成的。当蛋白质营养不良时，可使幼儿免疫功能下降，容易生病。蛋白质还能调节人体渗透压，维持体内外平衡。

幼儿对蛋白质的需要量

一般来说，年龄越小，对蛋白质的需要量就越多。1岁以内的婴儿，母乳喂养者每日每千克体重需供给蛋白质2.0～2.5克。牛奶供养者需供3～4克。1岁半的幼儿每日大约需要蛋白质35克，其中至少应有50%是动物蛋白质。具体地说，1岁半的幼儿每日最好吃250～300毫升牛奶、1个鸡蛋、30克瘦肉和一些豆制品，有条件时再吃一些肝、鱼，这样就基本能够满足幼儿生长发育所需的蛋白质了。

怎样合理补充幼儿必需的氨基酸

构成蛋白质的基本单位是氨基酸，食物蛋白质中含有20种氨基酸，其中有8种必需氨基酸，它们在人体内不能合成，必须从食物中获得。其余12种氨基酸可以在体内合成，称为非必需氨基酸。

因此，幼儿膳食中必须注意添加含有必需氨基酸的蛋白质食品，如奶类、蛋类、肉类和豆类食品，它们所含必需氨基酸的种类齐全，数量充足，相互间比例适当，能促进婴幼儿的生长发育。

平衡膳食很重要

幼儿在婴儿期以奶为主，到4～6个月时添加辅食，8～10个月时断奶，然后到1岁半左右时其食品种类向成人过渡。在这个食物的转变过程中，必须做到各种营养素的摄入平衡，也就是人们常说的“平衡膳食”。要做到平衡膳食，需遵循以下原则：

◎ 品种多样化

粗、细粮合理搭配，肉、蛋、鱼、蔬菜、水果、油、糖等食物都要吃。

◎ 各类食物的比例适当

蛋白质、脂肪和糖类最好按12%～15%、25%～30%、60%～70%的比例供给。也就是说，身体需要的热量有50%以上应由糖类供给，并且数量要够。

◎ 食物之间要调配得当，烹调合理

要注意动物性食物与植物性食物的搭配、粗粮与细粮的搭配、干与稀的搭配、甜与咸的搭配。

◎ 幼儿每顿饭食的量要合适

既要考虑到幼儿的食量，也要考虑到孩子能摄入足够的各种营养素。

小贴士

不管是什么原因，爸爸妈妈切忌在孩子进餐时恐吓、责骂或以其他方式惩罚孩子，因为恐惧、担忧、愤怒等负面情绪会直接影响孩子的食欲。爸爸妈妈应善于营造就餐时的快乐气氛，使孩子心情愉快，乐于进食。

吃鸭血既补铁又护肝

用鸭血做成的血豆腐被称为“液体肉”，营养价值非常高。鸭血中含有丰富的蛋白质和多种人体内不能合成的氨基酸，并含铁、锌等多种矿物质和维生素。鸭血中铁的利用率为12%，是宝宝补血食谱不能缺少的食材之一。

鸭血同时还具有清洁血液、解毒的功效，代谢出宝宝体内的重金属，如铅、铜等，还可以清除被毒蚊虫叮咬后的余毒及防止药物中毒，保护宝宝的肝脏不受有毒元素的伤害。

鸭血豆腐汤

原料： 豆腐1/4块，鸭血1小块，小白菜、香油、清水各适量。

做法：

❶ 小白菜洗净后在沸水中焯过，切碎。

❷ 鸭血、豆腐切成小块。

❸ 沙锅内放适量清水，鸭血、豆腐放入同煮。

❹ 鸭血、豆腐快熟时放入小白菜，出锅前滴入适量香油即可。

鸭血羹

原料： 鸭血1小块，葱、高汤、水淀粉各适量。

做法：

❶ 鸭血切小块，沸水焯后捞出。

❷ 葱洗净切成末。

❸ 锅内放入高汤煮沸，再放入鸭血，煮熟后用水淀粉勾芡。

❹ 出锅前撒入葱末即可。

不要忽视纤维素

人类对纤维素不像食草动物能直接消化、利用，可是肠道内的细菌可把纤维素中的一部分分解而被人类吸收、利用。

预防动脉硬化、冠心病等心血管疾病应从婴儿时期开始。实验证明，食物中的纤维素能和胆固醇的代谢产物胆酸在肠道中结合，从而减少人体对胆固醇的吸收。

食物中的纤维素吸收水分性能好，使粪便保持一定量的水分。避免大便干燥，对便秘、痔疮等疾病有预防和治疗作用。

◎ 纤维素使肠管蠕动加快，减少了肠道中致癌物质的停留时间，减少了发生肠癌的危险。

◎ 纤维素在食物中起支架作用，给人以饱腹感，对治疗糖尿病、肥胖症有不可缺少的作用。

◎ 纤维素使肠管蠕动加快，促进消化功能，对厌食小儿有所裨益。

◎ 纤维素广泛存在于粗粮、麸皮、蔬菜纤维之中。婴儿从3～4个月起接触半流质食品开始，即应注意补充含纤维素的食品，也可以说辅食添加是婴儿对纤维素的适应过程。

膳食纤维的食物来源

◎ 粗杂粮、谷类食物：稻米、麦面、小米、玉米等。

◎ 薯类食物：红薯、土豆等。

◎ 豆类食物：黄豆、红豆、绿豆等。

◎ 菌类食物：鲜蘑、香菇、金针菇等。

◎ 藻类食物：海带、紫菜、海白菜等。

膳食纤维虽对人体健康有诸多益处，但并非多多益善，膳食纤维的摄入要适量。过多的膳食纤维会引起腹胀、排便次数增多且量大。长时期过量摄入膳食纤维可影响多种矿物质的吸收利用，使钙、铁、镁、锌等随粪便排出量增加，从而引起矿物质缺乏症；另外，还会导致脂溶性维生素吸收障碍。

聪明宝宝的喂养

1岁宝宝每天应吃多少食物

幼儿应该吃的食物量是由其所需的营养素来决定的。周岁幼儿所需的营养素可参考我国营养学会推荐的不同年龄每日膳食中热量与营养素的供给量标准。

周岁幼儿所需要的食物

根据我国营养学会的推荐，1岁幼儿每日所需热量4605千焦，蛋白质35克，钙600毫克，铁10毫克，锌10毫克，以及各种维生素。

以上这些热量与营养素可从下面列出的食物中得到（全部以生食计算，在做成熟食时要考虑幼儿的胃容量和消化能力）：

粮食包括粗、细粮约100克；

肉、蛋、鱼类食物80～100克；

牛奶250毫升。

蔬菜类约150克，有1/2～2/3是绿叶菜及橙黄色菜（如胡萝卜、南瓜等）；

每日1个水果；

再吃适当的植物油及砂糖。

幼儿食物要注意调配

据生理学家研究，周岁幼儿的胃容量为200～300毫升，每日进餐次数以4次为宜，个体之间略有差异。

爸爸妈妈应注意食物的调配。如早餐除喝奶外还要配一些馒头、面包等干食。这些食物容积不大，但可提高热量。中餐或晚餐要吃肉、蛋、鱼及蔬菜类，主食可做成软米饭。

怎样保证幼儿充分进食

为了保证幼儿胃和肠有一定的消化及吸收的时间，每次进餐间隔不应少于3.5～4小时，因此，不加节制地吃零食对幼儿是不利的。

另外，在烹调时，可用植物油，如豆油、花生油、菜子油和麻油等。一方面植物油能提供幼儿必需的脂肪酸，提高热量供给；另一方面能使蔬菜味道香美，提高食欲。

宝宝吃什么可帮助防晒

为了带宝宝出去晒太阳，许多爸爸妈妈顶着猛烈的阳光，边享受着烈日边为防晒绞尽脑汁，擦防晒霜、戴墨镜、打太阳伞等，其实食物也能在夏日帮你的宝宝防晒护肤，它们是天然的“防晒外套”。

◎ **番茄**

这是最好的防晒护肤食物。番茄富含抗氧化剂番茄红素，每天摄入16毫克番茄红素可将晒伤的危险系数下降40%。记住，熟番茄比生番茄效果更好，当然，同时吃一些土豆或者胡萝卜会更有效，其中的胡萝卜素能有效阻挡紫外线。

◎ **西瓜**

西瓜含水量在水果中是首屈一指的，所以特别适合夏季补充人体水分的损失。吃西瓜不同于喝水或饮料，它对人体不仅仅是水分的补充，西瓜汁中含有许多重要的有益健康和美容的化学成分，如多种具有皮肤生理活性的氨基酸。这些成分易被皮肤吸收，对面部皮肤的滋润、营养、防晒、增白效果较好。

◎ **柠檬**

含有丰富维生素C的柠檬能够促进新陈代谢、延缓衰老现象、美白淡斑、收缩毛孔、软化角质层及令皮肤有光泽。据研究，柠檬能降低皮肤癌发病率，每周只要1勺左右的柠檬汁即可使皮肤癌的发病率下降30%。有相似作用的还有橙子、猕猴桃、甜椒和草莓。

◎ **坚果**

空调、风吹都会消耗皮肤中的水分。坚果中含有的不饱和脂肪酸对皮肤很有好处，能够从内而外地软化皮肤，防止皱纹，同时保湿，让肌肤看上去年轻。但不要指望有立竿见影的作用，通常需要30天才能令皮肤有所改善。

宝宝春季喂养的学问

由于气候时节的不同，幼儿的饮食也应做相应的变化，从而呈现出不同特点。

多补充热量和蛋白质

对于生机勃勃、发育迅速的幼儿来说，春天更应注意饮食调养，以保证宝宝健康成长。

早春时节，气温仍较寒冷，人体为了御寒要消耗一定的能量来维持基础体温。所以幼儿早春期间的营养构成应以高热量为主，除豆类制品外，还应给幼儿食用花生、核桃等食物，以便及时补充能量物质。

由于寒冷的刺激可使体内的蛋白质分解加速，导致机体抵抗力下降而致病，所以在早春时节还需要注意给幼儿补充优质蛋白质食品，如鸡蛋、鱼肉、牛肉、鸡肉和豆制品等。上述食物中丰富的蛋氨酸具有增强人体耐寒的功能。

多补充含维生素的食物

春天气温变化较大，细菌和病毒等微生物开始繁殖，活动力增强，容易侵犯人体而致病，所以在饮食上要注意让幼儿摄入足够的维生素和无机盐。

青菜（又称小白菜、油菜）、青椒、番茄、鲜藕和豆芽菜等新鲜蔬菜，以及柑橘、草莓、山楂等水果富含维生素C，具有抗病作用；胡萝卜、苋菜、油菜、番茄、豌豆苗，以及动物肝、蛋黄、牛乳、乳酪等动物性食品中富含维生素A，具有保护和增强上呼吸道黏膜和呼吸器官上皮细胞的功能，从而可以抵抗各种致病因素的侵袭。爸爸妈妈也可以给幼儿多吃些含维生素E的芝麻、卷心菜、花菜等食物，以提高人体免疫功能，增强机体的抗病能力。

不要纵容宝宝的挑食行为

宝宝的进餐时间常常是妈妈的头痛时间，因为宝宝吃饭太挑剔了，花了好长时间精心准备的饭食，有时宝宝却毫不领情，连尝都不愿尝一口。不管是任由他不吃，还是强迫他吃，这样的结果都非妈妈所愿。其实，原因可能很简单，那就是宝宝挑食会不会是妈妈“惯出来的”？

◎ 避免让孩子挑食的行为得逞

比如，宝宝不吃牛肉，妈妈怕他饿坏了，立刻为他预备别的食物，宝宝的挑食行为得逞，坏习惯就会由此养成。相反，假如妈妈告诉宝宝牛肉很好吃，全家都爱吃，吃了以后身体会强壮，而且这个时候只有牛肉吃，不吃就要饿肚子。这种积极、坚定的态度就会有效地阻止孩子的挑食行为。

◎ 避免给孩子挑食的机会

不少爸爸妈妈习惯于每次吃东西时问孩子：“你喜欢吃这个吗？”“你喜欢吃什么呀？”这些问题容易给孩子创造挑食的机会，是不必要的。

小贴士

吃饭时，爸爸妈妈要表现出对食物极大的兴趣，可以边吃边赞：“真好吃！”“我们都喜欢吃。”孩子得到积极的暗示后会主动模仿。

科学地保护宝宝的乳牙

一般说来，婴儿的乳牙在4～10个月的时候长出，到11个月后一般出牙4～6颗，到30个月时出齐20颗乳牙，然后在6～7岁时开始换牙。换过的牙叫恒牙，总共32颗，损坏后就不能复原了。

众所周知，牙齿不但能咀嚼食物，还有助于发音。牙齿通过咀嚼活动，能促进面部和颌骨的发育。如果人没有健康的牙齿，不仅会加重胃肠功能的负担，而且对全身之健康都会有较大的影响。因此，保护牙齿也是保健的一项重要内容。

怎样科学地保护乳牙

◎ 牙齿的保护一定要从乳牙开始，乳牙长齐后，就可帮助孩子练习漱口，漱口的时间可选择在饭后数分钟内。从五六岁起，要训练儿童养成每日早、晚刷牙的习惯。

◎ 爸爸妈妈要经常查看儿童口腔，一方面便于及时发现龋齿，通过治疗以阻止龋齿的发展；另一方面也可及时发现换牙期滞留的乳牙，及时拔除，以免恒牙异位萌生，造成牙齿排列不齐。

◎ 杂粮、蔬菜、水果、豆制品、奶制品、瘦肉、蛋类含有丰富的维生素和蛋白质、矿物质等，可促进牙齿钙化发展，增强抗龋能力。

小贴士

儿童牙刷和牙膏也有多种，爸爸妈妈要给婴儿选择刷头短小、牙刷尼龙丝直径不超过0.25毫米、刷毛高度为8～9毫米的保健牙刷。牙膏应选用有防龋药物、对婴儿口腔和咽部较少刺激的保健牙膏。

宝宝不宜吃鸡蛋的情况

◎ **半岁前不宜食蛋清**

此时孩子消化系统发育尚不完善，蛋清中白蛋白分子较小，有时可通过肠壁直接进入血液，使机体对导体蛋白分子产生过敏现象，发生湿疹、荨麻疹等病。

◎ **发烧时不宜吃鸡蛋**

鸡蛋蛋白食后能产生额外热量，使机体内热量增加，不利于康复。此时应鼓励婴儿多饮温开水，多吃水果、蔬菜及含蛋白质低的食物。

◎ **感冒不宜多吃鸡蛋**

感冒时常有食欲不振、消化不良的现象，鸡蛋属高蛋白质食物，较难消化，进食后会导致腹胀，食欲进一步下降，或出现腹泻，宜选清淡易消化的食品。

给断奶后的宝宝做营养汤

婴儿断奶后，爸爸妈妈应给宝宝补充食物营养，几款美味汤，可以轮换着给宝宝喝，还能提高抗病能力。

鲫鱼汤：鲜活鲫鱼150克，去肚杂洗净，加适量猪油、盐调味，水煮熟，再加葱白1根、生姜1片、鲜薄荷20克，水沸即可。汤、肉一起吃，鲫鱼有健脾、利润、止咳的功效。

紫菜汤：20克左右的紫菜，洗净，切碎，烧煮成汤，分次喂宝宝吃。紫菜含有丰富的蛋白质、钙、磷、铁元素及碘、硒、镁、锌等微量元素，还有胡萝卜素、B族维生素和维生素C。

豆腐蛋汤：煮熟的蛋黄1/2个、海味汤14杯、豆腐少许。把蛋黄和海味汤一起放入，然后上火煮，边煮边搅，开锅后放少许豆腐即停火。

番茄猪肝汤：切碎的猪肝2小匙、番茄2小匙、葱头1小匙、盐少许。将切碎的猪肝和切碎的葱头同时放入锅内，加水或肉汤煮，然后再加入切碎的番茄和少许盐。

胡萝卜汤：取新鲜胡萝卜150～200克，切成大块，放入锅中煮烂后，用漏勺捞出，挤压成糊状，再放回原汤中煮沸，用白糖调味，每隔数天喂1次。胡萝卜含有多种氨基酸以及丰富的维生素A，对组成人体骨骼、神经细胞、红细胞有益。

牛奶加鸡蛋的早餐科学吗

我们知道，提供人体营养素的食物可分为5大类。谷类主要提供热量和B族维生素；肉、奶、蛋和鱼类主要提供动物蛋白质、脂肪、维生素、钙和铁等；豆类及其制品主要提供植物蛋白质；蔬菜、水果主要提供维生素C、无机盐和膳食纤维；动物或植物的油脂、糖与酒类则单纯提供热量。

由此可见，各种食物所提供的营养素均有所偏重，没有一种食物可提供人体需要的各种营养素，任何单一种类的食物都不能满足健康的需要。

人们常常把“鸡蛋＋牛奶”当作最佳早餐，理由是牛奶含蛋白质、维生素和微量元素，是人体极好的钙来源；鸡蛋含有机体新陈代谢不可缺少的蛋白质、脂

小贴士

鸡蛋最好不要与豆浆一起吃，因为鸡蛋的蛋清里含有黏性蛋白，可以同豆浆中的胰蛋白酶结合，使蛋白质的分解受到阻碍，从而降低人体对蛋白质的吸收率。

肪、无机盐等，强强联合，效果更好。

实际上，人体一切活动的基础是能量，而能量的主要食物来源是糖类，即谷类食物。这种“鸡蛋＋牛奶”的早餐模式缺乏供应热量的食物，是不科学的。除此之外，它的不科学之处还在于：大脑的能量供应依赖葡萄糖，而葡萄糖转化为能量离不开B族维生素的作用，而如果没有谷类的摄入，也就没有B族维生素的来源。

囟门没闭合是因为缺钙吗

满13个月时，宝宝前囟可能已经闭合。但是，有的宝宝满13个月时，还能明显地摸到前囟，这并不意味着宝宝有病。囟门闭合存在着个体差异，有的宝宝囟门闭合较早，有的宝宝囟门闭合得就比较晚。不要因为宝宝囟门还没有闭合就增加钙的补充量。

如果宝宝从出生开始妈妈就一直给他补充维生素D和钙，而且剂量是足够的；宝宝一直坚持晒太阳，辅食添加的也合理；如果没有母乳，选择的都是质量很好的婴幼儿配方奶，宝宝根本就没有理由缺钙。所以，妈妈不要擅自增加钙量。其实，如果缺钙已经导致了囟门闭合延迟，其他部位的骨骼也大多会受累，会出现其他与缺钙有关的症状和体重，仅凭摸一下囟门就确定宝宝是否缺钙是不科学的。

宝宝可以多吃点豆制品吗

豆制品指用黄豆做原料，经加工制成的各种制品，如豆浆、豆腐、豆干等。

黄豆，含有幼儿生长发育必需的优质蛋白质、钙、磷、铁和维生素，其营养价值可与肉、蛋、鱼相媲美。豆制品可以吃，但也不宜过多。因为豆类中含有一种能致甲状腺肿大的因子，可促使甲状腺素排出体外，结果体内甲状腺素缺乏；机体为了适应需要，就会促使甲状腺体积增大，以增加甲状腺的分泌，而由于过多地分泌甲状腺素，就可能导致碘的缺乏，所以说豆制品可以吃，但也不宜过多。

小贴士

未经煮熟的豆浆不能喝，因为生豆浆中含有对胃肠黏膜有强烈作用的皂素，幼儿吃了会在短时间内出现恶心、呕吐、腹泻和腹痛的症状。为了防止这种现象出现，豆浆在给幼儿喝之前必须充分煮沸，时间不能少于5分钟。

宝宝拉肚子后吃蔬菜好吗

生活中，我们都认为吃油腻食物会加重消化系统的负担而加重病情，于是就想方设法多吃一些新鲜蔬菜，以为这样对病情有利。其实不然，这样不仅对疾病不利，相反还有害。

许多新鲜蔬菜如青菜、韭菜、菠菜、卷心菜等均含有亚硝酸盐或硝酸盐，一般情况下这些蔬菜对身体没有不良影响，但若煮熟后放置过久或腌渍时间太短，蔬菜里的硝酸盐被硝酸盐还原菌还原为亚硝酸盐，食入过量则会引起中毒。

当人处于腹泻、消化功能失调或胃酸过低时，肠内硝酸盐还原菌大量繁殖，此时食蔬菜，即使蔬菜非常新鲜，也会导致中毒而引起肠原性紫绀。亚硝酸盐引起血液中无携氧能力的高铁血红蛋白剧增，从而造成机体出现缺氧，表现为相应的各种症状。当消化功能不好时，最好在医生的指导下合理选择饮食，并应减少蔬菜进食量。

宝宝拉肚子时，除了不能吃蔬菜，还要少吃橘子或梨等水果。不过可以将苹果切片加水、冰糖隔水蒸熟，宝宝吃了止泻。或者将大米磨成粉炒至焦黄，再加水和适量糖煮成糊喂宝宝，这也是婴幼儿的止泻佳品。

小贴士

宝宝腹泻时水分大量流失，首先要多喂白开水，如果宝宝不喜欢不要强喂，可加入葡萄糖或兑果汁增加口味。饮食方面一定要补充营养，可以喂鱼汤、鱼肉（千万小心鱼刺），做菜尽量少油少盐。

聪明宝宝的美食

虾皮紫菜蛋汤

原料：紫菜10克，虾皮5克，鸡蛋1个，香菜5克，姜末2克，麻油2毫升，精盐、葱花各少许，清水200毫升，油适量。

做法：

❶ 将虾皮洗净；紫菜用清水洗净，撕成小块；鸡蛋磕入碗内打散；香菜择洗干净，切碎。

❷ 锅置火上，放油烧热，下入姜末略炸，放入虾皮略炒一下，添水200毫升，烧沸后，淋入鸡蛋液，放入紫菜、香菜，加入麻油、精盐、葱花，盛入碗内即成。

营养功效：虾皮含钙、碘丰富。此菜含有丰富的蛋白质、钙、磷、铁、碘、维生素C等多种营养素，对幼儿补充钙、碘十分有利，能促进其生长发育。

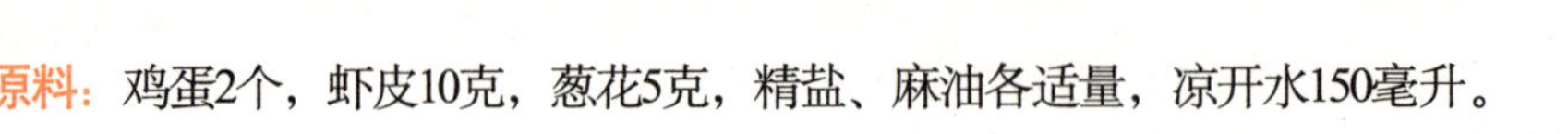

鸡蛋羹

原料：鸡蛋2个，虾皮10克，葱花5克，精盐、麻油各适量，凉开水150毫升。

做法：

❶ 将鸡蛋磕入碗中，加入精盐、味精、麻油、葱花、虾皮搅打均匀，再加入凉开水调匀。

❷ 蒸锅置火上，加水烧开，把蛋羹碗放入屉内，加盖用旺火蒸15分钟即成。

营养功效：鸡蛋含卵磷脂、蛋白质、维生素B_1、维生素B_2、铁、锰、钙、磷等成分，有滋阴去燥、养血息风等功效。虾皮含钙、磷丰富。鸡蛋、虾皮是婴幼儿生长发育的保健食品。幼儿食用此菜能获得丰富的蛋白质和较多的钙、磷、铁及维生素A、维生素D等，促进其健康地成长，防止疾病的发生。

虾仁菠菜卷

原料：菠菜50克，虾仁2个，酱油、麻油、紫菜少许。

做法：

❶ 将择洗干净的菠菜放入开水锅焯一下捞出，挤出水分，切成碎末。

❷ 把洗干净的虾仁去虾线后切碎，与菠菜末放在一起，加少许酱油、麻油后混合拌匀。

❸ 用紫菜将菠菜虾仁馅卷成卷，并切成小段，上火蒸15分钟即可出锅食用。

营养功效：菠菜含有丰富的维生素C、胡萝卜素，以及铁、铅、磷等矿特质，而且含有丰富的蛋白质，营养价值高。

炒青椒肝丝

原料：猪肝100克，青椒25克，麻油少许，酱油适量，精盐、醋、水各少许，料酒、白糖、淀粉各适量，葱末、姜末适量，植物油150毫升。

做法：

❶ 将猪肝洗净，切成0.7厘米粗的丝；青椒去子，洗净，切成细丝。

❷ 猪肝丝放入碗内，加入淀粉抓匀，然后下入四五成热的油内滑散，捞出沥油。

❸ 锅中留少许油，下入葱末、姜末略炸，放入青椒丝，加入料酒、酱油、白糖、精盐及少许水，烧开后用水淀粉勾芡，倒入猪肝丝，放入醋、麻油拌匀即成。

营养功效：青椒能促进脂肪的新陈代谢，猪肝含有丰富的蛋白质。

黄鱼小馅饼

原料：净黄鱼肉100克，鸡蛋1个，牛奶50毫升，葱头、植物油、精盐和淀粉适量。

做法：

❶ 将黄鱼肉剁成肉泥，葱头切成碎末；把鱼放在碗内，加牛奶、鸡蛋、淀粉、少许葱头末和盐，搅拌成有黏性的鱼馅备用。

❷ 将平底锅置于火上，待烧至温热时，放入少量油，把鱼馅制成小圆饼放入油锅内，煎至两面呈金黄色即可食用。

营养功效：黄鱼含有丰富的蛋白质、矿物质和维生素。

温拌双泥

原料：茄子100克，土豆100克，熟鸡蛋1个，番茄酱5克，精盐、香菜末、麻油各少许。

做法：

❶ 把茄子、土豆分别洗净，茄子去皮。将茄子、土豆上屉蒸烂，剥去土豆皮，分别捣成泥蓉，加入精盐拌匀。

❷ 将熟鸡蛋剥去壳，蛋清、蛋黄分开，将蛋黄捣成泥，蛋清切成细末，各加少许精盐拌匀。

❸ 将拌好的茄泥、土豆泥对称放在盘内，再把蛋清末和蛋黄泥分别放在茄泥和土豆泥两侧，将番茄酱堆放在中间，撒上香菜末，浇上麻油即成。

营养功效：茄子含有蛋白质、脂肪、糖类、维生素及钙、磷、铁等。

冬菇瘦肉汤

原料：冬菇30克，瘦猪肉150克，精盐少许，麻油、清水适量。

做法：

❶ 将冬菇浸泡洗净，去蒂，切成小丁或细丝；瘦肉洗净，切成小薄片。

❷ 锅置火上，放入清水、肉片、冬菇丁（丝）煮熟后，加盐调味，烧开后，淋上麻油即成。

营养功效：香菇营养丰富，含30多种酶和18种氨基酸及铁、磷、钙和维生素A、维生素B_1、维生素B_2、维生素D等。香菇与猪肉制作的汤菜，有助于幼儿滋阴健脾、健康发育、益气力、增强抗病能力。

鲜蔬鱼盒

原料：鱼200～250克，胡萝卜25克，扁豆25克，植物油、食盐、白糖和料酒适量，其他作料少许。

做法：

❶ 把鱼清洗干净，放入碗里加少许食盐、料酒、葱、姜末浸泡片刻。

❷ 把择洗干净的胡萝卜和扁豆切成碎丝放入鱼肚子里。

❸ 把炒锅置火上，放入少许植物油加热，放入鱼煎炸片刻，加少量水和白糖盖上，焖烧约15分钟即可出锅。

营养功效：新鲜蔬菜可提高幼儿的免毅力。

鸡血豆腐汤

原料： 豆腐30克，熟鸡血15克，熟瘦肉、熟胡萝卜各10克，水发黑木耳5克，鸡蛋1/2个，鲜汤200毫升，麻油2毫升，酱油1毫升，精盐2克，料酒2毫升，葱花2克，水淀粉5克。

做法：

❶ 将豆腐、鸡血切成略粗的丝；水发黑木耳、熟瘦肉、熟胡萝卜均切成粗细相等的丝。

❷ 炒锅置火上，放入鲜汤，下入豆腐丝、鸡血丝、黑木耳丝、熟瘦肉丝、熟胡萝卜丝，烧开后，撇去浮沫，加入酱油、精盐、料酒。

❸ 再烧沸后，用水淀粉勾薄芡，淋入鸡蛋液，加入麻油、葱花，盛入碗内即成。

营养功效： 鸡血含铁丰富。此汤含有丰富的蛋白质、铁、胡萝卜素和粗纤维，幼儿食用能补铁、补钙、健体。经常食用此汤，可使幼儿血红蛋白保持正常。

聪明宝宝的一日饮食安排

1岁1～3个月宝宝一日饮食安排

这阶段的宝宝营养摄入要注意适度，不要过剩或不足。

吃太多高热能食物、糖分摄入过度会导致肥胖症，还会加大宝宝成年后发生心血管病症的风险，一定要注意避免。

一般来说，这时宝宝每天的食量为：主食200克，牛奶或豆浆250毫升，肉类

40克，鸡蛋1个，豆制品30～40克，蔬菜、水果200克左右，油10毫升，糖10克。

如果宝宝的三餐没吃好，妈妈可以给宝宝吃一些点心。但是吃点心时间要尽量固定，并以牛奶、水果或妈妈做的食物为主。

1岁1～3个月宝宝一日饮食表

食谱A

早餐6:00～6:30	牛奶200～300毫升，每日喂鱼肝油1～2滴
早点8:00～8:30	面包1～2小片，奶酪5克，稀粥1/2～1小碗
午餐12:00～12:30	意大利面1/2碗，鸡蛋1个，香肠或肉30克，蔬菜2勺，正餐之间可给宝宝多喝些白开水，吃水果、牛奶、点心，但不可过多，以免影响正餐食欲
晚餐18:00～18:30	米饭1小碗，鱼半块，蔬菜2勺，豆腐1/4块
晚点21:00～21:30	牛奶200～300毫升，每日保证供奶400～600毫升

食谱B

早餐6:00～6:30	牛奶200～300毫升，每日喂鱼肝油1～2滴
早点8:00～8:30	粥1小碗，肉饼或面包1块，苹果1/2个，米饭要软一些，菜要淡一些
午餐12:00～12:30	米饭1/2碗，鱼1/2块，肉或肝30克，蔬菜30～50克，正餐之间要喂适量的水果、牛奶、点心，但不宜过多
晚餐18:00～18:30	稀饭1小碗，鸡蛋1个，蔬菜30～50克，动物血20克，正餐之间要喂适量的水果、牛奶、点心，但不宜过多
晚点21:00～21:30	牛奶200～300毫升，每日保证供奶400～600毫升

Part 14

宝宝1岁4~6个月

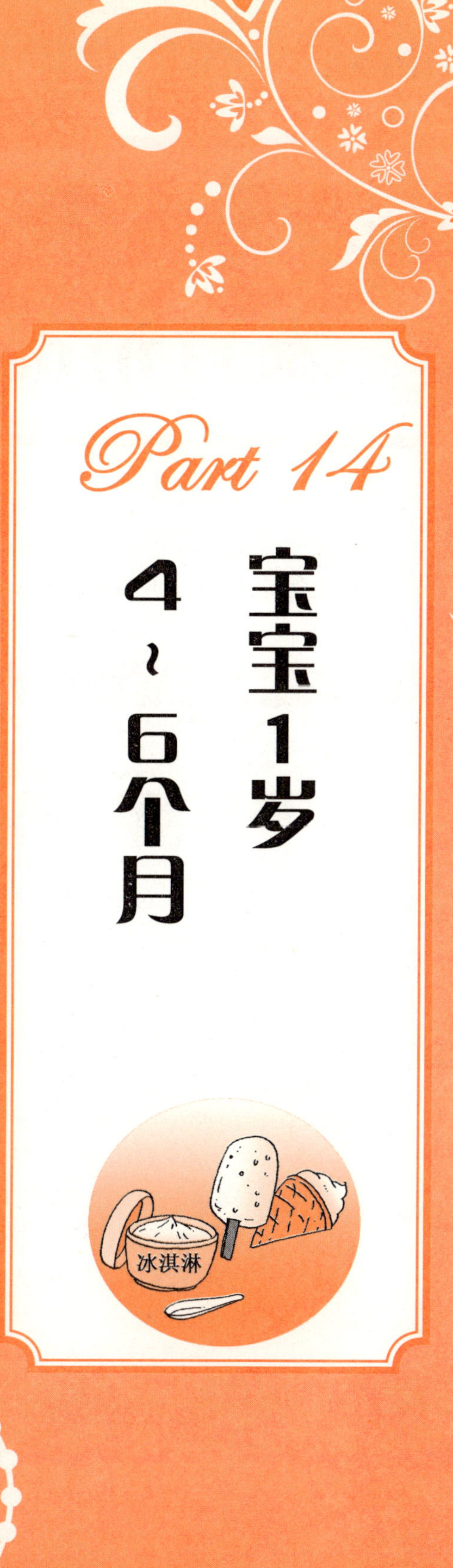

宝宝身心发育情况

这个时候的宝宝，吃饭时喜欢自己拿匙取菜或往嘴里喂饭。由于这个时期宝宝的平衡能力还比较差，所以还是拿不稳，会出现菜掉在地上或饭粒撒得到处都是的情形。

身体发育		
体　重	男孩约11.16千克	女孩约10.83千克
身　长	男孩约82.31厘米	女孩约81.62厘米
头　围	男孩约47.54厘米	女孩约46.52厘米
胸　围	男孩约49.08厘米	女孩约47.32厘米
坐　高	男孩约50.96厘米	女孩约50.79厘米
牙　齿	此时大约萌出12颗牙，已萌出上、下尖牙	

宝宝的动作发育

这个月龄的孩子会用杯子喝水了，但还是拿不稳，常常会把杯子里的水洒得到处都是，但爸妈不可因此而阻止宝宝这样做。夏天洒点水当然没有什么关系，冬季或是天气较凉的时候，可以给孩子套上一个围脖，以免将宝宝的衣服弄湿而引发感冒。

孩子的语言发育

这个时期的孩子能说2～3个字组成的词，如“吃饭”、“喝水”，有时说些类似“妈妈抱”的小句子。他们能听懂一些简单的句子，理解很多词语，但说不出来。

这个阶段的宝宝对语言学习特别热情，特别喜欢和爸爸妈妈说话或者听别人说话，即使是相同的话也爱听上多遍，这突出表现在听故事上。

为了让孩子学会说话，达到母子之间心与心情感交流的目的，不要把孩子关在家里，要领孩子出去散步，在散步中所看到的人和事，都可以拿来当作话题与孩子对话。

孩子如果只看电视的话，就会使孩子只是被动地接受电视中播放出来的画面和声音，孩子不会产生自己要说话的愿望。不利于孩子的语言发育。

宝宝的心智发育

到了这个月龄的孩子，感情表达也丰富起来了。高兴的时候放声大笑，生气的时候也闹得很凶。有的孩子生起气来会不让爸爸妈妈抱，抱他的时候拼命向后仰。若是站在地上，他会使劲跺脚来表示愤怒；一些脾气特别大的孩子有时竟哭得憋紫了嘴唇，甚至发生抽搐；有些孩子一旦哭起来就久久不能停息。

不管宝宝属于哪种类型，这都不是教育的问题，而是取决于孩子的个性。

宝宝渐渐不听话了

这个阶段的宝宝逐渐地变得不听话了，你让他吃饭，他偏不吃；你要让他这样，他偏要那样。

出现这种抗拒行为的原因，主要是因为这时的宝宝已开始逐步认识到自己是一个独立的个体了，有时甚至不接受爸爸妈妈的劝阻，明明知道是爸爸妈妈不同意的事，却偏要坚持干下去。

转移孩子的注意力是消除孩子抗拒行为的好办法。如果孩子要玩一个脏玩具，你可以给他一个新鲜的玩具取而代之，或开始一项有趣的活动，这样比简单地禁止他某项活动效果要好得多。

宝宝的睡眠情况

宝宝晚上睡觉多数都在9时以后，而一般起床时间也多在早晨的八九点钟。不过，依孩子自己的睡眠习惯，也有晚上7时睡觉，早上6时就醒了的幼儿。

每天只睡1次午觉和每天要睡2次以上的孩子各占一半，午睡时间也因人不同而长短各异，能睡的孩子可以睡2个小时以上。

这个阶段的孩了，如果说在睡眠方面的异常现象，就是孩子半夜起来玩。周岁以前的孩子，把他放到床上，关上电灯，一般孩子就能入睡。而这个时期的孩子，往往睡到半夜里就想起来玩。发生这种事，是因为孩子白天没到室外去玩，活动量太少，孩子的能量没释放出来的缘故。

本阶段宝宝喂养重点

此阶段幼儿的消化器官尚在完善中，虽然已经在吃普通食物，但不能与成人饮食相同，应强调碎、软、新鲜，忌食煎炸、过甜、过咸、过酸和刺激性的食品。

主食以谷类为主，要勤换花样；保证肉、蛋、奶各类蛋白质的供应，以满足这个时期身体发育的需要。饮食要讲究搭配平衡，不能以吃饱为目的。不要硬性规定宝宝的食量，以免宝宝产生厌食情绪。

此阶段及以后是宝宝智力发育的黄金阶段，多吃富含卵磷脂和B族维生素的食物，大豆制品、鱼类、禽蛋、牛奶、牛肉等食物都是不错的选择；应尽量避免过咸的食物、含过氧化脂质的食物，如腊肉、熏鱼等；含铅的食物，如爆米花、松花蛋等；含铝的食物，如油条、油饼等，以免妨害宝宝的智力发育。

进一步强化训练宝宝用杯子喝水。一直用奶瓶给宝宝喝水、喝牛奶，会养成宝宝含奶瓶的习惯，时间一久易导致门齿的龋齿及上下牙齿生长排列不齐。

聪明宝宝的营养需求

叶酸是宝宝的智力保证

叶酸是B族维生素的复合体之一。我们知道，叶酸对孕妈妈尤其重要。孕妈妈在怀孕期间补充叶酸，有利于提高胎儿的智力，能使新生儿更健康、更聪明。

宝宝出生以后，叶酸对婴幼儿的神经细胞与脑细胞发育也有促进作用。国外研究表明，在3岁以下的婴儿食品中添加叶酸，有助于促进其脑细胞生长，并有提高智力的作用。美国食品与药物管理局已批准叶酸可添加于婴儿奶粉中作为一种健康食品添加剂。

含叶酸的食物很多，但由于叶酸遇光、遇热就不稳定，容易失去活性，所以人体真正能从食物中获得的叶酸并不多。如蔬菜贮藏2～3天后叶酸损失50%～70%；煲汤等烹饪方法会使食物中的叶酸损失50%～95%；盐水浸泡过的蔬菜，叶酸的成分也会损失很大。

富含叶酸的食物

◎ 绿色蔬菜

莴苣、菠菜、番茄、胡萝卜、青菜、龙须菜、花椰菜、扁豆、豆荚、

蘑菇等。

◎ 新鲜水果

橘子、草莓、樱桃、香蕉、柠檬、桃子、李、杏、杨梅、海棠、酸枣、山楂、石榴、葡萄、猕猴桃、梨、胡桃等。

◎ 动物食品

动物的肝脏、肾脏、禽肉及蛋类，如猪肝、鸡肉、牛肉、羊肉等。

◎ 豆类、坚果类食品

黄豆、豆制品、核桃、腰果、栗子、杏仁、松子等。

◎ 谷物类

大麦、米糠、小麦胚芽、糙米等。

◎ 核桃油里也含有叶酸。

聪明宝宝的喂养

1岁4～6个月幼儿主辅食的安排

就人类来说，满足生理需要的营养物质的种类主要是蛋白质、脂肪、糖类、无机盐（矿物质）、维生素和水。具体到1岁4～6个月幼儿的需要，第一，要使6大营养素的供给量及它们之间的比例合适；第二，就是产生6大营养素的食物之间也要平衡。

幼儿每日的食谱中要包括主要食品如米、面，副食品如肉、蛋、蔬菜、水果等，使幼儿每日从食物中能得到4602千焦的热量、35克的蛋白质、600毫克的钙、10毫克的铁以及一定量的维生素等。

比如就提供优质蛋白质的食物而

言：周一可以安排鸡蛋羹；周二可以安排鱼肉丸子；周三可以安排肉丝面片等。

宝宝副食的安排

每日还应当给幼儿安排一些水果，如苹果、香蕉、橘子等。只要孩子能吃，就不要人为地加以限制。富含维生素C的水果有柑橘类、枣、山楂或猕猴桃等。有些爸爸妈妈认为吃橘子会使人脸色变黄，就不给宝宝吃，这是非常错误的。

橘子中含有大量的维生素C，对人体有抗疲劳作用，还能减少紫外线对皮肤的伤害。但应注意不可让孩子多食，因为食用橘子过多，的确会使皮肤黄染。

除了给幼儿水果外，这个时期的宝宝每日还应吃鱼肝油2次，每次仍为3滴；钙片每日2次，每次1克。

小贴士

宝宝这个阶段在喂养上与前两个月相比会略有变化，每日进餐次数为5次，即三餐中间上、下午各加1次点心。这是因为这个时期的孩子生长比较迅速，所以为了宝宝能较好地发育，就一定要使膳食供应满足幼儿的生理需要。

让宝宝愉快地进食

现在常听到爸爸妈妈抱怨自己的孩子“什么都不想吃”，该如何使孩子“见饭香”呢？当然，除了提高自己的烹调水平这一基本点外，还要讲究些方式、方法，让宝宝有愉快的心情进餐。

◎ 宝宝进餐使用的桌、椅、碗、筷等的大小、形状均要适合宝宝的年龄特征，否则会因此而影响宝宝的进食兴趣。

◎ 饭前半小时至1小时内不要让宝宝吃任何食品，特别是甜食，如糖果等，饭前进食会影响到吃饭时的食欲。

◎ 饭前应让宝宝做些安静的活动，避免宝宝过度兴奋。应让宝宝养成这样的好习惯：饭前15分钟把玩具收好，上厕所，然后用肥皂洗手，等候在餐桌旁准备开饭。

◎ 在进餐过程中，要提醒宝宝细嚼慢咽，不要边吃边玩，不能边吃饭边看电视。要鼓励宝宝多吃，但不要让宝宝过量进食，更不可强迫。若是宝宝食欲不振，爸爸妈妈应该先查明可能存在的原因，然后进行解释与鼓励，不可不分青红皂白地训斥宝宝。

◎ 食物的种类和花样要不断更换。在给宝宝食用一种新食品时，可用讲故事和童话的方式向宝宝讲解新食品的营养价值，对人体生长发育的作用。在给宝宝吃新食品前，不要让宝宝吃其他食物，这样会增加孩子的食欲。

◎ 宝宝对食物的好恶，常受爸爸妈妈的影响。所以爸爸妈妈应做宝宝的榜样，对各种有益身体发育的重要食物夹放在自己碗里。爸爸妈妈必须以身作则，不挑剔或评价饭菜不好，不谈论其他儿童特殊饮食习惯，尤其要避免对健康食物做不利的评论。

◎ 有些母亲过分担心宝宝吃得太多，往往在孩子面前表露出忧虑或愤怒，结果使孩子感觉到吃东西受到压迫，会影响孩子的食欲。

◎ 孩子也会用食物的颜色和气味来评价食物，所以爸爸妈妈除了要注意宝宝各年龄层不同变化外，还要考虑食物色、香、味的搭配，使食物产生吸引力，以加深孩子对该食物的好印象。

别让虫牙缠上宝宝

龋齿就是人们俗称的“虫牙”。龋齿对宝宝的危害很大，首先是牙痛。俗话说“牙痛不是病，痛起来要人命”，牙痛给宝宝带来的伤害很大。其次，患了龋齿如果不及时治疗，龋洞就会越来越大，最后导致牙齿丧失，后果更为严重。

为什么1岁多一点的宝宝，乳牙尚未长齐，就患了龋齿呢？原因大多是宝宝在睡前吃了饼干、糖果之类的甜食。

很多宝宝喜欢在睡前吃些糖果、饼干之类的零食，爸爸妈妈不给就不肯入睡；也有一些爸爸妈妈认为宝宝夜间睡觉时间长，怕宝宝夜间肚子饿，而喂其他食物又不方便，所以主动给宝宝喂些糖和饼干之类的零食。

由于宝宝在睡前都不刷牙，睡前吃的食物的残渣都堆积在牙面和牙缝里，而且宝宝吃的食物一般都含有较多的糖，这就为细菌的繁殖提供了有利的条件。此外，宝宝睡眠时间较长，睡眠时间口腔处于静止状态，唾液分泌减少，不利于清洁牙面，而有利于细菌的繁殖。细菌滋长并能分解其中的糖类，使其发酵产酸，引起牙齿釉质脱钙，日子久了牙齿就会软化，逐渐形成小洞。这就是临睡前吃糖果、饼干易生“虫牙”的道理。

怎样防宝宝患龋齿

宝宝睡前不应吃零食，更为重要的是要让宝宝养成漱口、刷牙的好习惯。年龄小的宝宝在睡前总要喝些牛奶或果汁，那么爸爸妈妈就应在宝宝喝完这些后再让宝宝喝一口白开水清洁一下口腔。

发现宝宝生了龋齿后应立即治疗，不应拖延，否则小的龋洞不补，就会越来越大、越来越深。

宝宝偏食容易烂嘴角

秋、冬季干燥易上火，所以有些宝宝的烂嘴角现象就被自然而然地归为是“秋燥惹的祸”。其实，烂嘴角在秋天出现较多，这固然与秋季人们的皮脂腺分泌减少有关，也和宝宝爱挑食脱不了干系。

“烂嘴角”在医学上被称为口角炎，是儿童的常见病，多表现为口角潮红、起疱、皲裂、糜烂、结痂、脱屑等。当天气干燥，再加上偏食，令身体缺乏核黄素（即维生素B_2）时，就非常容易出现。

有调查表明，在生活水平较高的地区，偏食是导致维生素B_2缺乏的重要原因之一。因此，为了宝宝的健康生长发育，除了保持日常均衡的饮食外，必要时，如孩子患上胃肠疾病，出现腹泻、消化不良等问题时，都应该增加维生素B_2的摄入量。

此外，在干燥季节，维生素B_2的消耗也会增加，这时也应该在医生的指导下，适当补充维生素。

预防宝宝嘴角烂

口角炎重在预防，最简单的方法就是让宝宝养成良好的饮食习惯，不偏食、挑食。因为人体本身无法合成核黄素，所以爸妈要注意在膳食平衡、荤素搭配的基础上，多给宝宝吃些富含核黄素的食物，如动物的肝脏、蛋类、乳制品、大豆、胡萝卜、绿叶蔬菜等。

在烹调的时候，爸妈要注意合理的烹调方法，如淘米时，淘洗次数不要太多，不要用手揉搓米粒；蔬菜先洗后切、切后尽快急火快炒，不要再泡在水里；熬米粥、煮豆类时尽量不放碱等，这样可以避免核黄素的破坏与丢失。

需要特别提醒爸妈注意的是，患口角炎的宝宝，由于炎症的刺激，会不时地用舌头去舔患处，甚至用手去揭结痂。这些做法都会引起糜烂面感染，加重病情，因此爸妈必须及时劝阻。

巧用点心给宝宝补营养

幼儿和学龄前儿童喜欢吃点心，那是一件好事情。因为他们的胃容量较小，活泼好动，易饥饿，并且按每千克体重计，幼儿的营养素需要量高于成人。仅仅利用一日三餐不可能满足他们的营养需要，点心能弥补他们膳食中不足的营养和能量。

像吃饭一样，点心也要纳入饮食计划，吃点心的时间应在饭前2小时，这样幼儿才有好胃口吃正餐，使点心成为好的陪伴，以补充孩子们生长和玩耍所需要的营养和能量。

爸爸妈妈要注意，把点心作为宝宝正常饮食的补充，而不是替代品；有节制、有选择地为儿童提供点心，不要提供和正餐相同的食品。例如，儿童正餐的饭菜中正好缺少蔬菜或谷物，吃点心时可以好好地品尝这些食品；也可以用进餐时低脂食品来平衡高脂或高热量的点心。

儿童适宜的点心有动物薄脆饼干、百吉圈、脆皮松饼、全小麦薄脆饼干、烤面包片、蛋糕、牛奶、酸奶、布丁、番茄、圣女果、小黄瓜条、新鲜水果、果汁、果泥、干果等。

给宝宝做的食物别太咸

许多爸爸妈妈常常按照自己的口味来烹调幼儿的食物，这对幼儿来说是有害的，对幼儿的生长发育极为不利。

食物烹调时使用以氯化钠为主的调味品，食物太咸则会使幼儿体内的钠增加，由于幼儿肾脏发育尚未成熟，不能将体内过多的钠排除，这样就加重肾脏的负担。时间一长，幼儿体内的代谢产物就不能正常地排出体外，致使肾的功能衰退，出现各种病变。

另外，在体内钠升高的同时，钾的含量则相应地降低，而钾缺乏时肌肉就无力，持续的缺钾将导致心脏衰弱，甚至因心跳停止而发生死亡。

不要以成人口味烹调幼儿饮食

研究资料表明，成人感到有咸味时，氯化钠的浓度是0.9%；婴幼儿感到有咸味时，其浓度为0.25%，两者的差别将近4倍。若按成人的口味摄入食物，幼儿体内的钠离子浓度就会增加。钠潴留于体内会使血量增加，加重心脑负担，引起水肿或充血性心力衰竭。

因此，幼儿的饮食应从刚出现咸味为宜。提倡低盐，并不是说盐越少越好。盐过少，会造成钠离子在体内的不平衡，也会影响菜的味道，而影响幼儿食欲。

医学统计资料表明，吃高盐饮食的成人，高血压、心脏病、中风和肾功能不全的发病率和死亡率要比饮食清淡的人高得多。因此，为了保证幼儿健康成长，幼儿的饮食宜清淡。

宝宝吃冷饮和瓜果要有节制

幼儿如果吃冷饮、瓜果过量的话，是会损伤他们身体的。可以说，幼儿对冷饮有着天生的爱好，对瓜果有着特殊的偏爱，若不加以控制，幼儿会不停嘴地吃，结果会造成对身体的损害。因此，幼儿吃冷饮和瓜果一定要有节制。

多吃冷饮对幼儿不好

冷饮虽然可降温，可给人体提供一定的养料，但由于冷饮对胃肠的强烈冷刺激作用，会引起消化道的强烈收缩，使胃肠痉挛。而幼儿对“冷”又特别敏感，假如幼儿冷饮吃得过多，就会使口腔、胃黏膜的血管剧烈收缩，影响局部的血液供给和胃液的分泌，引起腹痛、腹泻和食欲降低等症状。

因此，爸爸妈妈要让幼儿适量吃冷饮。切忌用冰淇淋、冰果汁来喂养幼儿，也不要让他们在饭前多吃冰棒、雪糕，以免引起小儿的胃肠消化紊乱和营养失调，甚至造成幼儿心理及性格发育上的不良后果。另外，当幼儿吃冰棒、雪糕或冰淇淋时，爸爸妈妈不要让幼儿大口大口地嚼着吃，以免对牙齿直接刺激，引起牙痛和影响牙的发育。

幼儿吃瓜果要有节制

瓜果，包括酸味的水果，均含有丰富的维生素C和糖类。瓜果不仅可以供给幼儿必需的营养素，而且可以促进胃液的分泌，提高幼儿食欲。

但是，瓜果也不能一次吃得太多，要根据幼儿的年龄大小、消化能力强弱、牙齿的多少来决定，同时还要讲究吃的方法。若是大一些的幼儿，消化功能较好，可以适当多吃一点；若是小幼儿，消化能力不强，就要少吃。如果幼儿已长出了上牙，则可将瓜果切成小薄片，让宝宝咀嚼，这样对幼儿的牙齿发育有好处。

在给幼儿吃瓜果时，爸爸妈妈不要让幼儿大块大块地往下咽，以免加重胃肠的负担，引起消化不良。所以幼儿应多吃些富有营养且清淡易消化的水果，如猕猴桃等。

警惕宝宝营养不良

婴幼儿生长发育较快，如果营养素的供给跟不上生长发育的需要，婴幼儿就会出现营养不良的疾病。营养缺乏病可分为消瘦性营养不良或水肿性营养不良两种。

消瘦性营养不良

消瘦性营养不良的最初症状是体重

不增甚至减轻，病程久的患儿，身高也会低于正常儿童。此外，还会出现皮下脂肪层不丰满或完全缺乏。当面部皮肤脂肪层消失时，额部形成皱纹，颧骨突出，颌部变长，形似老人外貌。初期孩子往往多哭而烦躁，继而变为迟钝，逐渐会形成食欲不佳，常有呕吐及腹泻出现或急性消化紊乱的症状。

水肿性营养不良

水肿性营养不良的特征主要是水肿，先见于下肢，尤其足背最为明显。病程较久者，腹部、腰骶部、外生殖器，甚至手背及臂都可见显著凹陷水肿。严重者，腹壁、眼睑以及结膜等处都可发生水肿。患儿多表现为虚弱和精神抑郁，皮肤干燥、发凉，毛发干枯变黄，指甲生长迟缓。

营养不良的饮食防治

防治消瘦性营养不良，要合理给予婴幼儿食品。半岁以下患儿可先喂脱脂乳、豆浆或鱼奶之类，等消化吸收良好后，可增加全乳、肉末等。半岁以上的患儿可先喂嫩蒸蛋羹或少量蒸鱼。月龄较大或健康状况恢复较好的可用少量植物油。可用米汤、粉糊、粥类加少量白糖，逐渐添加菜汁、果汁等辅食。

水肿性营养不良型患儿在断奶后必须供给一些蛋白质含量丰富的食物，如豆粉、豆腐或鸡蛋等。蛋白质食品在婴儿期常用牛奶、鸡蛋和豆制代乳粉，较大的幼儿可用豆腐、肉类或肝类等。

怎样知道宝宝身高是否长得过慢

身高能否如意，取决于几个因素，首先是遗传因素，占70%；其次取决于其他条件，包括运动、营养、环境和社会因素等。

宝宝出生后头3个月，平均每月长3.5厘米；出生后3～6个月，平均每月长2.0厘米；出生后6～12个月，平均每月长1.0～1.5厘米。宝宝出生第1年平均共长25厘米，第2年平均共长10厘米，第3年平均长8厘米。如果你的宝宝增长速度低于上述值的70%，那么可以判断为长得慢。

有的宝宝刚开始会长得慢些，只要妈妈给予的营养均匀，并经常进行户外运动，睡眠质量也较好，妈妈就不需要太担心，千万不可因为宝宝比同龄宝宝长得慢一些，就无限制地给宝宝吃大鱼大肉。营养过剩也是会抵制宝宝生长，使宝宝生长过慢的。

宝宝不宜多吃巧克力

巧克力是一种以可可豆为主要原料制成的含糖食品，它的味道香甜，食后回味无穷，很受宝宝的喜爱。许多舞蹈演员、运动员、重体力劳动者在消耗热能较多的情况下吃巧克力，可供给能量，振奋精神。但是巧克力含蛋白质很少，含维生素也非常少，它不能完全满足宝宝生长发育中的营养需要。

过量吃巧克力还有许多对宝宝不利的因素：

1. 会诱发口臭和蛀牙，并使宝宝发胖。
2. 吃巧克力后宝宝会有饱腹感而影响食欲，再好的饭菜他也吃不下去，打乱了良好的进餐习惯，直接影响了宝宝的营养摄入和身体健康。
3. 巧克力是不含纤维素的精制食品，吃多了可致便秘。
4. 巧克力中的草酸，会影响钙的吸收。
5. 巧克力中的可可碱具有强心和兴奋大脑的作用，宝宝吃多后会哭、吵、多动和不肯睡觉。

由此可见，宝宝不宜多吃巧克力。

妈妈要鼓励宝宝限量食用巧克力，不能强行，应逐渐减量。

具体方法：记录1周食用巧克力的数量（分类记录）；然后让宝宝制订食用巧克力的计划（每周比原来适当减少就加以鼓励），每周进行分类对比，3周后减到现食的1/3。

宝宝可以吃肥肉吗

众所周知，肥肉含脂肪多，肉越肥脂肪含量越多，供给的热量也就越多。由于肥肉很香，便于幼儿咀嚼、吞咽，所以许多幼儿都爱吃。幼儿吃一些肥肉是可以的，但不可多吃。若长期过量地吃肥肉，则对幼儿的生长十分不利。

肥肉约含90%的动物脂肪，脂肪摄入后容易产生饱食感，过多食用，则会影响其他营养食品的进食量。

高脂肪饮食会影响钙的吸收，这是因为脂肪消化后与钙形成不溶性的脂肪钙，从而阻止钙的吸收。

脂肪摄入过多，血液中胆固醇与甘油三酯的含量会增高。这两种物质是形成动脉硬化，导致冠心病、心肌梗死等心血管疾病的主要致病物质。

脂肪进食过多，会产生肥胖。过分肥胖的幼儿，心脏负担增加。同时由于体重增加，两足负重也增加，容易形成幼儿幼平足。

宝宝可以吃罐头食品吗

罐头食品久储不坏，特别对季节性强的食品，如果能在淡季时吃罐头食品，方便解馋，真是不错。但是，罐头食品有以下几大害处：

几乎所有的罐头食品中都要添加防腐剂、亚硝酸盐等，这些添加剂往往会增加肝脏的负担，对健康不利。

罐头食品大多数采用焊锡封口，焊条中的铅含量颇高，在储存过程中可污染食品。小儿消化道的通透性较大，这些添加剂和重金属均可被吸收，并影响小儿健康。

罐头在灌装煮熟、装罐、排气、密封后，常常还要采用超高温消毒灭菌。这一来，将会使食物中的维生素受到很大的损失。

近年来，由于温室育种技术的广泛应用，几乎随时都可以买到各种新鲜的蔬菜、水果。所以，爸爸妈妈还是要给宝宝多吃新鲜食物，少吃罐头食品。

宝宝吃饭喜欢含饭怎么办

含饭现象往往发生在幼儿期，主要是父母没有使孩子从小养成良好的进食习惯，又缺乏机会多训练咀嚼。父母要有耐心，通过采取有效措施是能矫正孩子这一不良习惯的。

1. 有的宝宝喜欢含饭，可能是饭菜做得不可口，宝宝根本就不喜欢吃。所以，妈妈在做宝宝食物时，应使食物品种多样化，粗细粮搭配，荤素搭配，色、香、味、形俱全。
2. 不让宝宝吃过多的零食，宝宝平时吃太多零食就会影响正餐的进食量和进食态度。宝宝饮食应定时、定量，少吃或不吃零食，少吃甜食以及肥腻、油煎食品。
3. 进餐时要保持轻松愉快且安全的气氛，如果环境过于吵闹会影响宝宝的正常进食，要么食欲不佳，要么边吃边玩，自然会养成将饭含在嘴里不咽下去的坏习惯。
4. 改变饭菜的质地，适当地增加一点可以供宝宝咀嚼的硬度适宜的食物，如馒头、饼干、肉丸等，这样的食品不仅可以满足宝宝的品尝需要，可以使食物在口腔中多停一段时间，又可以锻炼宝宝的咀嚼能力，使宝宝的食欲得到提高。
5. 利用宝宝的天生喜欢模仿的特质，父母可以在吃饭时故意多咀嚼给宝宝看，让宝宝跟着模仿，等到宝宝熟悉了咀嚼的感觉和味道，就会慢慢习惯自己咀嚼了。
6. 如果宝宝实在不想吃，妈妈不要勉强，也不要让宝宝把饭含在嘴里，等到宝宝实在饿了，他就会吃了。

聪明宝宝的美食

胡萝卜牛肉粥

原料：米，胡萝卜牛肉汤，煮烂的胡萝卜，盐少许。

做法：

❶米洗净，加入清水浸泡1小时（米浸软能加速煮烂）。

❷将胡萝卜压成蓉，备用。除去胡萝卜牛肉汤上面的油，放入锅内烧开，放入米及浸米的水烧开，慢火煮成稀糊。

❸再加入煮烂的胡萝卜搅匀，再煮片刻，加入极少的盐调味。

营养功效：此粥富含蛋白质、维生素A，益于宝宝健胃，助消化。

虾皮豆腐

原料：豆腐100克，虾皮15克，熟猪油15克，酱油25毫升，白糖1.5克，葱、姜末4克，水淀粉3克，精盐少许，水100毫升。

做法：

❶将豆腐放入开水锅内烫一下，捞出沥水后切成1厘米见方的小丁；虾皮择洗干净，剁成细末。

❷锅置火上，放入猪油烧热，下入葱、姜末和虾皮，爆炒后倒入豆腐丁，翻炒一下加入酱油、白糖、精盐及水100毫升，翻匀烧沸，转小火烧2分钟，用水淀粉勾芡，盛入盘中即成。

营养功效：虾皮含有丰富的钙、碘及肝糖等成分，是幼儿发育不可缺少的营养素。虾皮与豆腐合用，提高了营养价值，能补充优质蛋白质和钙质。此菜适宜幼儿食用，常食能防止幼儿佝偻病。

柠檬果汁煮甘薯

原料：甘薯，柠檬汁，白糖，葡萄干。

做法：

❶甘薯去皮，切成1厘米厚的片。

❷把甘薯片放在锅内煮熟（加水至刚好浸没过甘薯）。

❸将甘薯片捞出后放入柠檬果汁、白糖、葡萄干，再稍煮片刻即可。

营养功效：富含维生素C。

鸳鸯蛋

原料：瘦肉馅30克，鸡蛋1个，姜末、葱末、精盐、酱油、料酒、白糖、淀粉、汤、植物油、水适量。

做法：

❶ 鸡蛋煮熟剥壳，纵切两半；瘦肉馅放入料酒、淀粉、盐、姜末和水拌匀，夹抹在蛋内，合成整个蛋形（如欲紧合，可在蛋与肉之间撒少许干面粉），放入热油锅过油炸透。

❷ 加酱油、白糖、料酒、盐和汤蒸30分钟；起笼沥出原汤放入锅中，加入团粉勾芡；撒上葱末即可。

营养功效：本菜可以健脾开胃。

腐乳烧肉

原料：猪后腿肉300克，植物油10毫升，红腐乳汤40毫升，白糖30克，酱油10毫升，料酒5毫升，葱、姜各少许，水适量。

做法：

❶将猪肉洗净，切成1.5厘米见方的小块。

❷ 炒锅置火上，放油烧热，下葱、姜末炸出香味，倒入肉块煸炒至断生，加入料酒、腐乳汤、酱油、白糖翻炒均匀，加水（以漫过肉为度）烧开，转小火焖至肉烂，收浓卤汁，盛入盘中即成。

营养功效：此菜含有丰富的优质蛋白质、脂肪、钙、磷、铁、B族维生素等多种宝宝生长所必需的营养素，宝宝食用不仅可获得营养，促进生长发育，而且对营养不良、贫血、神经衰弱等有辅助治疗作用。

糖醋黄鱼

原料：黄鱼1条，青椒、土豆少许，油、精盐、糖、醋、料酒、姜、葱、水淀粉、汤适量。

做法：

❶ 将黄鱼刮鳞，去鳃、内脏，洗净沥干；在两面脊肉上每隔约1寸斜切1刀（便于入味和炸透），用少许精盐、料酒略拌渍，挂上一层薄糊。

❷ 葱、姜切末；青椒、土豆切成小丁。

❸ 将黄鱼放入约七成热油锅内炸至呈黄色、起软壳后，再升高油温，重炸至酥透，装入盘内。

❹ 炒锅放油少许，油热，放入青椒丁、土豆丁略煸炒，再放入葱、姜和适量汤、糖、醋，用水淀粉勾成汁浇盘内鱼上。

营养功效：本菜酸甜适中，可引发幼儿食欲。

奶汁白菜

原料：白菜心约250克，牛（羊）奶100毫升，植物油50毫升，肉汤250毫升，黄酒、水淀粉、葱末、盐适量，麻油少许。

做法：

❶ 白菜洗净，切成4厘米长、2厘米宽的条，然后把菜帮贴锅底，加开水（能淹没白菜即可）煮烂，捞出备用。

❷ 再把锅烧热，放植物油，用葱末炝锅，倒入黄酒、肉汤、盐，烧开后放进白菜，再烧开后改文火烧到入味，放奶，水淀粉勾芡，浇点麻油即可。

营养功效：此菜有养阴润肺、清热止渴、通利肠胃之功效，可治发热口渴、咳嗽、便秘等症。

双色水晶

原料： 冬瓜（去皮、瓤）250克，水发黑木耳50克，花生油15毫升，葱花15克，精盐、水淀粉、鸡汤各少许。

做法：

❶ 将冬瓜洗净沥干，先切成1.7厘米见方的条，再改为菱形块，倒入沸水锅中煮2～3分钟，捞出放入鸡汤中浸泡，再捞出沥干。

❷ 锅放火上放入油，烧至八成热放入葱花炸一下，再放入冬瓜块、黑木耳、精盐煸炒，下入鸡汤，烧开后勾入水淀粉即可。

营养功效： 本菜脆嫩相兼，营养丰富。

聪明宝宝的一日饮食安排

1岁4～6个月宝宝一日饮食安排

这时候宝宝的消化器官仍然处于完善阶段，虽然已经可以吃普通食物，还是不能和成人的饮食完全相同。为宝宝做的饭菜应该碎、软、新鲜，禁止给宝宝吃过甜、过咸、过酸、煎炸和有刺激性的食物。

这个阶段的饮食仍要讲究搭配平衡，不能仅仅以吃饱为目的，也不要硬性规定宝宝的食量，以免宝宝产生厌食情绪。

此时及以后是宝宝智力发育的黄金阶段，应该多让宝宝吃大豆制品、鱼类、禽蛋、牛奶、牛肉等富含卵磷脂和B族维生素的食物，尽量避免吃腊肉、熏鱼等过咸，含过氧化脂质的食物。

爆米花、松花蛋等含铅的食物，油条、油饼等含铝的食物也要少吃，以免妨害宝宝的智力发育。

1岁4～6个月宝宝一日饮食表

食谱A

早餐7:00～7:30	牛奶（250毫升），豆沙包1个
早点10:00～10:30	香蕉1根，鱼肝油1～2滴
午餐12:00～12:30	米饭，糖醋白菜，炒猴头蘑
午点15:30～16:00	适量水果
晚餐18:30～19:00	什锦炒饭，黄豆排骨汤
晚点21:00～21:30	牛奶适量

食谱B

早餐7:00～7:30	牛奶（250毫升），面包2片，荷包蛋1个
早点10:00～10:30	苹果1个，鱼肝油1～2滴
午餐12:00～12:30	黑米粥，拌芹菜，肉丁馒头
午点15:30～16:00	适量水果
晚餐18:30～19:00	鱼肉馄饨，紫菜汤
晚点21:00～21:30	牛奶适量

Part 15

宝宝1岁7~9个月

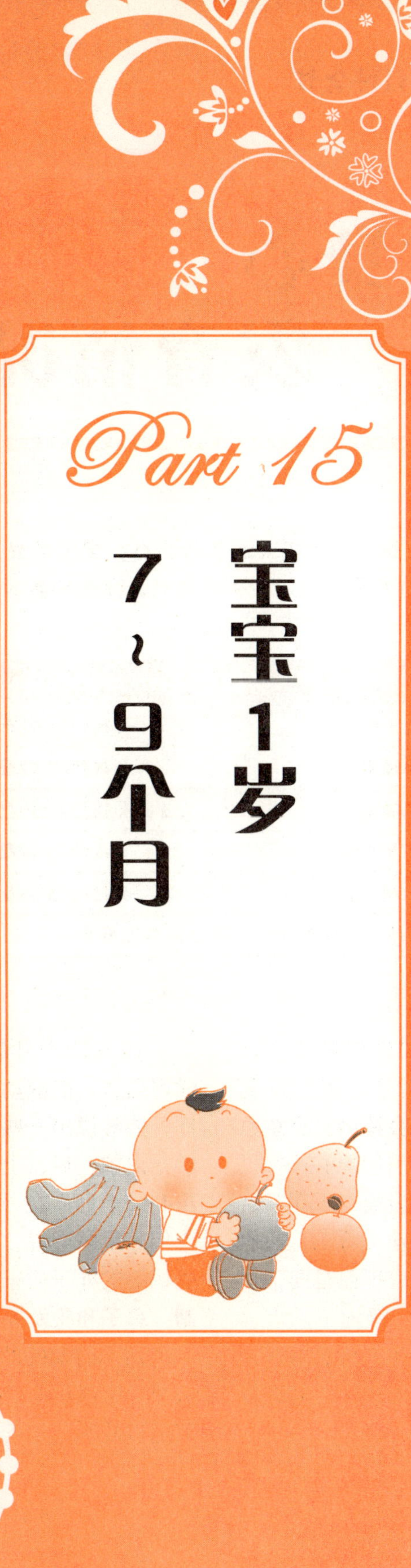

宝宝身心发育情况

这个时期的宝宝大脑仍处于不太成熟的状态，宝宝的发育和成长，全靠来自外界的刺激。因此，对1岁半的幼儿，爸爸妈妈应注意培养其良好的生活习惯，以促进大脑的发育。

身体发育		
体重	男孩约12.64千克	女孩约11.92千克
身长	男孩约89.06厘米	女孩约87.42厘米
头围	男孩约48.44厘米	女孩约47.39厘米
胸围	男孩约49.06厘米	女孩约48.47厘米
坐高	男孩约54.02厘米	女孩约53.06厘米
牙齿	此时宝宝大约萌出16颗牙，已萌出第二乳磨牙	

宝宝的手脚发育情况

这个月龄的宝宝已经能够独立行走了，还会牵拉玩具行走，能倒退着走，也会跑，但有时还会摔倒。有意思的是，这个时期的幼儿虽然能够扶着栏杆一级一级地上台阶，但他并不喜欢这样，而是常常四肢并用地爬着上；让他下台阶时，他也不是扶着下而是向下爬或者用小屁股坐着一级一级地下。

这个时期的宝宝会用力地扔东西，并用杯子喝水，并且洒得很少，能够较好地用汤匙给自己喂饭吃。

宝宝的语言发育

19～20个月的幼儿能开始认真地学习语言，能翻动书页，看一些彩色插图，能够说出一些简单物品的名称，能够指出前、后、上、下等方向，能够说出4～5个词连在一起的句子。在和小朋友们分手时会说“再见”，也能按照爸爸妈妈的样子或爸爸妈妈的要求指出眼睛、鼻子和头发等。

这个时期的幼儿的注意力时间仍然很短，所以他不会安安静静地听你长时间地讲故事，尽管刚开始时他强烈要求你给他讲故事。

宝宝的心理发育状况

这个时期的孩子能告诉母亲说要小便，也能自己拿勺子吃饭，可以说能“自立行动”了。但在宝宝内心深处，仍然对母亲有着一种割舍不断的依恋。这种依恋常表现为要把母亲拉到自己的身边。

在自立与依赖之间摇摆不定，可以说是这个时期孩子的特征。因此爸爸妈妈一方面要允许孩子在某些方面存在依赖心理，以尽最大可能地使孩子幼小的心灵得到安慰；一方面又要鼓励孩子使他向自立方向发展。也就是说，爸爸妈妈在这个时期照料孩子的主要任务是使孩子心理、性格能健康成长。让他养成在一些事情上依赖爸爸妈妈，而另外一些事情自己处理的习惯。

宝宝的睡眠情况

这个时期宝宝的睡眠时间会因宝宝是否喜欢活动而不同。爱动的孩子，晚上很晚了都还不睡，早上也不是很晚才起床。比如有些孩子晚上9时好不容易才入睡，早上7时就起床了。而那些不爱活动的孩子则可以从晚上7时睡到早上7时。

午睡情况也一样，那些热衷于玩耍的孩子，或是在午前或是在午后只要睡1小时就可以恢复精神了，而那些爱静爱睡的孩子则可以睡到2小时以上。

本阶段宝宝喂养重点

这个阶段宝宝的乳牙已经大部分出齐，消化能力进一步提高。在膳食安排上可以比照成人的饮食内容。

乳品不再是宝宝的主食，但尽量保证每天饮用牛奶，以获取更佳的蛋白质。宝宝的食品应当尽量细、软、烂，以利于营养成分的吸收。

这个阶段的宝宝吞咽功能尚不完善。花生米及其他类似食品，如有核的枣、瓜子等不要让宝宝食用，以免误吞入气管，发生危险。

聪明宝宝的营养需求

宝宝宜多吃绿、橙色蔬菜

蔬菜的颜色越深、越绿，其维生素的含量就越高，如青菜、苋菜、菠菜和青椒等含胡萝卜素、B族维生素较多。橙色蔬菜如胡萝卜、黄色南瓜等也含有较多的胡萝卜素。

胡萝卜素是绿色、橙色蔬菜中的一种植物色素，它在人体内受胡萝卜素双氧化酶的作用转变成维生素A，能起到与维生素A相同的重要生理作用。当人们不易获得含维生素A丰富的动物性食物时，可考虑让幼儿多吃一些物美价廉的绿色、橙色蔬菜。

宝宝可以多吃猪血

猪血是一种良好的动物蛋白，每100克猪血中含蛋白质12.2克，其蛋白质含量和肥瘦猪肉、鸡蛋的蛋白质含量差不多。猪血中的蛋白质含有人体所需的8种氨基酸。

◎ **猪血是抗癌保健佳品**

猪血是抗癌保健的佳品。猪血中的血浆蛋白被人体的胃酸分解后，可产生一种能消毒、滑肠的物质。这种物质能与侵入人体内的粉尘和有害金属起生化反应，最后经消化道排出体外。

◎ **猪血能促进受伤组织痊愈**

猪血中还能分离出一种叫“创伤激素”的物质，这种物质可将坏死或损伤的细胞除掉，并能为受伤部分提供新的血管，从而使受伤组织逐渐痊愈。这种激素对器官移植、心脏病和癌症的治疗均有重要作用。

◎ 猪血还具有补血功能，每100克猪血含铁8.7毫克，比猪肉松、羊肝、牛肝的含量都高。猪血中所含的微量元素铬，可防治动脉硬化；其含的微量元素钴，可防止恶性肺病的发生。

所以，爸爸妈妈可时常给幼儿一些猪血吃，常见的是和豆腐一起炖成红白豆腐给宝宝吃。

聪明宝宝的喂养

不要饭前吃维生素类药物

维生素是人体正常生长发育必需的一类有机化合物，天然存在于食物中，人体几乎不能合成，需要量甚微。维生素既不参加机体组成，也不提供能量。但维生素不仅是防止多种疾病发生的必需营养素，而且具有预防多种慢性退化性疾病的保健功能。所以很多爸爸妈妈都给幼儿补充维生素类药物。但幼儿饭前是不应该服用维生素类药物的。

维生素类药物口服后，主要经小肠吸收，如果在饭前空腹时服用，由于肠道内没有食物，所以药物很容易被迅速吸收到血液中，使血液中维生素浓度很快增高，在被身体组织利用之前，就会从尿中排出去，从而起不到应有的治疗作用。

维生素类药物宜饭后服

幼儿饭后服用维生素类药物，由于肠道中有食物，维生素就会被逐渐吸收，则有利于其发挥治疗作用。尤其是脂溶性的维生素A、维生素D、维生素E和维生素K，易溶于脂肪中被吸收，更应在饭后进服。

此外，维生素与某些矿物质也有相互促进吸收的作用。如钙有助于维生素D的吸收，维生素有助于钙的吸收，钙还有助于维生素A的吸收，维生素C有助于铁的吸收等。这些互相促进吸收作用，也说明在饭后服用维生素较为适宜。

宝宝发烧时饮食上要注意

◎ 不宜吃高蛋白食品，包括蛋类。因为鸡蛋主要含有卵蛋白和卵球蛋白，是完全蛋白质，很容易被人体吸收。宝宝食用鸡蛋后会产生一定的额外热量，加剧发烧症状。

◎ 鱼、虾、螃蟹等海鲜最好不吃，因为这些食物也会额外增加身体的热量。

◎ 应该吃些清淡、易消化，并含有丰富维生素的食物，一般以流质或半流质食物为主，如米汤、稀饭、面条、藕粉等，并搭配些新鲜水果。

◎ 宝宝退烧后，可以食用清鸡汤面、菜泥粥等半流质食物。等到病情稳定后可以多补充瘦肉、鱼、海鲜等高蛋白食物，有利于早日康复。

宝宝饭前、饭后半小时不宜喝水

幼儿饭前、饭后半小时和吃饭时都不宜喝水。有些小孩子在吃饭时总喜欢边吃饭边喝水，这是不符合饮食卫生的。

人的胃肠等器官，到了平时吃饭的时间，就会条件反射地分泌消化液，如牙齿在咀嚼食物时，口腔会分泌唾液，胃分泌胃酸和胃蛋白酶等，与食物碎末混合在一起，这样，食物中的大部分营养成分就被消化成易被人体吸收的物质了。

如果在饭前、饭后半小时内喝茶饮水，势必冲淡和稀释了唾液和胃液，并使蛋白酶的活力减弱，影响消化吸收。如果幼儿在饭前口渴得厉害，可以先少喝点温开水或热汤，休息片刻后再进餐，就不致影响胃的消化功能了。

宝宝舌苔变厚怎么办

人的舌头表面称舌背，舌背上有一层苔状物称为舌苔。舌苔是咀嚼的食物残渣、脱落的上皮及唾液等混合而成的一层白色薄苔。

舌苔变厚是疾病的表现

当人生病时，因进食少或只进软食，咀嚼动作及舌的动作减少，或唾液分泌减少，舌苔就容易堆积起来而变厚。因此说，舌苔变厚是患有疾病的一种表现。

舌苔的变化与消化系统功能有密切关系。舌苔变厚会降低味感，导致食欲下降，消化也会受阻。中国医学认为：“苔乃胃气之熏蒸，胃中有热，则舌中苔黄而厚。”

如何通过饮食调理改变舌苔变厚

妈妈要经常观察孩子舌苔的变化，一是及时发现孩子的疾病，以利医治。二是尽快通过饮食调理改变舌苔变厚的状况，以利于孩子进食。

◎ 舌苔淡白、薄白

多为寒证，多见于感冒的早期。爸爸妈妈可给孩子选择性偏热的饮食，如红枣糯米粥等，以软食、羹食为宜；副食选择清淡性温的牛肉汤、羊肉汤、蛋花汤、红糖水等，并可用醋、姜做调味品。水果可吃苹果、蜜橘和橙子等，不宜吃偏寒凉的食物，如凉拌菜、黄瓜、冬瓜、绿豆芽、鸭蛋及冷饮等。

◎ 舌苔白腻或白厚腻

应选用温脾健胃的食物，少吃或忌吃甜腻厚味的食品，否则会导致腹胀或食欲减退。

◎ 舌苔微黄、黄腻或黄厚腻

此症为脾胃湿热、肠胃积滞所致，多见于感染、发热或消化功能紊乱，并常伴有口舌干渴、烦躁、大便干结或便秘等症状。饮食上宜选用清热利湿的食物，如白萝卜、番茄、丝瓜、荸荠粉、藕粉、绿豆粥等，吃水果宜吃山楂、梨等。忌吃厚热食物，如肥肉、羊肉等。

◎ 舌苔薄少或如镜面样光滑无苔，或舌苔部分剥落

多因胃肠湿热或阴虚火旺所致，多见于严重贫血、寄生虫病或慢性消耗性疾病。这种情况可选用绿豆汤、雪梨、西瓜等有滋阴降火，生津作用的饮食。忌食辛温的食物如羊肉、蒜、葱、姜、香菜等。

营养食谱

◎ 绿豆薏苡仁粥

锅中加适量水烧沸，放入绿豆100克、薏苡仁50克，然后再烧开，改文火熬成粥，至粥烂稠时加入白糖调匀。此粥适合舌苔微黄或黄厚腻的幼儿食用。

◎ 红枣糯米糖粥

锅内放水烧开，接着将去杂洗净的糯米50克加入再烧开，再加入洗净的红枣10枚，用文火熬至枣烂粥熟。此粥适合于舌苔淡白的风寒感冒。

❀ 食物变玩具，提升宝宝智力

黄瓜、面条、饼干……孩子们的日常食物，换一种思路，就可以变成有趣的游戏材料。提升宝宝智力，就从发现食物开始吧！

尝尝什么味儿

玩法：将西瓜汁、黄瓜汁、柠檬汁等装在3个透明的杯子里，让宝宝观察一下，它们的颜色有什么不同。先用筷子蘸一点西瓜汁，让宝宝尝一尝，告诉他这是西瓜汁，问问他是什么味儿的。再用同样的方法，让他尝尝黄瓜汁、柠檬汁。

效果：可以让宝宝辨别不同食物的

味道，丰富味觉经验。

有趣的气泡

玩法：准备1根吸管，盛1杯鲜榨西瓜汁或橙汁，多加入一些凉白开水或矿泉水稀释一下，放在桌子上。教宝宝将吸管放在杯子里，往里面吹气。吹气时会弄出声响，并且能产生很多泡泡，宝宝一定会觉得很有趣。由于是可以吃的东西，即使宝宝吹不好，吸进肚子里也没有关系。

效果：可以锻炼宝宝小嘴的肌肉运动机能，增加肺活量。这还是一种放松情绪的好方法。

听话指物

玩法：把橘子、苹果、香蕉、胡萝卜等摆放在一起。你说一样东西，宝宝就将相应的东西用手指出来。或者你说："把胡萝卜给妈妈。"宝宝就将胡萝卜递给你。开始时，可以从2种东西开始，等宝宝知道的食物名称多了以后，逐渐增加种类和数量，教他从众多的食物中，把你想让他拿的东西挑出来。

效果：可以提高孩子的注意力和对语言的理解能力。

看看一样吗

玩法：准备几张水果图片和相应的实物，如苹果、香蕉、梨等。将苹果、梨等洗净放在筐里，图片摆成一排。让宝宝先摸一摸水果，再看看相应的图片，比一比哪个是一样的，然后教他把实物水果放在相应的图片上。

效果：教宝宝学会比较和观察，理解一一对应的关系。

抓面条

玩法：将煮熟的面条放在托盘里，凉凉后端到宝宝面前，看看他有什么反应。宝宝可能会用手去捏、掐、扔着玩，或许捏起来放进嘴里，不管他怎么做都可以。如果面条掉在桌子上了，就教宝宝捡回托盘里。

效果：可以锻炼宝宝的精细动作能力。

提示：事先一定要让宝宝把小手洗干净。最好用韧性好的面条，不容易抓碎。面条一定要凉凉后再端到宝宝跟前，防止烫伤宝宝。

蔬菜水果塔

玩法：将苹果、梨、黄瓜、胡萝卜等切成大小不同的块，教宝宝按照大小不等的块码起来，大块的放在下面，小块的放在上面。还可以按照不同的颜色，交替码起来。比如红色的放在第一层，绿色的放在第二层。如果宝宝想吃一块水果，可以让他从中抽出一块来，看看码好的东西会不会倒下来。

效果：宝宝从中将学会按照大小或

小贴士

用食物玩游戏时，要注意一定要让宝宝主动参与，这会让宝宝对游戏更加感兴趣，而且会感觉更自信。爸爸妈妈要先给宝宝做示范，然后再引导他自己动手操作。

颜色进行分类，构建空间概念等。

蔬菜、水果认一认

玩法：将蔬菜或水果洗净以后，带宝宝去厨房看一看。或者将它们装在置物筐里，放在桌子上。比如，你先拿出一根香蕉来，让宝宝看一会儿，告诉他："这是香蕉，黄颜色的香蕉。"再拿一个番茄，告诉他："这是番茄，红色的番茄。"还可以让宝宝摸一摸。同样的方法，可以教宝宝认识很多蔬菜、水果。

效果：可以增加宝宝对食物的认识，还能增加词汇量。

吃瓜果应洗净削皮

苹果、梨、桃、杏、葡萄等水果营养丰富，不仅含有丰富的维生素，而且还含有一定量的蛋白质、脂肪、糖类和矿物质。幼儿吃后不仅能增进食欲和帮助消化，还能增加养分，所以幼儿可适当增加饮食中瓜果的比重。但幼儿在吃瓜果时一定要注意卫生，所吃瓜果要洗净削皮。

◎ 运输流程中可能存在污染

由于瓜果本身的香味和甜味，极易招惹蝇虫叮咬。在生长、采摘和运输的过程中，又容易受病菌、寄生虫卵及农药的污染，所以在瓜果的表皮、果壳上，常常带有一些病菌、寄生虫卵或残留的一定量的农药。

◎ 幼儿的抗病解毒功能差

由于瓜果在运输流程中可能存在污染，而且由于幼儿的抗病能力差，解毒能力也弱，若吃了没有洗净和去皮的瓜果，就极易引起疾病，如急性胃肠炎、蛔虫病和农药中毒等。

由于以上两个原因，因此幼儿在吃水果时，除了要用清水冲洗干净外，还要削皮后再吃。对于那些不能削皮的水果，如葡萄、红枣等，要先洗干净，再用80℃左右的热水浸泡3～5分钟，或放在淡盐水中泡10分钟，取出后用冷开水洗干净后再吃。

在将水果交给孩子时，爸爸妈妈应该记住，不能让孩子吃腐烂水果，吃水果也不可过量。

不要让宝宝边吃边玩

边吃边玩是一种很坏的饮食习惯。因为在正常情况下，进餐期间，血液聚集到胃，以加强对食物的消化和吸收功能。边吃边玩，就会使一部分血液供应到身体的其他部位，从而减少了胃的血流量，使消化功能减弱，继而引起食欲不振。

这样不但损害了宝宝的身体健康，也养成了做事不认真的坏习惯，使得宝宝长大后精力不易集中。

对付宝宝边吃边玩的小妙招

有些孩子总是一边吃饭一边玩要，饭凉了才吃了一丁点儿。对此，爸爸妈妈该怎么办呢？

其实，爸爸妈妈不应该在心理上把幼儿吃饭和玩分开。即使孩子在玩，但只要他也在吃饭就可以了。主要的问题是只玩不吃怎么办。遇到这种情况，爸爸妈妈不应呵斥宝宝，而是要规定一个时间界限，超过这个界限就收拾桌子，之后，即使孩子喊饿，也不给他饭吃。饿一顿两顿饭对孩子影响不会很大。

这样做是为了让孩子接受教训，宝宝已明白一些道理，这样做可以让他亲身体验到自作自受的因果定律。这里重要的是温和的态度和不声不响的实际行动，而不是不停地絮絮叨叨。

宝宝感冒饮食宜清淡

感冒是小孩常见的病，不管哪个季节都可能发生。由于四季气候不同，病毒性质不同，患儿体质各异，所以临床表现也各不相同。一般常见的感冒分为风寒感冒和风热感冒两大类。还有流行性感冒，是由于流感病毒引起的急性呼吸道传染病，多在某一地区呈爆发性集体流行，传染力强，发病快。

幼儿患感冒的饮食调理可注意吃些清淡、易消化、水分多的食物。如能坚持每日摄入液体总量在2500～3000毫升，即可促进退热、发汗和排出病毒毒素，所以患儿宜吃清淡、含水分多、易消化、易吸收的食物，如绿豆汤、米汤或水果汁等。

幼儿反复感冒还宜常食含锌丰富的食物，如牛奶、猪肉、鱼、大豆和水果等。番茄含有多量胡萝卜素，其被人体吸收后能转化为维生素A，具有增强黏膜抵抗力的功效，对防治感冒大有益处。

骨汤不是补钙佳品

一些爸爸妈妈为了增加孩子的营养和钙质，经常煲骨头汤给孩子吃，以帮助孩子骨骼成长，防止佝偻病。

其实肉骨头汤中的钙并不高。1千克肉骨头煮汤2小时，经测定所含的钙仅有20毫克左右，而宝宝每日需要800～1200毫克钙，骨头汤中的钙远远满足不了宝宝的需要。

骨汤虽然钙质不多，但它的脂肪含量却很高。据专家测定，在撇油前，每100克猪脊骨汤含3.5克脂肪。宝宝吃多了会发生消化不良和腹泻。多喝骨汤会对心脏产生不良影响。

因此，爸爸妈妈应给宝宝适当的骨汤喝。宝宝要补钙也应该有医生的指导，父母不能擅自做主。含钙丰富的食物有牛奶、豆类和豆制品、绿叶蔬菜、水果（杏、葡萄）和薯类等。

只要宝宝不偏食，父母提供给宝宝的食物较全面，宝宝就不容易缺乏营养素，父母无须特意让宝宝多吃某一种食物，这样反而容易导致营养不良。

宝宝饭量小需要看医生吗

宝宝的饭量没有一个绝对值，只是由营养学家根据不同年龄的幼儿需要多少营养以及他们的胃容量而制订的一个参考数值。其实幼儿的饭量和成人一样，也是没有固定的饭量标准的。有的成人一顿只吃100克的米饭，而有的成人一顿吃250克米饭还不够。

营养学家参考了大量婴幼儿的饮食状况和生长发育增值，制订了一个可供参考的数值，这个数值在医学上称为生长速度。

婴儿期前6个月每月体重增加约700克，后6个月每月体重增加约450克，身高全年约增长25厘米；宝宝第2年体重增加2500～3000克，身高增长约10厘米；2～6岁每年体重约增加2000克，身高增长5～7厘米。这些数字就是婴幼儿平均生长速度。

一般认为，如果幼儿的生长发育达不到这些数字，就认为幼儿生长发育不正常。

宝宝长时间小饭量需要看医生

幼儿长期没有吃到应吃的饭量，爸爸妈妈就应看看宝宝是否有胃肠道、肝脏方面的疾病，以及是否有微量元素锌缺乏、B族维生素缺乏等问题。如果宝宝长期饮食过少且营养失去平衡，就应该去看医生了。

宝宝半夜醒来要吃奶怎么办

宝宝良好的睡眠和饮食习惯是在父母的帮助下逐渐养成的，半夜起来喝奶是从婴儿期沿袭下来的习惯，需要慢慢改变，不可硬性纠正。

如果宝宝半夜醒来要喝奶，妈妈不给他，他就拼命哭或不睡觉，妈妈就不能强行不给宝宝，应继续给宝宝喂奶，宝宝不会一直喝下去的，或许过一段时间就再也不喝奶了。妈妈不要过于纠结于宝宝断母乳的事情，只要宝宝没病就好，妈妈要耐心对待宝宝的特点，尊重宝宝的成长过程。

宝宝如果晚上睡觉不安，妈妈不要立即去哄，等待一会儿，开始真正哭闹了再去哄，逐渐延长哄宝宝的间隔时间，宝宝哭闹就会慢慢缩短。哄宝宝时要轻声轻拍，保持平静，尽量不要抱起宝宝，更不要抱着宝宝满屋走，也尽量不要开灯，把台灯打开就可以了。

多吃菠菜可以防治贫血吗

幼儿贫血最常见的是营养性缺铁性贫血，其发生的根本原因是制造红细胞中的血红蛋白的原料即铁元素不足而引起的，菠菜属于植物，其所含的铁量非血红素铁，这种铁必须先被溶解、游离，还原为二价铁离子后方能被吸收。所以光靠吃菠菜来治疗贫血，效果不是很好。

菠菜虽含有丰富的铁，但多数不能被人体吸收，相反，菠菜还会起坏作用，因为菠菜中含有较多的草酸，草酸能和食物中的钙相结合，生成不溶于水的人体无法利用的草酸钙，引起宝宝缺钙。

所以，给宝宝吃菠菜时，应在烹调前将菠菜在沸水中浸一下，把菜中的草酸去除一部分，这样可以减少钙的丢失。

鱼、肉、鸡等动物性食物中存在着促进铁吸收的物质，将含有有利于铁吸收物质的食品与菠菜同时烹调，作为贫血儿的膳食则是可取的。如菠菜鱼肉丸子汤、猪肉菠菜馅饺子等，就是预防和治疗贫血的良好食品搭配的例子。

小贴士

铁在食物中大多数以三价铁的形式存在，不容易被吸收。如果同时吃维生素C，就能使三价铁还原成二价铁，增加吸收率达4倍之多。因此，让宝宝吃蛋黄时用含有维生素C的果汁调开就能提高吸收率。

聪明宝宝的美食

肉片烧花菜

原料：菜花300克，瘦猪肉100克，猪油、酱油、花椒水、葱末、水淀粉、汤适量。

做法：

❶ 将花菜洗净掰成小瓣；猪肉切成片；勺内放油烧热，下花菜炒片刻盛出。

❷ 勺内再放油烧热，下猪肉片、葱末炒熟，再下菜花、酱油，少加点汤烧干，加花椒水，用水淀粉勾芡出勺即成。

营养功效：花菜含有丰富的胡萝卜素、B族维生素。

海米莴笋丝

原料：莴笋400克，水发海米150克，精盐、姜、花椒油、麻油各少许。

做法：

❶ 将莴笋去皮切成细丝，用开水焯透后，用凉水冲凉，沥去水分；姜切成丝。

❷ 将精盐、花椒油、姜丝同莴笋丝拌匀装盘，上面摆上海米，淋上麻油即成。

营养功效：莴笋含钾较高，有利促进排尿。海米富含钙、磷等微量元素，是幼儿获得钙的好来源。

胡萝卜玉米渣粥

原料：玉米渣100克，胡萝卜3～5根。

做法：

先将玉米渣煮烂，后将胡萝卜洗净切成丁，煮熟，空腹食。

营养功效：消食化滞，健脾止痢。

豆角炒肉丝

原料：豆角150克，猪肉100克，油、酱油、葱花、姜丝、花椒水、醋、水淀粉适量。

做法：

❶把猪肉切成丝，备用；豆角切成斜丝，用开水焯一下，捞出。

❷勺内放油烧热，用葱花、姜丝炝锅，下肉丝翻炒，炒至半熟加酱油、花椒水、豆角丝炒熟，再加醋，用水淀粉勾芡出勺。

营养功效：豆角含丰富的维生素B、维生素C和植物蛋白。

牛肉水饺

原料：面粉250克，牛肉175克，白萝卜150克，葱末6克，姜末3克，香菜末10克，酱油、麻油、精盐各适量。

做法：

❶将白萝卜洗净，擦丝，用开水烫一下；将牛肉剁成泥，加入酱油腌浸一会儿，加水搅拌，由稀变稠时，加入烫过的萝卜丝，再加入葱末、姜末、酱油、精盐、香菜末、麻油，搅拌均匀。

❷将面粉放入盆内，加入清水125毫升和成面团，稍醒，搓成条，揪成小剂子，逐个按扁擀成薄圆皮，加入馅心，捏成小饺子。

❸锅置火上，放清水烧开，把饺子下入锅内，待饺子浮出水面，用凉水点2～3次，煮熟捞出，即可食用。

营养功效：牛肉的营养价值比猪肉高，有补脾肾、益气血、强筋骨、长肌肉、消肿利水的功效。白萝卜中含有芥子油，是辛辣味的来源，有促进胃肠蠕动、增进食欲、帮助消化的功效。此水饺是幼儿较理想的营养食品，有助于幼儿健康成长。

苦瓜猪瘦肉汤

原料：鲜苦瓜200克，猪瘦肉100克，食盐少许，清水适量。

做法：将苦瓜去子切块，猪肉切片，加清水适量煲汤，用食盐少许调味。

营养功效：苦瓜有清热解暑、明目解毒的功效。

茭白炒青椒

原料：茭白150克，青椒100克，素油50克，白糖20克，精盐5克。

做法：

❶ 将青椒、茭白分别切成细丝，再分别用素油炒熟，分开炒是因为青椒炒得时间长了，颜色要变黄，清香气味要减弱。

❷ 两种原料都炒好后，放在一起，放白糖及精盐，再炒半分钟即可。

营养功效：茭白能清暑解毒止渴，夏季食用尤为适宜。

青煸鲜蚕豆

原料：青蚕豆750克，豆油少许，精盐、白糖、葱花各适量。

做法：

❶ 将蚕豆剥去外壳，取豆粒；将勺放在旺火上，加入油烧热，下入蚕豆。

❷ 炒到豆皮裂开时，加白糖、精盐，再炒2～3分钟，加入葱花，翻炒数下，即可出勺。

营养功效：蚕豆含有调节大脑和神经组织的重要成分钙、锌、锰、磷等。并含丰富的胆石碱，有增强记忆力的作用。

冬瓜鲤鱼汤

原料：冬瓜1000克，鲤鱼1条，料酒、精盐、白糖、葱段、姜片、生油、胡椒粉各适量。

做法：

❶ 将冬瓜去皮，去瓤，洗净，切成片。

❷ 将鲤鱼去鳞，去鳃，去鳍，去内脏，洗净，下油锅煎至金黄色。

❸ 锅中注入适量清水，加入冬瓜片、料酒、精盐、白糖、葱段、姜片，煮至鱼熟瓜烂，拣去葱段、姜片，用胡椒粉调味即成。

营养功效：冬瓜有润肺生津、化痰止渴的功效。

聪明宝宝的一日饮食安排

1岁7～9个月宝宝一日饮食安排

这个阶段宝宝的乳牙已经大部分出齐，消化能力进一步提高，膳食安排可以进一步向成人接近，但仍需注意细、软、烂，以利于宝宝对营养成分的吸收。

乳品不再是宝宝的主食，但应保证每天饮用牛奶，以获取优质蛋白质。

在三餐的基础上，可在下午给宝宝加一餐的点心，但是量不要多，也不要和晚餐的时间太接近。

1岁7～9个月宝宝一日饮食表

食谱A

早餐7:00～7:30	红豆粥70克，煮鸡蛋1个，小甜点30克
早点9:30～10:00	梨1个
午餐11:00～11:30	蒸饼50克，红烧排骨40克，素炒青菜50克
午点15:30～16:00	桂圆3颗
晚餐18:00～18:30	玉米饼40克，肉丝豆角50克，蒜泥茄子30克
晚点20:30～21:00	苹果1个，面包片20克

食谱B

早餐7:00～7:30	蛋炒饭50克，肉松菠菜汤50克
早点9:30～10:00	酸牛奶1杯
午餐11:00～11:30	二米（大米、小米）饭50克，肉炒豆腐40克、荔枝爆丝瓜50克
午点15:30～16:00	葡萄50克
晚餐18:00～18:30	馒头40克，猪肝青椒50克，炒黄豆芽30克
晚点20:30～21:00	梨1个，小甜点20克

Part 16

宝宝1岁10个月～2岁

宝宝身心发育情况

2岁左右的孩子最爱说，不住嘴地讲。他们往往喜欢同周围的人交谈，说话速度很快，听起来滔滔不绝，实际上没说出几件事来。虽然是胡乱瞎扯一气，但宝宝却说得很起劲。

身体发育		
体重	男孩约13.7千克	女孩约12.50千克
身长	男孩约92.6厘米	女孩约90.1厘米
头围	男孩约49.8厘米	女孩约48.5厘米
胸围	男孩约51.1厘米	女孩约49.5厘米

宝宝的手脚发育特点

这个月龄的幼儿走路已经很稳，能够跑，还能自己单独上下楼梯。如果有什么东西掉在地上了，他会马上蹲下去把它捡起来。

这时孩子很喜欢大运动的活动和游戏，如跑、跳、爬、跳舞和踢球等。并且很淘气，常会推开椅子，爬上去拿东西，甚至从椅子上到桌子，从桌子上到柜子，总之，你会发现他一刻都闲不住。

现在他只用一只手就可以拿着小杯子熟练地喝水了，他用汤匙的技能也有了很大的提高，会自己洗手并擦干，会转动门把手，打开盒盖，会把积木叠起来或排成一排，会把珠子穿起来，想用剪刀剪东西，还会用笔模仿着画线或圆圈。

这个时期的孩子什么都想模仿。这主要是由于他们学会了自己动手。

宝宝的语言发育情况

在这个时期，如果爸爸妈妈耐心地教宝宝数数，念儿歌，宝宝会有兴趣地学，他会跟着爸爸妈妈的节奏念出每句儿歌的最后一个押韵的音。这个时期是教孩子说话的好机会，爸爸妈妈不可错过时机。

宝宝的语言能力天天在进步。他在与爸爸妈妈日常生活、游戏和交流的同时，学会了不少词语。从1岁左右只会说1个词，到现在会用20～30个词语。

这个时期的宝宝在自己玩玩具时，会对着玩具说话；在搭积木时会小声叽叽咕咕。爸爸妈妈可参与到孩子快乐的游戏中，和孩子对话交流。爸爸妈妈要注意这时切忌用儿语和他对话，因为这样可能会耽误孩子学习说话。爸爸妈妈要习惯用规范的发音与孩子对话，要善于抓住一切机会鼓励孩子大胆说话。

宝宝的心理发育

孩子的注意力集中的时间比以前长了，记忆力也增强了许多。孩子的个性在这个时期已明显表现出来了。喜欢听音乐的孩子在听到音乐时会竖起耳朵倾听，喜欢画画的孩子给他彩笔就会自己涂鸦，喜欢运动的孩子则会蹦蹦跳跳跑个不停。爸爸妈妈应尽量满足孩子某种爱好的需求。

很多宝宝这个时期在家里谁都不要，他只要妈妈一个人，白天一步不离开妈妈，晚上也要妈妈陪着才睡得着。解决这个问题的关键就是要让孩子从家里走向外界，让孩子走出家门去接触其他小朋友，去探索，去发挥，去锻炼。

宝宝的睡眠状况

这个时期宝宝的睡眠时间因人而异。有一晚上只睡10小时的，也有夜间睡12～13小时的。午睡情况也因孩子的个性而不同，有白天只睡1小时的，也有午前、午后各睡1个多小时的。

所有这些都是幼儿生长发育的正常情况，爸爸妈妈不必因孩子的睡眠时间过多或过少而担心，孩子会精确地计算出他恢复精力所需要的休息时间。

本阶段宝宝喂养重点

这个阶段幼儿的主食以米、面、杂粮等谷类为主，是热能的主要来源；蛋白质主要来自肉、蛋、乳类、鱼类等食物；钙、铁和其他矿物质主要来自蔬菜，部分来自动物性食品；维生素主要来自水果、蔬菜。

与植物类食品相比较，幼儿更容易从肉类食品中摄取铁质，所以要强调肉类的重要性，平均每天给宝宝吃15～30克的肉食。

经常让宝宝吃些深海的鱼类，如鲑鱼、鲭鱼、沙丁鱼、秋刀鱼等，因为其中富含对幼儿脑部发育非常重要的DHA成分。

膳食要做到碎、软、烂，鱼肉要去骨去刺；花生、核桃要制成酱；不要吃刺激性食品，饮食尽量清淡，菜不要做得太咸。

聪明宝宝的营养需求

宝宝需要什么样的早餐

如果长期早餐没吃好、营养质量差，就不仅关系到孩子的生长发育和健康，还会影响孩子将来的学习行为、学业和发展。因为学习要用脑，而脑细胞代谢和活动的唯一能量来源是葡萄糖。只有保持正常血糖水平，才能有效保证大脑的葡萄糖供给。一旦血糖水平低下，大脑能量供应不足，人就会打瞌睡、注意力不集中，甚至头晕等。

如何保持正常的血糖水平和葡萄糖的供给

粮食是“主力军”。粮食类含有丰富的淀粉，摄入后，经过消化变成葡萄糖，被小肠吸收后，通过血流源源不断地提供给大脑。所以，粮食摄入充足，大脑能源就得以保证，孩子就会精力充沛，注意力集中，记忆力好。

早餐一定要吃好

科学的宝宝早餐应该由蛋白质、脂肪、糖类等营养素均衡搭配组成，最好是谷物、乳制品、蛋类、肉类、蔬菜、水果六类食物都要包含在里面。只含其中3类的早餐，营养质量为一般；只含1～2类的早餐，营养质量较差。

宝宝正处于生长发育旺盛期，消耗的能量比较多，上午的活动量又比较大，早餐一定要吃好。早餐要吃好是指营养充足、科学搭配，并不是吃得越多越好，吃得越高档、越精细越好。

牛奶加鸡蛋、馒头加咸菜、豆浆加油条等早餐营养不够全面，搭配也不均衡，不适合宝宝吃。

虾仁蛋饺+菠菜豆腐汤、青菜火腿蛋饼＋饼干+酸奶＋苹果、菜肉馄饨+煎蛋+面包＋橙子等早餐的营养比较全面均衡，是适合宝宝吃的营养早餐。

常吃菌类可促进宝宝智力发育

菌类食物对宝宝的大脑有良好的补益作用。以下3种食用菌是我们常见的：

香菇

香菇含有蛋白质、氨基酸、脂肪、粗纤维、B族维生素、维生素C、烟酸、钙、磷、铁等成分，还有人体必需的7种氨基酸。这些营养成分对脑功能的正常发挥有重要的促进作用，可以增强记忆，促进宝宝的智力发育。

◎ 香菇芹菜炒墨鱼

取香菇12克用水泡开，洗净、切丝；芹菜300克，去根、叶，洗净，切段；墨鱼肉100克，洗净，切丝。在锅内加水100毫升，烧开后加料酒30毫升，然后把墨鱼丝放入锅中煮1分钟，捞出备用。将锅烧热，放入熟猪油，烧至七成热时，放入芹菜翻炒三四分钟，再加入香菇丝和墨鱼丝继续翻炒2分钟，撒上精盐即可。

蘑菇

蘑菇味鲜美，能增进食欲，调养胃气，可以增强宝宝的免疫功能。

◎ 蘑菇炖豆腐

取嫩豆腐250克，洗净，切小块；鲜蘑菇100克，洗净，切片。把蘑菇和豆腐放入沙锅内，加精盐和清水，以浸没豆腐为宜，中火煮沸后，再小火炖约15分钟，加入酱油，淋上芝麻油即可。

黑木耳

黑木耳所含的磷脂主要是脑磷脂、卵磷脂、鞘磷脂、麦角甾醇，这对脑神经的生长发育有良好的滋养作用，可以健脑益智。

◎ 猪脑炖木耳

黑木耳10克，浸发，洗净。取鲜猪脑250克轻轻放入冷水中漂洗30分钟，去掉血筋膜，洗净后把猪脑放入碗内，加入葡萄酒10毫升，猪肉汤30毫升，精盐及葱、姜少许，蒸10分钟后取出。然后，在锅内加入油烧至七成热时，加入适量葱、姜煸炒几下，放入黑木耳翻炒2分钟，倒入葡萄酒10毫升，翻炒几下，再倒入鸡汤30毫升和少量清水，烧开后，放入猪脑和盐，小火炖20分钟，盛起倒入大碗中，加上芝麻油即可。

聪明宝宝的喂养

怎样为幼儿安排饮食

从婴儿期进入幼儿期后，随着幼儿月龄的逐渐增加，幼儿的乳牙依次长出，咀嚼能力逐渐加强，此时小儿的生长发育仍处于较快阶段。为了能满足幼儿生长发育所需的均衡营养，爸爸妈妈必须为幼儿科学地安排饮食。

幼儿每日需要的能量

1～2岁幼儿其主食应以米、面等谷类食物为主，这是热量的最主要来源。蛋白质主要来自肉、蛋、乳类和鱼类食物。钙、铁和其他矿物质主要来自蔬菜，部分来自动物类食物。维生素则主要来自水果和蔬菜。

这个阶段的幼儿，每日饮食中营养素供给的要求是热量为4598～5016千焦，蛋白质35～40克，维生素A 1100～1300国际单位，胡萝卜素2～2.4毫克，B族维生素10.7毫克，维生素C 30～35毫克。

幼儿每日饮食的食物安排

爸爸妈妈依照幼儿所需的各种营养素，再根据各种食物中营养素的含量，推算出幼儿每日所需的食物量。

一般来说，幼儿每日主食品约100克，肉、鱼、蛋、奶约100克，青菜50～100克，两餐间再加些点心、水果，水果每日约50克。

当然，食物量也不是固定不变的。如果1日的饮食中鱼、肉、蛋类供应多了些，便可少吃些豆制品；如果蔬菜供应得多些，那么就可以适当减些水果；副食如果吃多了些，主食就可少供应一些。

由于1～2岁幼儿的自身胃容量为200～300毫克，这就限制了幼儿每次的进餐量，所以幼儿每日应进餐4～5次，每日在两餐间加些点心，每餐间隔时间以4小时左右为好。

给宝宝食用反季水果要谨慎

个头硕大的草莓，鲜嫩欲滴的樱桃……虽然刚跨入春季，但市面上已经出现了许多反季节水果。中看不中吃不说，更糟糕的是很多反季节水果是用一些化学物质催熟、保鲜的。

其实，正规的反季节水果本身是没有任何危害的，它们是在温室里通过大棚设施、提高室温等手段改变生长环境，从而让植物的成熟季节提前，并不是靠使用激素才生长的。

但为了增加产量，有的水果是用激素调节而成。这些激素可以促进果实发育、生长和早熟，使用激素后可增产20%左右。“催”出来的反季节水果，虽然颜色可人，但里面的果肉还未成熟，不但尝不到香甜的鲜味，营养成分自然也缩水。

这些“问题水果”不但营养价值不高，还会给身体带来很大危害，儿童要谨慎食用，因为使用了激素的反季水果会让孩子性早熟。

经常食用激素、催熟剂含量较高的反季节水果，对正处于生长发育阶段的少年儿童来说，女孩会出现初潮提前等性早熟现象，而男孩则会导致性特征不明显。

宝宝胃肠炎不宜吃的食物

宝宝患了消化不良或胃肠炎，又吐又泻，一般应送到医院输液来补充水分和养分。如果宝宝能吃一些东西，首要的是给宝宝补充水分，以免因脱水而引起体内电解质紊乱。

下列食物不可给患儿吃：

◎ 奶酪、白薯、煮鸡蛋、香蕉、酸水果（或梅子）、乳酸饮料，这些食物在胃内停留时间长，发酵以后能引起呕吐或加重呕吐反应。

◎ 蛋糕、碳酸饮料、咖啡、巧克力、砂糖以及太甜的食物，这些食物对胃肠的刺激性大，食后会加重胃肠负担。

◎ 生鸡蛋、花生、冰淇淋、奶油、脂肪含量高的食物和咸食，这类食物也不宜给患儿食用。其他如韭菜、芹菜、柿子椒、大蒜及有刺激性的蔬菜也不宜给患儿食用。

当宝宝病情稍有好转时，吃得下东西后，爸爸妈妈可以根据宝宝胃肠的情况，给孩子吃以下食物：

◎ 医生给的口服电解质液。

◎ 清淡的菜汤、淡牛奶、白开水、米汤、苹果汁、鸡蛋汤。

◎ 稀粥、淡菜粥、烂面片、无糖饼干、点心、面包、面条、软饭。

◎ 鱼泥、苹果泥和蛋羹。

不可给腹泻患儿食用鸡汤

患儿腹泻时会丢失大量营养物质，有些爸爸妈妈希望通过喂患儿高营养的鸡汤以补充患儿营养物质的丢失。这能不能达到爸爸妈妈的期望呢？

喂患儿鸡汤不仅对患儿没有什么帮助，反而会使患儿腹泻不止，甚至会产生严重的酸中毒。这是因为鸡汤进入人体后，蛋白质合成增多，而每合成1克蛋白质需17.55毫克的钾，因此，钾进入细胞内，为维持离子平衡，钠就大量进入血液等细胞外液中，造成体液高渗，血液中的钠的含量就会大大超过正常值。因此对于患消化道疾病的患儿，尤其是急性腹泻的患儿，爸爸妈妈不要喂大量鸡汤。

幼儿进餐次数与时间的安排

对于幼儿来说，因为食物在他们胃中消化的时间是3～4小时，所以一般两餐相隔时间以4小时左右为宜，可在两正餐之间加点点心什么的。这样幼儿每日进餐以4～5次为宜，一般下午3点钟左右加1顿点心，晚10点钟睡前也给幼儿加1顿。

随着幼儿年龄的增长，胃容量的增大，进餐次数可相应减少，3岁以上的幼儿进食可逐渐按成人的饮食习惯来进行。

为了培养幼儿独立生活的能力，爸爸妈妈可以等宝宝满1岁时就把小勺给他，让他锻炼自己吃饭；2岁的时候，宝宝的手腕部已有力量端碗，这时可让宝宝尽量自己端碗，养成自己吃饭的习惯。

记录幼儿的生长情况

如果爸妈担心孩子的生长发育状况，最好是有规律地记录孩子的身高、体重，以便实时了解孩子的生长状况是否正常。有些儿童天生就比一般儿童瘦小，但孩子生长速度明显慢于其预期的速度时就要引起注意了。

你可按规律的时段，记录孩子的身高和体重，并且可以把孩子的进展情况与高大的、一般的、瘦小的儿童的生长率进行比较。通常，孩子在整个儿童期，其身高和体重的生长都与标准生长率相近，某些时候也会产生一些差异。

有些儿童天生瘦高，只要身高和体重都按照恒定比率增长，就算是体重比预期的略少一点，也不必为此担心。当一个本来超重的儿童开始削减多余的体重时，首先表现出来的是体重增加不足。如果一个身材高的儿童的身高正按预期的在增长，但其体重的增长较正常稍慢，孩子体重的增加速率不正常，就应该去求医。如果体重和身高的增长速率不正常，甚至比幼儿还要慢许多，也应立即请医生诊视。如果你的孩子身高增长的速率正常，但体重的增加却与更高的儿童相似的话，便说明他正在变胖。

宝宝生长缓慢怎样补救

宝宝发育缓慢，很可能与爸爸妈妈不正确的喂养方式和烹调方法有关。在纠正宝宝的不良饮食行为时，也要修正爸爸妈妈的行为。

◎ 对策1：对宝宝的进食要放松

爸妈只需要提供食物的种类，吃多少则应由宝宝决定。爸妈也必须了解每个宝宝的生长有个体差异，宝宝只要在正常范围内生长即为正常，而不能要求宝宝一定要达标，也不要去和其他的宝宝比较。

◎ 对策2：饮食干预

爸妈提供的食物种类要多，但每种食物的量不要太多，让宝宝能接受不同颜色、不同味道和不同质地的食物。宝宝在接受新食物时都会将食物顶出或出现恶心，这是宝宝自我保护的能力，但爸妈不能就此将该食物从膳食中去除。最简单的方法是将宝宝不熟悉的食物经常让他看到，即使暂时不给他吃也无妨。这个技巧保证了宝宝一直有机会看到和尝试新食物。同时，在烹调食物时要注意色、香、味俱全，食物不要切得太大，要符合宝宝口的大小才容易接受。

◎ 对策3：进餐时间的安排

不同年龄的宝宝进餐时间和进餐次数有所不同。4个月前每天一般进食7次配方奶粉，每次约120毫升（母乳喂养次数可更多）；4～6个月的宝宝每天进食6次配方奶粉，每次150毫升，加上1次米粉；7～12个月的宝宝每天进食4次配方奶粉，每次180毫升，加上3次辅食；1～3岁的宝宝则每天2～3次配方奶粉，总量400～500毫升，加上3次正餐。一般的进餐时间为20～30分钟，吃不完就应该取走，在2个小时内不再给宝宝任何食物。

◎ 对策4：利用就餐的环境

对一个注意力很容易分散的宝宝来说，进餐环境应安静，在视觉、听觉没有干扰的地方进行，还要固定喂食的人。宝宝的座位要舒适，身体要有支持，确保进食动作协调。小婴儿应该靠在喂食人的臂弯中或坐在大腿上；大一点的宝宝可坐在高椅上，让宝宝腾出双手自己进食。饭前、饭后都不要进行剧烈的运动，可提早5～10分钟告诉宝宝要吃饭了，休息一下，洗手！

◎ 对策5：爸妈和宝宝的互动作用

爸妈要学习掌握宝宝饥饿时发出的各种信号，并及时做出反应，如将宝宝抱起、轻柔地说话、及时喂食，当宝宝吃饱时要及时停止。亲子互动作用的研究发现，最有效的喂食模式是由婴儿决定吃的时间、吃的速度和吃的量。而爸爸妈妈对宝宝进食特别焦急会影响这种互动作用，而使喂养更困难。

◎ 对策6：定期检查

定期去儿童保健门诊检查，测量体重、身高，只要宝宝生长正常或始终在自己的生长轨道中生长，爸妈就不用着急，这同时也提示宝宝的进食量已满足生长发育的需要。

“饥饿训练”让宝宝爱上吃饭

有许多宝宝看见食品不想吃，逢到吃饭待着不想吃，这使他们的爸爸妈妈伤透了脑筋，无论怎样劝诱、威胁，甚至打骂都无济于事。

“饥饿疗法”是一种行之有效的方法，等到孩子真正饿时才喂他，并让他逐渐养成正常进食的规律和习惯。

由于孩子已经对吃饭兴致不足，开始实施“饥饿疗法”时，孩子即使已经饿了，也不会专心地坚持到吃饱，往往吃到半饱时就开始玩了。这时，爸妈要注意控制吃饭的时间，一般20～30分钟后就要停止喂养。等下次吃饭时间到了，再给他吃。

当然，很可能孩子还没到下次吃饭时间就已经饿了，闹着要吃的。这时爸妈千万不能心软，要想尽办法分散孩子的注意力，让孩子玩喜欢的玩具，做喜欢的游戏，甚至可以带孩子外出。

这段时间可以给孩子喝些水，但是绝不能给他任何东西吃。等到下次吃饭的时间到了，再给孩子喂饭。几次后，孩子就会明白吃饭的真正含义——不吃饱就会饿着。

要提醒爸妈的是，不能用“谁让你平时不好好吃饭，就让你饿着”这类的话刺激孩子。爸妈应该做出“装傻”、“同情”或“无奈”的举动，假装帮孩子到处找吃的，这样就不会使孩子心里产生对“饥饿疗法”的抵触情绪。

宝宝常吃坚果可促进大脑发育

1～3岁是宝宝脑部和视力发育的黄金时期，常吃坚果对宝宝的大脑和视力的发育都很有好处。

脂肪在发挥脑的复杂、精巧功能方面具有重要作用。给脑提供优良丰富的脂肪，可促进脑细胞发育和神经纤维髓鞘的形成，并保证它们的良好功能，对宝宝的大脑发育极为有益。

坚果除了其内含的亚油酸、亚麻酸能合成的DHA和AA对视网膜的完善有着促进作用外，其维生素及钙、锌等矿物质对视力的正常发育也有直接的影响。

生活中常见的有益坚果

◎ **核桃**

核桃含有丰富的磷脂，它能补脑、健脑，促进大脑皮质的发育。

◎ **杏仁**

杏仁是维生素E的最佳天然来源之一，它富含磷脂，但是中医认为杏仁有小毒，不宜多食。

◎ **瓜子**

常见的有葵花子、南瓜子和西瓜子。葵花子富含不饱和脂肪酸及胡萝卜素，西瓜子含有丰富的锌，同时有健胃功效。吃瓜子应尽可能选择原味的瓜子，因为外裹的各种香料不但会增加热量，还会使人口干舌燥。

◎ 松子

含有丰富的维生素A和维生素E，以及人体必需的脂肪酸、油酸、亚油酸和亚麻酸。

◎ 榛子

含有大量不饱和脂肪酸，以及维生素A、维生素B_1、维生素B_2、烟酸等，经常吃可以明目、健脑。

宝宝怎么吃坚果

1岁以下的婴儿可以将杏仁、核桃、松子、榛子等用磨碎机磨成粉状，拌入色拉、菜中或是撒在饭上，这样不但可以增加口感，还可以充分吸收坚果的营养。不要将瓜子、松子等小粒食品直接让孩子吃，以防被噎住。

1～3岁的幼儿每天可以吃20～30克的坚果。坚果类食物油性大，孩子消化功能弱，如果食用过多的坚果，就会“败胃”，引起消化不良，甚至出现“脂肪泻”。

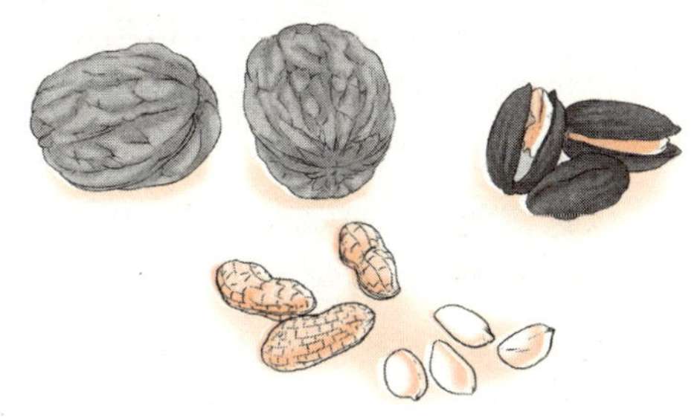

宝宝服药的误区

宝宝生病，服药困难。许多爸妈为了顺利给孩子送服药物，最喜欢采用的方法就是加糖和甜味饮料，或用果汁、牛奶等送服药物。殊不知，这些通常认为是最佳用药的做法，往往会带来不良后果。

服药加糖不可取

不少爸妈在给孩子服苦味药时，喜欢用糖水或甜味饮料送服。其实，糖水会降低药效，甚至可能使药物失效而导致治疗失败。

果汁送药非所宜

许多爸妈把药物放在果汁中给孩子服，认为这样既补充了营养和水分，又为孩子们所喜爱，易于喂服药物。其实这样做是很不科学的，它不仅降低了药物的疗效，还会引起许多不良反应。

果汁中的果酸还会与膳食中的某些营养成分结合，影响这些营养成分的消化吸收。此外，果汁中一般都含有果酸和维生素C，这些酸性物质容易导致各种药物发生变化，给宝宝健康带来不良影响。

牛奶送药法不妥

一些爸妈为了减轻孩子服药的困难，常将药片压成粉末放在牛奶中给孩子服。其实，这种做法并不妥当，还影响药效。牛奶中的成分会使药物不易被吸收，有些药物的有效成分甚至会被破坏。

宝宝食欲不好怎么办

当发现孩子食欲不佳时，爸爸妈妈一定要耐心查找原因，并及时予以消除。然后从少量开始，逐渐给孩子吃一些清淡易消化的食物，如小米粥和绿豆粥等，并要随着孩子的兴趣经常更换花样和逐渐增加食物的数量。

爸爸妈妈千万不要在孩子不爱吃饭的时候任意让孩子偏食一些水果、冷饮，因为这容易损伤孩子的脾胃，使孩子的食欲更低下；也不要强迫孩子吃饭；或让孩子吃那些自认为营养价值高而难以消化的食物，如肉类等，否则也会影响其食欲。

适当的时候，爸爸妈妈可以给孩子吃一些助消化的药物，如健胃消食片和胃蛋白酶合剂等。另外，要勤更换饭菜的花样，合理安排膳食，努力提高孩子的食欲。

宝宝2岁前能与大人吃一样的菜吗

很多宝宝喜欢和大人一起吃饭，也喜欢吃大人的饭菜。这是因为大人饭菜口重，对小宝宝味觉冲击比较大。其中最大的一个问题就是盐的用量。大人的饭菜不仅放盐较多，还放有其他调味料，如酱油、味精、辣椒等，都是不适合婴幼儿食用的。此外，大人的饭菜一般比较粗糙，即使土豆丝切得再细，黄瓜片切得再薄，对宝宝来说也还是比较大块的。

能和大人一起进餐是很好的，不但满足了宝宝的喜好，也可以节省父母的时间，但2岁之前宝宝的饭菜要单独做。

若宝宝每餐饭菜都单独做会很麻烦，也会占用妈妈很多时间。建议妈妈可以这样做：每次炒菜炒得差不多时，就盛出一部分，另置一个碗，剩下的按大人的需求调味，出锅。然后再择时将宝宝的菜回锅，多煮一会儿，出锅时就放丁点盐，如果炒好后觉得菜有点大，可用干净消过毒的剪刀将菜剪小。

另外，即使到宝宝2岁以后，父母要想让宝宝和大人吃一样的饭菜，也需改变一下烹调方式，尽量将饭菜做得清淡一些，细软一些。

虽然不建议2岁前的宝宝和大人一起吃正餐，但要求宝宝和大人坐在一起吃饭，这样可以养成宝宝定时、定点、定量吃饭的好习惯。

宝宝可以用汤泡饭吗

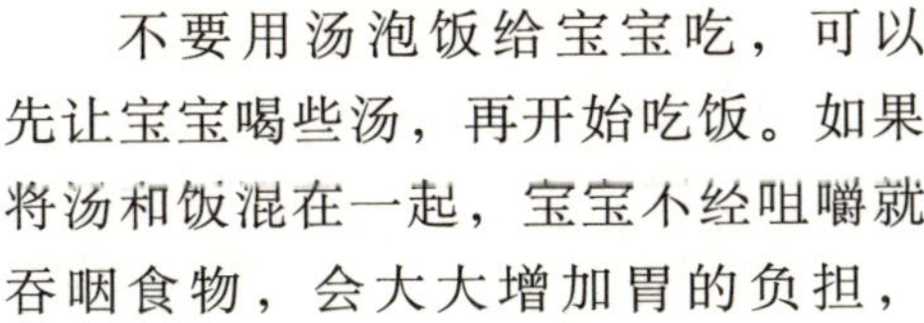

不要用汤泡饭给宝宝吃，可以先让宝宝喝些汤，再开始吃饭。如果将汤和饭混在一起，宝宝不经咀嚼就吞咽食物，会大大增加胃的负担，而且汤水较多的话，就会把胃液冲得很淡，这也不利于食物在胃肠道的消化。长此以往，宝宝在很小的年龄就可能生胃病。

聪明宝宝的美食

果酱花糕

原料：糯米250克，苹果酱130克。

做法：

❶ 把糯米洗净，用水浸透，上屉蒸熟。

❷ 糯米蒸熟后，搓成若干糯米团，并分别擀成0.2厘米厚的方饼，中间抹上苹果酱，然后将饼折叠1/3压在酱上，再拌点苹果酱，折叠另1/3，最后切成方块即可。

荷叶烙饼

原料：面粉200克，植物油20毫升。

做法：

❶ 将面粉先用沸水烫至六成熟，再用凉水揉匀，然后将揉好的面做成8个面剂，擀成2毫米厚的饼，再将4个面饼逐个刷上油，另外4个面饼与刷好油的4个面饼摞在一起，擀成薄饼。

❷ 锅置火上，放入油烧热，放薄饼，用中火烙熟，烙熟后分离为2张即可。

营养功效：此饼含有丰富蛋白质、脂肪、糖类、钙、磷、铁、B族维生素、尼克酸等，具有清热凉血、养心益神、除躁去烦功效，适宜幼儿食用。

❀ 饴糖大米粥

原料：饴糖30克，粳米50克，清水适量。

做法：

❶ 将粳米淘洗干净。

❷ 锅置火上，放入清水，烧开后，再放入粳米，煮至粥熟，加入饴糖，再煮开一会儿即可。

营养功效：饴糖有缓中、补虚、生津润燥的功效。饴糖与大米合用，有补脾、和胃止痛、润燥作用。此粥可作为幼儿的补品。

❀ 猪排熬白菜

原料：大白菜250克（去外面老帮），猪排250克，姜15克，黄酒15毫升，油10毫升，盐、葱末、味精少许。

做法：

❶ 猪排切小块加水500毫升烧烂待用。

❷ 旺火将油烧热，放入姜、葱末爆出香味（不可炸焦），即放白菜，翻炒均匀后加盐，再炒匀。

❸ 将猪排连汤一起放入，烧开后5分钟加进黄酒拌匀即可。

❀ 荸荠炒猪肝

原料：猪肝50克，净荸荠50克，油、精盐、白糖、味精、淀粉、葱、姜、料酒、酱油适量。

做法：

❶ 猪肝洗净，切片，放入碗内用适量精盐、料酒、干淀粉略拌渍；荸荠切片；葱切碎；姜切丝。

❷ 锅内放油50毫升，油热，放入葱、姜炝锅，再投入猪肝片煸炒至五成熟，放入荸荠片，加入适量精盐、酱油、白糖，翻炒至熟即成。

芦笋烧香菇

原料：芦笋（净）250克，水发香菇（去根）250克，黄酒25毫升，酱油50毫升，肉汤250毫升，素油75毫升，淀粉、糖、麻油、青葱适量。

做法：

❶ 将笋、香菇切丝，开油锅油开后倒入笋、香菇丝炒几下。

❷ 加黄酒、酱油、糖、肉汤旺火烧开，文火焖3分钟，加麻油、青葱拌匀，水淀粉勾芡即可。

虾仁汤面

原料：虾仁、火腿丁、鲜豌豆、水淀粉、蛋清、面条、鸡汤各适量，盐少许。

做法：

❶ 虾仁洗净，用蛋清、水淀粉抓匀，用油滑过，捞出。

❷ 碗内放盐，浇上烧好的鸡汤，把煮好的面捞到碗内，把虾仁、火腿丁、豌豆炒熟浇到面上。

山药炖鲫鱼

原料：鲫鱼1条（约250克），山药100克，黄酒、葱段、姜片、盐、味精适量，水少许。

做法：

❶ 鲫鱼去鳞、内脏洗净，加黄酒、盐稍腌；山药去皮切片。

❷ 取汤碗将山药片铺在碗底，上面放鲫鱼、葱、姜，加少许水，置锅中隔水蒸30分钟即可。

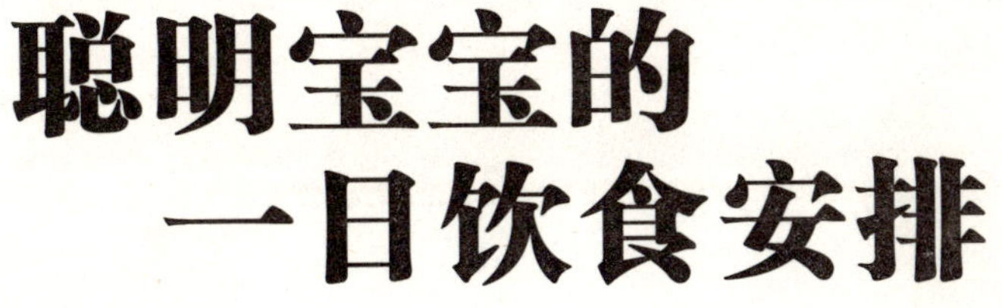

聪明宝宝的一日饮食安排

1岁10个月~2岁宝宝一日饮食安排

这个阶段的宝宝主食以米、面、杂粮等谷类为主，蛋白质主要来自肉、蛋、乳类、鱼类等食物，钙、铁等矿物质则主要来自蔬菜，维生素主要来自蔬菜和水果。

一般说来，这时候的宝宝每天应摄入250~500毫升奶，40~50克肉类，25~50克豆制品，1个鸡蛋，150~250克蔬菜和水果。

经常让宝宝吃些深海鱼类（如鲑鱼、鲭鱼、沙丁鱼、秋刀鱼等），可以为宝宝补充DHA，促进宝宝的大脑发育。

这时宝宝的饮食仍要尽量清淡，菜不要做得太咸。

1岁10个月~2岁宝宝一日饮食表

食谱A

早餐8:00	大米豆粥1碗，花卷1个，腐乳适量
早点10:00	水果1个
午餐11:30	软米饭1碗，肉末炒胡萝卜，黄瓜丁
午点15:00	牛奶1杯，煮鸡蛋1个
晚餐18:30	水饺1小碗，紫菜汤1小碗

食谱B

早餐8:00	牛奶200毫升，蔬菜饼干50克
早点10:00	果汁1杯
午餐11:30	蒜泥菠菜，肉炒鲜蘑（肉20克，鲜蘑50克）
午点15:00	牛奶1杯，夹心蛋糕1块
晚餐18:30	肉包子（肉末50克，芹菜20克，胡萝卜20克，韭菜10克）

Part 17

宝宝2岁1~3个月

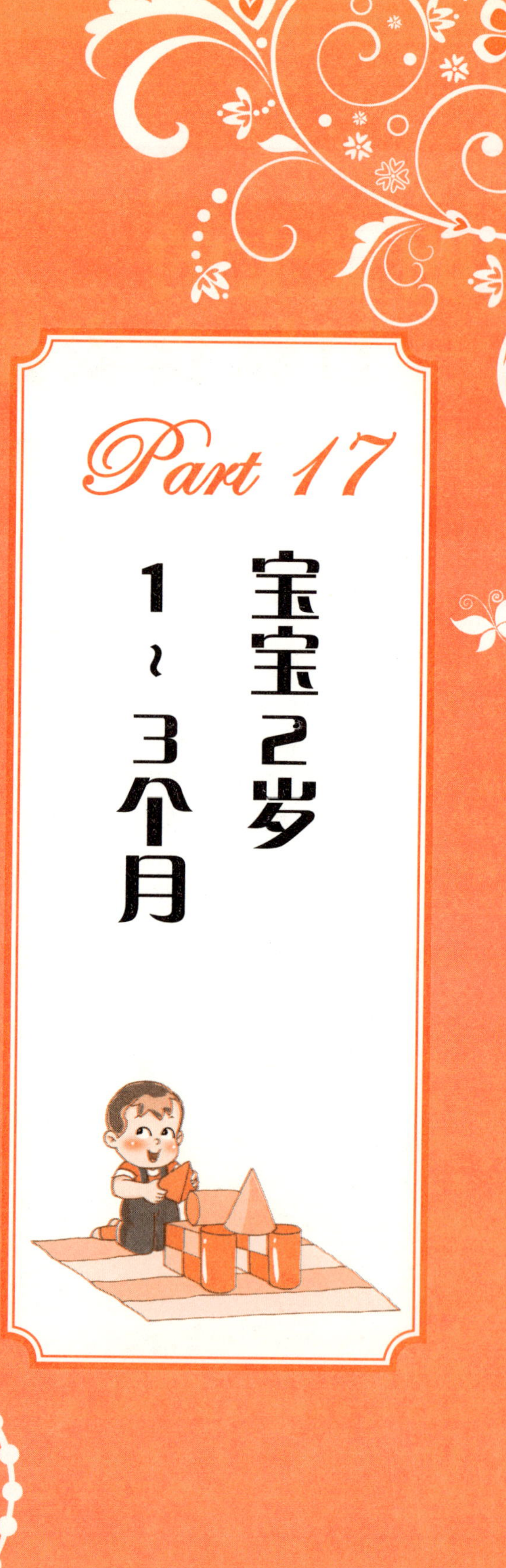

宝宝身心发育情况

2岁以后，宝宝的生理、心理发育明显加快。宝宝的观察力、接受新事物的能力迅速提高。极强的好奇心促使宝宝用自己的眼光观察和提问，并且喜欢坚持自己的观点，表现出反抗性心理。这个时期，宝宝希望发挥自己的能力和智慧，大胆尝试，探索新的事物。

身体发育		
体重	男孩12.10～12.68千克	女孩11.66～12.24千克
身高	男孩88.45～90.69厘米	女孩86.6～87.9厘米
头围	男孩47.44～48.5厘米	女孩47.2～48.2厘米
胸围	男孩48.65～49.8厘米	女孩48.2～49.4厘米
牙齿	16～18颗	

感觉运动发育

2岁3个月的宝宝，走路稳，跑步快，会用双脚跳，也会向前跳，还能从矮的台阶上独立跳下并能站稳。有能跑能停的平衡能力，喜欢踢球。吃饭时喜欢学成人用筷子夹菜。喜欢用笔涂涂画画，画直线，画圆。喜欢玩套桶、套塔等。开始有数的顺序和空间感知能力。

语言、适应行为发育

孩子学会并记住家中各个人物的称呼，如爷爷、奶奶、外公、外婆、小姨等。开始学会用代词“你”、“我”。能说完整句子，如“妈妈上班了”、“我要吃香蕉”。能分辨清楚长铅笔和短铅笔。吃苹果能分辨出多少。能知道桌上、桌下，身体的前面、后面。能知道爸爸是男的，妈妈是女的，也知道自己的性别。

到户外玩耍后能知道自己的家门，会走回家的路。喜欢和小朋友交往。能用声音表现出自己的喜怒情绪，高兴时会笑得很开心，生气时会发脾气、吼

叫。有很强的自主意识，要自己穿袜子、穿鞋，穿鞋时分不清左右。

心理发育

2岁后，宝宝的动作发育明显发展，能自己洗手、穿鞋，看书时能用手一页一页地翻。手的动作更复杂精细，有随意性，对宝宝心理发展有积极作用。在自我意识开始发展时，出现自尊心，爸妈在教育孩子时，要耐心诱导，对待宝宝的每一点进步都要表扬，不要同别的孩子比，要和宝宝自己的进步比。千万不要当着孩子的面同别人议论："看××早就会了，我家宝宝就是不会！"孩子能懂得别人数落自己。损伤孩子的自尊心，会使孩子心理发育受到障碍。

宝宝能应用简单句，使用陈述语气。喜欢学三个字的儿歌。对儿歌的记忆是自然而然，还不会有意识、主动地去记忆。记忆的东西不能保持很长时间，需要反复教，不断复习才能记住。

本阶段宝宝喂养重点

2岁以后，宝宝的营养需求比以前有了较大的提高，每天所需的总热量达到1200～1300千卡。其中蛋白质、脂肪和糖类的重量比例为1：0.6：4～5。

由于胃容量的增加和消化能力的完善，从现在起每天的餐点仍为5次，每次的量适当增多。一天的膳食中要以多种食品为主，有供给优质蛋白的肉、蛋类食品，也有提供维生素和矿物质的各种蔬菜。

粗粮中含有宝宝生长发育需要的赖氨酸和蛋氨酸，这两种蛋白质人体不能合成，因此这个阶段以后可以适当给宝宝吃些粗粮。

巧克力蛋白质含量偏低，脂肪含量偏高，营养成分的比例不符合儿童生长发育的需要，而且在饭前吃巧克力会影响幼儿食欲，不能给宝宝过多食用。

聪明宝宝的营养需求

宝宝营养不均衡的解决办法

宝宝长得白白胖胖，就一定营养均衡吗？调查数据显示，大部分宝宝虽然食物摄入量极多，但存在膳食结构不合理的现象，有的宝宝往往只吃几种食物，时间长了就容易导致营养失衡。当宝宝营养不均衡时，身体、心理上都会出现一些信号，如此时父母能采取适当的补救方法，就可让宝宝免受“营养不均衡”的困扰。

宝宝长时间闷闷不乐，伴有反应迟钝，此时宝宝可能出现蛋白质与铁质的缺乏，应该多吃点肉类、蛋类及奶类食物。宝宝不能踏实入睡，且容易忘事，宝宝体内可能缺乏B族维生素，应该多吃点核桃仁、杏仁、动物肝等来提高身体所需的B族维生素。宝宝情绪变化无常，乱发脾气，此状况可能是由于宝宝过多摄入含糖量较高的食物所致，所以应该减少饮食中的甜品。宝宝性格孤僻，动作不灵活，体内维生素C缺乏就会导致上述现象，所以在日常生活中，要增加孩子维生素C的摄入，白菜、番茄、苹果等都是很好的食品。宝宝睡觉出现手脚抽筋、磨牙症状，这是缺乏钙质的信号，此时就要增加豆腐、奶制品的进食量。

另外，以前家长都把肥胖儿看成是营养过剩，其实不然，有一些肥胖宝宝是由于挑食、偏食等饮食习惯，造成身体所需的营养素不达标，从而导致身体不能正常分散热量。对于肥胖宝宝来说，一定要减少高脂肪食物的摄入，同时要增加摄入食物的种类，做到合理搭配，还有就是要多参加体育锻炼，及时排解身体的热量。

给宝宝适当吃些粗纤维食物

粗纤维食品在我们日常生活中不可缺少。营养学家指出，吃的粮食过于精细，会造成维生素或人体内必需微量元素的缺乏，引起营养性疾病。

粗纤维食品主要包括玉米、黄豆、大豆、绿豆、蚕豆、燕麦、荞麦等，此外还有海产品如海带、海蜇，菌类食品如黑木耳、银耳、蘑菇等。

给宝宝适量增加粗纤维食品，可促进宝宝咀嚼肌及牙齿、下颌骨的发育；能促进胃肠蠕动，增加胃肠平滑肌的收缩功能，防止宝宝便秘；同时可起到预防龋齿的作用。

小贴士

◎ 在为宝宝做粗纤维食品时，要做得细、软，以便于咀嚼。

◎ 宝宝吃粗粮后会出现腹胀和过多排气等现象，这是正常的生理反应，胃肠适应后就会恢复正常，妈妈不必担心。

◎ 宝宝患胃肠道疾病时最好不要吃粗粮，而要吃容易消化的低膳食纤维饭菜，以免出现消化不良。

聪明宝宝的喂养

让宝宝吃蔬菜的妙招

让宝宝多参与做菜

先带宝宝去购买他们不喜欢吃的蔬菜，回来后给他们择菜的机会。这样，等饭菜做好后宝宝会特别关注有自己参与的这顿饭，为自己能帮妈妈做菜感到自豪，尽可能地多吃。妈妈也可每次烹调完蔬菜，有意识地让宝宝帮忙做点什么，如大一点的宝宝可以帮着端菜，以此鼓励他们闻蔬菜的香气。这样，有助于培养宝宝的尝试蔬菜的欲望。

变着花样做蔬菜

想让不爱吃蔬菜的宝宝接受蔬菜，妈妈应该尽量变一些花样。宝宝大多都喜欢吃带馅的食物，对于不喜欢吃蔬菜的“铁杆”宝宝，妈妈一定要多动脑筋变化蔬菜的烹饪方式，如将胡萝卜等根菜类做成签或丝状或磨成酱泥，加入肉馅中做成小水饺、小包子、小馅饼或小馄饨，或把蔬菜添加在碎肉中，制成汉堡包或其他食物。这样的食物不但宝宝爱吃，从心理上乐于接受。

有的宝宝不喜欢吃炒菜、炖菜等做熟的蔬菜，喜欢吃一些生蔬菜，如番茄、水萝卜、黄瓜等。对于这些能够生吃的蔬菜，妈妈可以把它们做成凉拌菜。当宝宝不喜欢吃熟菜时，可以适当吃一些这样的生菜。

通过游戏激励

◎ 如果宝宝喜欢玩打仗，上餐桌后可把他们不喜欢吃的蔬菜比作敌人，让宝宝赶快把它“消灭”。这样的话宝宝一听便会来劲头。接着，妈妈可以根据蔬菜继续编故事：这块菜是敌人的司令，把它消灭了再端敌人的老窝——喝汤，吃光了这些菜你就胜利了。宝宝会为取得胜利很快地投入进餐中，不过，这样的游戏要经常变换花样，避免宝宝厌倦。

◎ 宝宝都喜欢搭积木。因此，宝宝每吃一口，妈妈就给他一块积木，等他吃完，所得到的积木便能搭一座城堡了，这样会调动宝宝吃蔬菜的积极性。

让宝宝猜猜蔬菜的做法

虽然妈妈心里想着让宝宝多吃一点，可脸上却要不露声色，先神色自然地和宝宝说些非常有趣的事儿，根本不提吃菜的问题。即使提也只限于“这菜的味道真好，你猜猜是怎么做出来的”之类的话。于是，宝宝便会不停地猜呀猜，从中感到乐趣，心里留下愉快的记忆。这样，就会使他们一点儿都不觉得吃自己不喜欢的菜是件讨厌的事。

宝宝做得好时及时鼓励

对宝宝不爱吃或从未吃过的蔬菜，让宝宝尝一尝。虽然宝宝可能仅尝一点点，但这样能让他们发现更多喜欢吃的东西。宝宝做得好妈妈一定要及时赞扬和鼓励，同时拿出一件小礼物，让宝宝获得意外惊喜。过几天妈妈要求宝宝再多尝一点，逐渐增加量，由此使宝宝逐渐接受蔬菜。

一些市售鲜榨果汁影响神经传导

色彩鲜艳，味道香浓的鲜榨果汁大多是用色素、香精和甜味剂等添加剂勾兑出来的，原果汁含量非常少，甚至没有，所以其营养价值远远比不上水果。

人工合成色素是以煤焦油为原料制成的，由于它成本低廉、色泽鲜艳，故为生产厂家广泛使用。但是许多人工合成色素除本身或其代谢产物具有毒性外，在生产过程中还可能混进砷、铅或其他一些有毒的中间产物。调查表明，儿童多动症与食用色素有关，某些人工合成色素对神经介质发生作用，影响神经传导，从而导致儿童多动症。人工合成色素和香精还可能会引起多种过敏性疾病、行为紊乱和神经性头痛。

如果发现西瓜汁或其他果汁中有液体分离的现象，即果浆浮在杯子上，下半部分则出现“精糖水”，这杯鲜榨汁便很可能掺进了色素和甜味素。最好不要给宝宝买没有安全保障的鲜榨果汁，但完全可以亲自给宝宝做鲜榨果汁，只需一个榨汁机，就可以在家做货真价实的鲜榨果汁了，既安全又营养美味。无论是盒装的、袋装的还是饭店的果汁都不能确保其品质，而有些鲜榨果汁是让顾客自己挑选水果，现场透明操作，这样就降低了安全隐患。

宝宝要少吃炸薯条

一些宝宝尤其喜爱炸薯条，薯条的主要原料是土豆，属高淀粉类食品，在进行高温处理时会产生大量的可能致癌物——丙烯酰胺。

丙烯酰胺是一种化学物质，主要用于水的净化处理、纸浆的加工及管道的内涂层等。淀粉类食品在高温（>120℃）烹调下容易产生丙烯酰胺。丙烯酰胺是一种可能致癌物，具有神经毒性。医学观察发现，长期低剂量接触丙烯酰胺易出现嗜睡、情绪和记忆改变、幻觉和震颤等症状，伴随出汗和肌肉无力症状。

尽量在较低油温下炸土豆条，可减少丙烯酰胺约15%的生成量，将土豆在炸之前先煮熟，减少在高温油中炸的时间，最好控制在10分钟以内，也可相对减少丙烯酰胺含量。

应尽量让宝宝少吃炸薯条，可用土豆泥或蒸煮类土豆制品代替。

宝宝进餐不专注正常吗

给宝宝吃的自由。有些家长看着宝宝吃饭漫不经心常常抱怨，喋喋不休地劝宝宝多吃，把鱼、肉、虾、蛋不停地夹给宝宝，这样做容易使宝宝产生逆反心理。一方面，事实上，宝宝1周岁后，对食物的兴趣开始减弱，对周围的多种事物感到新鲜，吃饭时不专心，这是一种正常现象；另一方面，宝宝的食欲并不像有的家长所认为的每餐都是恒定的，而是每天都有所波动。如果家长认为一天一定要吃多少，吃不完就强迫喂，其结果必然导致或者加重宝宝厌食。宝宝厌食有多种原因，有的是由疾病引起的，有的与宝宝心理因素有关，家长可以找医生来诊断，盲目给宝宝喂食是无益的。

2岁后宝宝还需要喝配方奶吗

如果宝宝仍然像原来那样，每天都能喝一定量的配方奶，并不感到厌烦，那就给宝宝这么喝下去好了，可以一直喝到3周岁。建议每天给宝宝喝300毫升左右的配方奶或鲜奶，也可以喝125～250毫升的酸奶或吃一两片奶酪代替部分配方奶。要根据宝宝的喜好，为宝宝选择不同的奶制品。

如果宝宝只是愿意喝酸奶，就是不愿喝配方奶或鲜奶，暂时先让宝宝喝酸

奶也无妨，过一段时间再尝试着让宝宝喝配方奶或鲜奶。

如果宝宝只愿意吃奶酪加面包，也可以用鲜奶片代替奶酪。如果宝宝什么样的牛奶都不喜欢喝的话，建议试一试羊奶。

小贴士

不要给宝宝喝太多乳制饮料，这些乳制饮料一般营养价值不高，且影响宝宝的食欲。

什么时候可以停止给宝宝喂饭

有的家长担心宝宝吃不饱而喂饭，一直喂到2～4岁，甚至进了小学还在喂，等家长认为宝宝大了可以自己吃而不喂时，宝宝会有被冷落的感觉，他们认为喂饭是疼爱的表现，突然不喂了说明不关心他了，进而产生不满情绪，甚至拒食。这时父母往往会做出让步，恢复喂饭，宝宝认识到这种方法有效，会把吃饭作为和大人交换条件的筹码，导致这种习惯难以改掉。所以，应该在宝宝2岁之前尽量让他学会自己吃饭。

聪明宝宝的美食

海带炖鸡

原料：净鸡1只（1～1.5千克重），水发海带400克，料酒、葱花、姜片、精盐、味精、花椒、胡椒面各适量。

做法：

❶将鸡剁块，备用；海带洗净，切菱形块。

❷锅内放入凉水，将鸡块下锅，用旺火烧开，撇去浮沫，加入葱花、姜片、花椒、胡椒面、料酒和海带块。

❸用中火炖到鸡肉烂时，撒入精盐拌匀，即可出锅。

黄瓜沙拉

原料：黄瓜、番茄各30克，橘子3瓣，葡萄干10克，沙拉酱、盐各少许。

做法：

❶葡萄干用开水泡软，洗净；黄瓜洗净，去皮，涂少许盐，切小片；番茄用开水烫一下，去皮，切小片；橘子去皮、核，切碎。

❷将葡萄干、黄瓜片、番茄片、橘子放入盘内，加沙拉酱拌匀即可。

小贴士

水果和蔬菜一定要清洗干净，尽可能去皮食用。

营养功效：在夏天，妈妈可以常常为宝宝做水果沙拉，这样的吃法可以保留水果中更多的营养成分，尤其是维生素。

咖喱鸡蛋

原料： 鸡蛋2个，花生油30毫升，葱头丝、芹菜末、大蒜末、姜末各10克，咖喱粉5克，面粉5克，鸡汤、盐、胡椒粉各适量。

做法：

❶ 先用花生油把鸡蛋炒熟，打碎，撒盐和胡椒粉，起锅待用。

❷ 余下花生油烧热，放葱头丝、芹菜末、大蒜末、姜末，炒至黄色，再放咖喱粉、面粉，炒出香味。

❸ 用烧开的鸡汤冲开，搅匀，放盐，过滤，弃渣后，浇在鸡蛋块上，佐餐食。

橙汁水果盅

原料： 红色甜椒 1个，苹果1个，香蕉1根，白煮蛋1/2个，柳橙1个，低脂奶酪30毫升。

做法：

❶ 将柳橙去皮、子，和30毫升奶酪一起用果汁机打成橙汁酱。

❷ 甜椒去把后，以汤匙去子备用。

❸ 将苹果、香蕉及白煮蛋切丁放入甜椒中，最后淋上橙汁酱即可。

营养功效： 橙汁水果盅含有丰富的维生素C以及宝宝身体发育必需的营养元素。

牛奶银耳水果汤

原料： 鲜奶250毫升，银耳10克，猕猴桃1个，圣女果5个，白糖适量。

做法：

❶ 银耳用清水泡软，去蒂，切碎，倒入锅中，加入鲜奶，中小火边煮边搅拌，煮至熟软后熄火放凉。

❷ 圣女果洗净，对切成两半；猕猴桃削皮，切丁。将二者一起放入鲜奶中，加入白糖拌匀即可。

营养功效： 这道水果汤具有增进宝宝大脑发育的作用，可以作为晚餐后的点心来吃，帮助减轻焦虑，有益睡眠，增强呼吸功能。

香菇炖双耳

原料：香菇40克，黑木耳、银耳各20克，鹌鹑蛋2个，盐、料酒、鸡汤、葱段、姜片、油各适量。

做法：

❶ 将香菇洗净，切成丁；黑木耳、银耳用温水泡发（若太大块，可撕成小块），拣去蒂及杂质洗净。

❷ 起锅热油，下葱、姜炝锅，放入香菇丁、黑木耳、银耳加料酒煸炒片刻。

❸ 加入鸡汤、鹌鹑蛋，大火烧开后转小火煮至入味，加适量食盐即可。

营养功效：这道菜清淡适口，营养丰富。香菇可以帮助宝宝提高免疫力、促进新陈代谢；银耳、黑木耳都具有增强宝宝免疫力、润肠通便的功效。

蛋黄烩豌豆

原料：鸭蛋黄2个，鲜豌豆200克，猪油25克，鸡汤（或清水）、玉米粉、盐、香菜末各适量。

做法：

炒勺化猪油，放蛋黄蓉，略煸几下，放入鸡汤、鲜豌豆，烧开，去沫，放玉米粉煨浓，加盐、味精，出勺，装盘，撒香菜末即可，佐餐食。

营养功效：醇香味浓，易于消化。

聪明宝宝的一日饮食安排

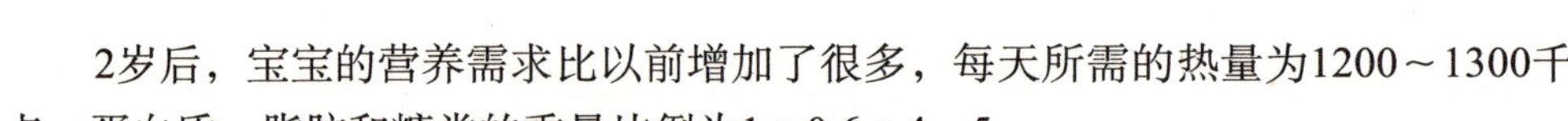

2岁1～3个月宝宝一日饮食安排

2岁后，宝宝的营养需求比以前增加了很多，每天所需的热量为1200～1300千卡，蛋白质、脂肪和糖类的重量比例为1：0.6：4～5。

这时候，每天的餐点次数仍为5次，但每次的量要适当增多。

巧克力的营养成分的比例不符合儿童生长发育的需要，并且影响食欲，不能给宝宝多吃。

2岁1～3个月宝宝一日饮食表

食谱A

早餐8:00	牛奶200毫升，菜（肉）包子1个（菜10克，肉10克）
早点10:00	香蕉1个（或苹果1个），鱼肝油（北方冬季适量服用）
午餐12:30	拼盘（胡萝卜20克，肉丁20克，土豆12克，芹菜10克），米饭（适量）
午点15:00	牛奶200毫升（或酸牛奶1杯），小花卷1个
晚餐18:00	面条（面粉100克，蘑菇10克，黑木耳10克，猪肝10克）

食谱B

早餐8:00	小米粥1小碗，面包1块
早点10:00	水果1个
午餐11:30	米饭加荤、素炒菜1小碗（或带馅面食加粥）
午点15:00	牛奶200毫升，水果1个
晚餐18:00	米饭或面条，海菜汤1碗

食谱C

时间	食物
早餐8:00	牛奶200毫升，馒头片1～2片
早点10:00	白开水1杯，饼干2块
午餐11:30	米饭1小碗，清蒸鱼50克，豆腐30克，青菜30克
午点15:00	牛奶200毫升，饼干1～2片，梨1个
晚餐18:00	馒头1个（50克），蒸蛋羹（鸡蛋1个），肉片炒卷心菜（肉20克，卷心菜30克）

Part 18

宝宝2岁4~6个月

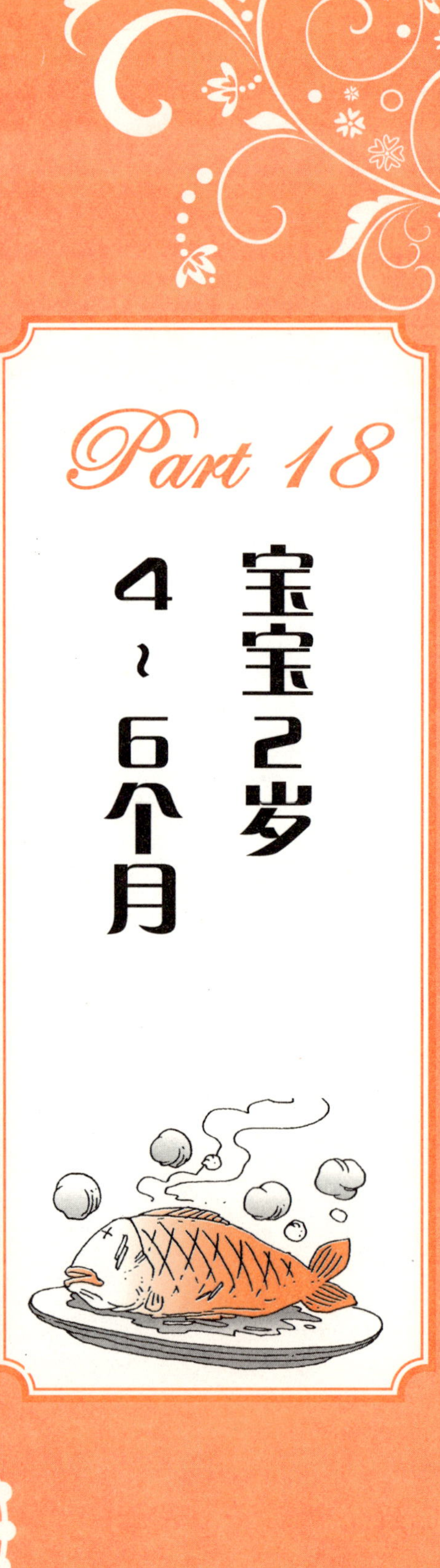

宝宝身心发育情况

宝宝长大了，躯体和四肢的增长比头围快。为了支持身体重量和独立行走，下肢、臀、背部的肌肉尤其发达。

身体发育		
体重	男孩12.55～13.13千克	女孩12.1～12.68千克
身高	男孩90.3～91.7厘米	女孩88.45～90.69厘米
头围	男孩47.7～48.8厘米	女孩47.44～48.5厘米
胸围	男孩49.1～50.2厘米	女孩48.65～49.8厘米
牙齿	18～20颗	

感觉运动发育

能认识几种不同颜色的物品，还能认识圆形、长方形、三角形和方形。玩球时会接反跳球。会用面团捏成碗、盘等。能单足站立。自己会扶栏上楼梯，一步一级交替上楼。下楼梯双足踏一台阶。会分清晴、阴、风、雨、雪天气。知道大小顺序。会解扣子及开关衣服的拉锁。

语言、适应行为发育

2岁半左右的幼儿已掌握很多词汇，语言中简单句很完整。会背诵简短的唐诗，学会看图讲故事，叙述图片上简单突出的一点。能组织过家家游戏，扮演不同角色，如当妈妈、当娃娃、当医生等。能说出日常用品的名称和用途，如梳子梳头发时用、毛巾洗脸时用等。

心理发育

幼儿2岁后想象力开始出现，会把一种东西假想成另一种东西，如把一个小盒子当成汽车，边推边喊“汽车来了，滴滴”。思考问题和解决问题的方法仍为直觉行动思维。思维和行动密切联系，在行动中思维，离开了行动便不再进行思维，如动手堆搭积木时，才想如何堆搭，堆搭到哪里就想到哪里，停止堆搭也就不再思索。幼儿期思维活动还很简单，处于开始发展阶段。

本阶段宝宝喂养重点

这个时期的哺喂原则与前阶段近似，每天所需的总热量达到1200～1300千卡，其中蛋白质、脂肪和糖类的比例为1：0.8：4～5。有些宝宝已经完成了每天餐点由5次向4次的转变。养成独立进食的习惯可以使宝宝专心吃好每一餐，是保证营养充分摄入的需要。

尽量少用半成品和市场上出售的熟食，如香肠、火腿、罐头食品等，因为其中的食品添加剂、防腐剂不利于幼儿的生长发育。

聪明宝宝的营养需求

让宝宝聪明的食物

所有的爸爸妈妈都有一个共同愿望，就是让宝宝变得聪明、伶俐。科学研究证明：食物可以改善大脑的发育，健脑、养脑的第一原则就是从各种食品中吸取均衡营养。所以，在吸取营养时，重要的是选择有利于健脑、养脑的各种食品。

动物的内脏和瘦肉、鱼

含有较多的不饱和脂肪酸及丰富的维生素和矿物质。水果如苹果、香蕉，不但含有多种维生素、无机盐和糖类等构成大脑所必需的营养成分，而且含有丰富的锌，锌对增强记忆力有很大益处。常吃水果，可促进智力的发育。

豆类及其豆制品

含有丰富的蛋白质、脂肪、糖类及维生素A、B族维生素等，尤其是蛋白质和氨基酸的含量高，以谷氨酸含量最为丰富，谷氨酸能促进脑神经的活动，是大脑赖以活动的基础。

硬壳类食物

如核桃、花生、杏仁、葵花子、松子等均含有对大脑思维、记忆、智力活动有益的脑磷脂和胆固醇。吃颗粒小的硬壳类食物时应当心噎着。

蔬菜、海鲜

有助于大脑的发育。健脑食品的选择应适宜宝宝的消化吸收，量要适合、全面，不能偏重某一种或以健脑食物替代其他食物。摄入食物种类要广泛，避免营养不全面而影响宝宝正常的身心发育。

注意补充糖类

糖类主要功能是为人的各种生理活动提供能量。如果糖类供应不足，不但宝宝的生长发育会受到影响，还会因为出现低血糖而容易昏迷、休克，严重时甚至能导致死亡。

食物中所含的糖类大多存在于淀粉中，食用后可在人体内分解成葡萄糖，迅速氧化后释放出能量，供给人的需要。每1克葡萄糖在体内氧化后可以释放16.7千焦（4千卡）的热量。

除了供给热能，糖类还与脂类形成脂糖，是构成细胞膜和神经组织的结构成分，还可以参与人类遗传物质的生成，对人的健康具有非常重要的作用。

糖类的缺乏会增加蛋白质的消耗，导致蛋白质的非良性利用，对宝宝的生长发育不利。但是，糖类摄取过量又会影响蛋白质的摄取，使宝宝体重猛增，肌肉松弛无力，抵抗力下降，容易患各类疾病。

这一阶段的宝宝每天需要的糖类在100克左右。

含糖量丰富的食物应该与富含脂类、蛋白质及其他营养素的食品搭配食用，才能做到营养均衡。

聪明宝宝的喂养

让宝宝吃饭时注意力集中

一般说来，幼儿吃饭不像成人那样，一顿饭安安静静、慢条斯理地吃下来，这是由孩子的天性决定的。爸爸妈妈不可以成人的饮食标准来要求幼儿。在幼儿吃饭时，爸爸妈妈应怎样做呢？

不催促孩子吃饭

吃东西时细嚼慢咽，无论是对食物的消化吸收还是对胃肠来说都是有利的。吃东西时急急忙忙吞咽下去是有害的，爸爸妈妈要教育孩子吃饭时应细嚼慢咽。

不分散孩子的注意力

在进餐时应把孩子的玩具收起来，不可让孩子边吃饭边玩玩具；在孩子吃饭时，应关上电视机，以免孩子的注意力在电视上而不在饭菜上。

不强制孩子吃饭

有些孩子由于身体状态不佳或有偏食、挑食或厌食的毛病，吃饭很少，爸爸妈妈害怕孩子摄入的营养素不够而强制孩子吃饭。

强制饮食对于幼儿的机体和个性来说，都是一种最可怕的压制，是幼儿身心健康的大敌。有时孩子不想吃饭，那就是说孩子当时并不需要食物。

不强求孩子吃饭

强求是以软磨的形式出现的变相强制。有的爸爸妈妈强求孩子吃饭，变着

小贴士

爸爸妈妈在宝宝吃饭时，不要对宝宝发火，以免破坏进餐时轻松愉快的气氛；也不要纵容孩子，不该吃的食物就不要让孩子吃，该少吃的食物爸爸妈妈应有所限制。

法子说呀、劝呀，让孩子提要求呀，这些做法都不妥。

不过分哄孩子吃饭

有些爸爸妈妈因孩子吃饭表现好就过分哄孩子，甚至“讨好”他，给孩子提供奖赏，如糖果、饼干、冰淇淋、大蛋糕等，这样不利于孩子养成健康的饮食习惯。

吃坚硬食品可防止牙齿畸形

近年来，儿童牙齿错合畸形的发病率越来越高，其中一个重要原因是：儿童食品越来越精细，孩子的咀嚼功能弱化。专家建议爸妈多给孩子吃牛肉干、烧饼等坚硬耐磨的食品，保证孩子的牙齿整齐健康。

牙齿畸形的原因

◎ 遗传因素。

◎ 后天因素。

在后天因素中，咀嚼功能退化是主要原因之一。现在的儿童食品越来越精细，大量奶制品、面包、膨化食品，使孩子的咀嚼功能越来越弱，牙齿和口腔内外的肌肉得不到应有的锻炼，导致肌肉无力、萎缩，颌骨发育异常，但牙齿的数量并没有减少，所以儿童牙齿错合畸形的发病率也越来越高。

精细的食物还容易引起牙齿龋坏，出现牙齿缺损、乳牙过早丢失、恒牙萌出间隙不足，进而造成牙齿排列不齐。

在替牙期内补钙对于牙齿及颌骨生长的作用远低于咀嚼功能训练。应加强儿童咀嚼功能训练，充分锻炼口腔肌肉功能，进而有效刺激下颌骨的生长发育。要多给孩子吃一些坚硬耐磨的食品，如排骨、牛肉干、烧饼、锅巴、馒头干、苹果等。孩子2岁左右乳牙基本完全萌出后，应定期到正规口腔专科检查，预防龋齿，保证恒牙的正常萌出，同时对有颌骨异常发育的患儿进行早期干预治疗。

宝宝不吃早餐影响智力发育

研究发现，经常吃早餐，特别是每天都吃早餐的孩子，总体的健康水平明显高于不吃早餐的学生，他们喜欢运动，有较好的饮食习惯，而不吃早餐的孩子除了集中力低外，反应也慢，身材瘦削，长不高，往往有营养不良的表现。

追踪调查的结果显示，不吃早餐的孩子大脑小于每天吃早餐的孩子，即便他们后来注意到了健康饮食，但已萎缩的大脑也无法恢复成长，仍比从小就有吃早餐习惯的人小，因此，智力发育就差。

合格早餐的特点

营养充足的儿童早餐应该做到食物多样化，要包括4类食物，即粮谷类食物、动物性食物、蔬菜与水果、奶类或豆类食物。

◎ 粮谷类食物

如米饭、面包、烧饼、发糕、面条、粥等，含有的大量糖类，可为孩子提供充足的能量，能保证整个上午有充沛的精力投入学习。

◎ 动物性食物

如蒸鸡蛋、香肠、酱猪肝、蒸鱼、蒸鸡蛋糕，既能提供孩子生长发育需要的优质蛋白质，又能提供上午需要的部分能量。

◎ 蔬菜与水果

如炒芹菜、生拌洋葱丁、糖拌番茄、菠菜汤、苹果、杏、樱桃，所含的维生素C与矿物质，有利于满足上午大脑与各器官的代谢需要。

◎ 奶类或豆类食物

如牛奶、酸奶、奶酪、豆浆、豆腐、炒黄豆芽或豆腐干，能提供优质蛋白质，也能提供在儿童发育中占有重要地位的矿物质钙。

如果早餐中具有其中3类食物，就算是合格的早餐，如果只具有1类或2类食物，则这顿早餐的质量就是差的。需注意的是，早餐时如有水果，量不宜大，30克左右即可。

小贴士

早餐提供的能量应占全天总需要量的30%。在形式上，早餐应该有干有稀，只干无稀，难以下咽；只稀无干，不耐饥，还不能得到充足的营养。

不要给宝宝喝碳酸饮料

碳酸饮料中的3种主要成分（二氧化碳、糖、磷酸）均影响宝宝健康，妈妈应该尽量不要让宝宝喝碳酸饮料。

◎ 二氧化碳：碳酸饮料中的二氧化碳很容易引起腹胀，影响宝宝的食欲，甚至造成肠胃功能紊乱，使宝宝消化不良。

◎ 糖分：碳酸饮料中一般都含有大量的糖，被宝宝吸收后会产生大量热量，非常容易引起肥胖。过多的糖还会给宝宝的肾脏带来很大负担，是引起宝宝糖尿病的隐患之一。碳酸饮料中的糖分还会损害宝宝们的牙齿，大大增加宝宝患龋齿的机会。

◎ 磷酸：由于人体内的钙、磷是呈一定的比例存在的，大量的磷酸摄入会影响宝宝对钙的吸收，使宝宝缺钙，出现骨骼发育缓慢、骨质疏松。

所以，妈妈应尽量少让宝宝喝碳酸饮料。

怎样纠正宝宝吃独食

为了让宝宝吃好，爸爸妈妈常常买些或做些宝宝爱吃的食物。这样做让宝宝感到在家中的特殊地位，形成了自私的心理。部分宝宝吃惯了独食，别人吃他一点东西他就不依不饶。

纠正宝宝吃独食的毛病，要先从分食开始。吃东西时，保证每个家庭成员都有份，即使为了保证宝宝的健康给他多一些，也要让他知道，这不是他的特权，别人需要时，也同样有吃的权利。

吃饭时，要全家人到齐后再一起吃，不能让宝宝先上桌挑拣爱吃的东西。平时应让宝宝养成谦让的习惯。宝宝礼让时，被让人应说“谢谢”，让宝宝意识到他的行为是受到肯定的。即使被让人不吃，也要说明情况原因。如爸爸有龋齿，不能吃过甜的东西；奶奶牙不好，不能吃硬的东西等。以免让宝宝产生“反正他们不会真吃，只需假装让”的心理。

小贴士

任何好习惯的培养都离不开父母的鼓励、表扬和以身作则。换句话说，宝宝的饮食习惯是可控的，而这个主动权掌握在父母手里。

宝宝过量进食怎么预防

进食过度对宝宝的健康不利，平时妈妈应注意控制宝宝的食量，谨防过量进食。

过量进食使宝宝的胃肠道必须分泌更多的消化液和增加蠕动来进行消化，很容易引起肠胃功能紊乱，使宝宝呕吐、腹泻，甚至发生水电解质紊乱和全身中毒症状。

过量进食会使宝宝体内营养过剩，转化成脂肪堆积起来，成为肥胖症。

过量进食会使脂肪沉积在宝宝的脑组织处，形成“脂肪脑”，使脑沟变浅，脑回沟减少，神经网络发育欠佳，影响宝宝的大脑发育。过量进食还会使大脑经常处于相对缺血状态，使宝宝的语言、记忆、思维能力下降，影响宝宝的智能发育。

预防宝宝过量进食，特别要注意不要让宝宝在睡前吃得过饱。

睡前吃得太饱，睡觉易做噩梦，还会因为睡眠质量不高而出现磨牙、遗尿、易惊醒、烦躁不安等情况，影响宝宝白天的活动。

宝宝不爱喝水怎么办

白开水对宝宝的健康很有好处，可宝宝不喜欢，妈妈该怎么办呢？

◎ 在宝宝刚睡醒和玩耍投入时给宝宝喂白开水。这时候的宝宝情绪比较好，容易接受平时不接受的事情。

◎ 爸爸妈妈做好表率。爸爸妈妈经常当着宝宝的面喝白开水，并做出很享受的样子，勾起宝宝的尝试欲望。

◎ 不要树立反面教材。妈妈自己喝可乐却要宝宝多喝水，最没有说服力，宝宝也不会买账。

◎ 爸爸妈妈决心要坚定，态度要一致。宝宝因为不想喝白开水而哭闹时，爸爸妈妈一定要坚持住，不能向宝宝妥协，也不要出现跟妈妈要不到，跟爸爸要就有的现象。

◎ 家里在一定时间内不要储存饮料，使宝宝在口渴时只能喝白开水。

◎ 吃饭后，以漱口为名，让宝宝喝口白开水。

◎ 通过游戏的方式，让宝宝爱上白开水。

◎ 可以试着跟宝宝做约定，并严格执行。如：和宝宝说好1个星期只喝1次可乐，或周末的时候可以喝果汁等，到时候一定要兑现，平时则坚决不能纵容宝宝。

聪明宝宝的美食

豆腐蒸蛋

原料：豆腐2块，鸡蛋4个，猪肉末50克，水发香菇数朵，花生油、香油、生抽、盐、胡椒粉、葱末各适量。

做法：

❶ 将豆腐放入热水中汆透取出，沥干水，放入碗中用筷子搅烂。

❷ 鸡蛋打入碗中，用筷子调匀，放入少许盐、生抽、胡椒粉搅拌均匀，再放入豆腐；将洗净的香菇去蒂切碎成末。

❸ 将猪肉末、香菇末、葱末放入豆腐碗中拌匀，浇上花生油，放入蒸笼中用旺火蒸10分钟，浇少许香油即成。

炒牛肉丝水芹

原料：牛肉丝250克，水芹段150克，酱油25毫升，素油50毫升，淀粉25克，葱、姜末、黄酒、盐、麻油、糖适量。

做法：

❶ 牛肉丝加入盐、黄酒、淀粉上浆；取碗放进酱油、葱、姜末、黄酒、麻油、糖拌匀待用。

❷ 开油锅，油温五成，投入牛肉丝，旺火翻炒，下水芹及拌好的调料，速搅拌透，浇上明油即可。

营养功效：此菜富含优质蛋白质及多种维生素，可健脾养胃，增进食欲。

胡萝卜炒肉丝

原料：瘦猪肉50克，胡萝卜100克，葱末、姜末、盐、酱油、料酒、醋、香油各少许，植物油20毫升，水淀粉适量。

做法：

❶将猪肉去筋，切成细丝，放入碗中，用水淀粉和少许盐腌5～10分钟；将胡萝卜洗净，切成细丝。

❷炒锅上火烧热，加入植物油，待油稍温时下入肉丝滑散。

❸另起锅加油烧热，加入葱末、姜末炝锅，下入胡萝卜丝，炒至断生。

❹加入肉丝翻匀，然后加入盐、醋、酱油、料酒，炒至菜熟。

❺淋入香油，即可出锅。

小贴士

❶丝不要切得太长，菜也不要炒得过脆，以免宝宝咀嚼困难。

❷宝宝吃的菜不能太咸，也不要加太多调料。

营养功效：香甜可口，营养丰富，可以为宝宝补充维生素A、蛋白质、铁等营养素。

肉片炒香干

原料：猪肉片150克，五香豆腐干100克，青椒片25克，素油40毫升，酱油25毫升，海米10克，黄酒、糖、盐、姜、葱、淀粉适量。

做法：

❶猪肉片放碗里加盐、黄酒、淀粉上浆；海米用开水泡发；香干切片用开水烫过捞出，沥干水。

❷开油锅，油温五成，投入肉片，倒进海米翻炒一会儿，下进青椒片、香干片拌匀后即放进酱油、糖、姜、葱搅匀，水淀粉勾芡，浇上明油即可。

营养功效：此菜含多种蛋白质及维生素，是日常营养菜肴之一。

香甜如意卷

原料： 面粉400克，温水200毫升，白糖50克，干酵母、碱、油适量。

做法：

❶ 在面粉中加入干酵母，用温水和成面团，放到温暖的地方发酵。

❷ 面团发好后，用温水将碱化开，倒入面团中，加入适量干面粉和白糖揉匀，稍微醒一会儿。

❸ 将面团擀成长方片，刷上一层油，再撒上少许干面粉，卷成圆筒状，切成10段，折成花状的卷。

❹ 用干净的布盖住稍醒。

❺ 待蒸锅上气后，将如意卷生坯码入笼屉内，旺火蒸20分钟即可。

小贴士

蒸熟后不要急于卸屉，先把笼屉的上盖揭开继续蒸3～5分钟，待表皮干结后再卸屉翻扣到案板上，取下屉布。这样蒸出来的如意卷既不粘屉布也不粘案板。

鱼肉胡萝卜羹

原料： 鳕鱼肉50克，胡萝卜1/3根，洋葱1/3个，高汤适量，盐少许。

做法：

❶ 将鳕鱼肉洗净切碎，或用搅拌机打成蓉；胡萝卜、洋葱分别洗净，切成碎末。

❷ 锅中加高汤烧开，将鱼肉和蔬菜一起放进去煮。

❸ 至蔬菜熟烂时，加少许盐调味即可。

营养功效： 味道鲜美，营养丰富，还有保护宝宝的心血管系统，帮宝宝预防心血管疾病的功效。

小贴士

❶ 如果用冷冻鳕鱼做的话，最好用冷水浸泡解冻后，再进行下一步操作。

❷ 不要和柿子、葡萄、石榴、山楂、青果等含鞣酸比较多的水果同吃。

白菜枸杞猪骨汤

原料：猪棒骨2根，新鲜白菜叶、米醋适量，盐、姜片、葱段、大枣、枸杞子、橘子皮各少许、凉水适量。

做法：

❶将猪棒骨洗净敲碎，挑出骨头渣，放进开水锅中焯一下，捞出备用。

❷沙锅内加凉水，放入棒骨、姜片、葱段、大枣、枸杞子、橘子皮，大火煮开，加入少许米醋，改用小火煮1.5～2个小时。

❸放入白菜，加入盐，煮开即可。

小贴士

盐要尽量少放，否则会影响宝宝对钙的吸收和利用。

营养功效：不但有养胃生津、除烦解渴、利尿通便、清热解毒之功，还是很好的补钙食物。

阳春面

原料：挂面30克，鸡蛋1个，葱花少许，高汤2大匙，油、酱油、香油、盐、清水各适量。

做法：

❶锅中加清水烧开，下入挂面煮熟，盛入碗中；将鸡蛋打入碗中，用筷子搅散。

小贴士

鸡蛋最好洗净后再打入碗中，以免蛋壳上的细菌污染蛋液，使宝宝受到感染而生病。

❷锅中加油烧热，将蛋液倒入锅中，摊成薄薄的蛋皮，凉凉后切成细丝。

❸锅中加高汤烧开，加入葱花、蛋丝、酱油、盐稍煮，滴入香油，浇在面条上即可。

营养功效：味道鲜香，养胃消食，很适合消化不良的宝宝。

牛奶蜂蜜饼干

原料：面粉200克，黄油20克，牛奶30毫升，发酵粉少许，蜂蜜适量。

做法：

❶ 将面粉放入盆中，加入发酵粉、牛奶，用温水和成面团。

❷ 将黄油放入蜂蜜中搅开，加入面团中揉匀。

❸ 将面团擀成0.5厘米厚的片，切成一个个小长方形，用叉子扎些孔。

❹ 在表面刷上牛奶，放入预热好的烤箱内，以250℃炉温烘烤至焦黄即成。

小贴士

将烤好的饼干放凉后再给宝宝吃，口感就会很脆。

营养功效：口感香脆，容易消化，还可以为宝宝补充葡萄糖、果糖、钙等营养素。

聪明宝宝的一日饮食安排

2岁4～6个月宝宝一日饮食安排

此时的哺喂原则与前阶段近似，每天补充的总热量应达到1200～1300千卡，蛋白质、脂肪和糖类的比例为1：0.8：4～5。

一天的进食次数为4～5次，注意安排好3顿正餐和上午、下午的2次点心。

不要给宝宝吃太硬的食物。

不要吃太多水果，以每天100～200克为宜（相当于1个中等大小的橘子或半个大苹果）。

尽量少用市场上出售的熟食（香肠、火腿、罐头食品等）为宝宝制作食物，因为其中大多添加了食品添加剂、防腐剂等，对宝宝的生长发育不利。

食谱A

早餐8:00	牛奶200毫升，馒头片1～2片，煎鸡蛋1个
早点10:00	鱼肝油3滴，钙剂1克，香蕉1根
午餐11:30	米饭50克，香菇炒青菜（青菜50克，香菇50克），番茄汤
午点15:00	牛奶200毫升，全麦饼干
晚餐18:00	花卷1个（50克），红烧鲤鱼（鱼50克），素炒芹菜（菜50克），肉丝汤1碗

食谱B

早餐8:00	虾仁，小白菜，挂面汤甩鸡蛋（虾仁10克，挂面50克，鸡蛋1个）
早点10:00	果汁1杯，饼干
午餐11:30	馅饼（肉20克，冬瓜末50克，白菜30克，韭菜10克），小米粥（小米，桂圆，葡萄干）

续表

午点15:00	豆浆1杯（200毫升），威化饼干2块
晚餐18:00	小馒头1个（50克），肉炒青椒（肉50克，青椒50克，番茄10克），鸡蛋汤1碗

食谱C

早餐8:00	牛奶200毫升，馒头片1～2片，煎蛋角（鸡蛋1个，肉末30克）
早点10:00	鱼肝油3滴，钙剂1克，橘子1个
午餐11:30	米饭（米50克），肉末蘑菇炒青菜（菜50克，肉20克），番茄汤
午点15:00	牛奶200毫升，全麦饼干
晚餐18:00	花卷1个（50克），红烧鲤鱼（鱼50克），素炒芹菜（菜50克），酸辣汤（榨菜，鱼头）

宝宝2岁7~9个月

宝宝身心发育情况

此阶段的幼儿，躯体动作和双手动作在继续发展，比前阶段熟练、复杂，而且增加了随意性，可以比较自如地调节自己的动作。

身体发育		
体　重	男孩13.0～13.53千克	女孩12.55～13.13千克
身　高	男孩91.35～93.38厘米	女孩90.3～91.7厘米
头　围	男孩47.88～48.95厘米	女孩47.7～48.8厘米
胸　围	男孩49.45～50.54厘米	女孩49.1～50.2厘米
牙　齿	20颗乳牙	

感觉运动发育

喜欢看图书、听故事，能回答故事中的主要问题。穿鞋时能分清左、右。学习自己洗脚，自己穿有扣子的衣服。喜欢帮助妈妈做事。能自己收拾衣物和玩具。

语言、适应行为发育

宝宝会用简单句与人交往，不仅会用“你”、“我”、“他”代词，还会用连词。知道许多日常用品的名称和用途。所用简单句包括主语、谓语和宾语。所用的词汇中以名词最多，动词次之。直接用名词陈述自己或别人的行为。开始出现问句，如：“我们上哪儿去玩？”开始学会等待，如去公园玩碰碰车要排队等候。

心理发育

幼儿在认识物体时，几乎都是按照物体的形状进行选择，而不是注意物体的颜色。说明此期幼儿认识物体，首先注意的是物体形状而不是物体的颜色。开始出现想象力，但比较简单，只是实际生活的简单重现，如在家里用娃娃当宝宝，自己当妈妈，送娃娃上幼儿园等。但想象力能使幼儿做出超越当时现实的反应，心理现象可以更为活跃丰富。

此阶段，幼儿的思维方式仍明显地

带着行动性。思维与行动密切联系。能分出物品大小。能模仿画横线、竖线。数数能数6～10。与周围人们有广泛复杂的交往，促进了情绪和情感的发展，出现高级情思的萌芽。如成人给予他简单事情做，完成后会体会到完成任务的愉快。和小朋友相处，会引起友爱、同情等情感体验。认识简单行为准则，如“对”或“不对”或“不可以”。

本阶段宝宝喂养重点

此时宝宝已经完成了由液体食物向幼儿固体食物的过渡，不过每天还应饮用400～500毫升牛奶，保证钙的吸收。同时多吃含钙高的食品，每天保证一定时间的日照。

2岁半以后，宝宝每天所需的蛋白质、脂肪和糖类的比例为1：0.8：4～5，总热量达到1300千卡，每天应当进食主餐3次，点心1次，同时适量吃些应季水果。

要有充足的优质蛋白质

幼儿旺盛的物质代谢及迅速的生长发育都需要充足的且必需氨基酸较齐全的优质蛋白质。幼儿膳食中蛋白质的来源，50%以上应来自动物蛋白质及豆类蛋白质。

热量适当，比例合适

热量是幼儿活动的动力，但供给过多会使孩子发胖，长期不足会影响生长发育。

膳食中的热量来源于3类产热营养素，即蛋白质、脂肪和糖类。三者比例有一定要求，幼儿的要求是：蛋白质供热占总热量的12%～15%，脂肪供热占25%～30%，糖类供热占50%左右。各类营养素要齐全，在一日的膳食中要以谷类食品为主，要供给优质蛋白质的肉、蛋类食品，还要有供维生素和矿物质的各种蔬菜。

继续强化宝宝独立进餐的良好习惯

不要让宝宝过多地吃糖和含糖量高的点心。如果糖分摄取过多，体内的B族维生素就会因帮助糖分代谢而消耗掉，从而引起神经系统的B族维生素缺乏，产生嗜糖性精神烦躁症状。

聪明宝宝的营养需求

血豆腐能给宝宝补铁吗

血豆腐里面含有蛋白质、铁等营养物质，幼儿吃血豆腐可以补血。宝宝吃血豆腐没有问题，但是要注意每天不能超过50克，最好选择真空包装的鸡血和鸭血。

宝宝吃血豆腐的几点注意事项：

◎ 建议幼儿吃血豆腐最好选择鸡血和鸭血，因为这两种血豆腐口感比较嫩，营养物质容易吸收。

◎ 炒血豆腐之前要用水浸泡，一定要炒得十分熟才给孩子吃。不管是煮、炖还是炒，给孩子吃熟的很重要。

◎ 血豆腐虽然营养价值较高，但是由于动物血液的成分比较复杂，而且还有滑肠作用，虽然不会造成腹泻，但是也不能常吃。一天不要多于50克，不要天天吃。

摄入的脂肪要合理

脂肪在宝宝成长过程中起着十分重要的作用。

满足宝宝对热量的需要：脂肪是热量供给的主要来源，处在生长发育阶段的宝宝，机体新陈代谢旺盛，需要大量的热量，正是脂肪满足了宝宝对热量的需要。如果宝宝饮食中脂肪供给不足，将导致热量不足，进而影响其身体正常发育。此外，由于得不到充足的热量，宝宝所吃食物必将增多，从而增加胃肠的负担，导致消化功能的紊乱。

脂肪有利于神经系统的发育：磷脂是构成脑细胞、脑神经、血小板的重要成分，也是人体其他组织细胞、神经形成及发育的重要原料。如果宝宝饮食中长期缺乏不饱和脂肪酸，将对脑髓神经的正常发育和智力发展造成很大的影响。

有利于脂溶性维生素的摄入：脂溶性维生素A、维生素D、维生素E等只有在脂肪中溶解才能被机体吸收。如果脂肪摄入不足，势必影响其吸收，会使宝宝的呼吸道、生殖器官黏膜和骨骼的发育受到影响。

脂肪对脏器有保护作用：脂肪多分布于皮下、腹腔和肌肉间隙，起着填充间隙、保护内脏及关节的作用。脂肪不足的宝宝，肢体各器官受伤害的机会增多。脂肪中的不饱和脂肪酸是合成磷的必需物质，对皮肤的微血管有保护作用。

如果膳食中缺乏脂肪，宝宝往往出现食欲不振、体重增长缓慢或不增长、皮肤干燥、易患感染性疾病等症状；脂肪摄入过多，宝宝则容易肥胖。因此，宝宝膳食中需要有一定的脂肪，但摄入要适量。

聪明宝宝的喂养

2岁半宝宝的进食心理分析

进入幼儿期的孩子，愿意自己做事，不愿按成人意见办事，但喜欢模仿别人动作。心理活动受外界的影响，是被动的。开始有语言和思维，开始形成习惯。

在进食方面，这时的孩子喜欢自己吃饭，用自己固定的碗和勺，并坐在固定的座位上。2岁以下的幼儿对食物的花样变换没有兴趣，喜欢吃已经习惯了的食物，如每日蛋羹、面片、菜粥也不会厌烦，对没吃过的食物持怀疑态度，喜欢菜、饭拌在一起吃，还喜欢吃包子、饺子等带馅食品，特别喜欢自己用手拿着吃。因此，对3岁前的幼儿要注意培养良好的饮食习惯，从小给予多种食品，让其接触各种味道，以免挑食、偏食，才能获得全面均衡的营养。

警惕容易让宝宝过敏的食物

宝宝吃了某种食物后表现出了湿疹、血管神经性水肿，甚至出现腹痛、腹泻或哮喘等症状，这说明宝宝对此种食物过敏。

这就要求爸爸妈妈在给宝宝调节食谱时避免摄入致敏食物，尤其应留心过敏体质的宝宝，如果宝宝误食了致敏食物会使病情加重或复发。

要判断哪种食物使宝宝过敏，爸爸妈妈就应仔细观察或去医院做皮肤过敏实验、食物负荷试验等，以此来协助诊断。平时，如宝宝食用某一食物后出现过敏症状，之后渐渐消失，再次食用又出现相同症状，如此反复几次即可初步判断宝宝对此食物过敏。

最常见的引起过敏的食物是异性蛋白质食物，如大虾、鱼类、动物内脏、鸡蛋（尤其是蛋清等）。个别宝宝对某种蔬菜也过敏，如黄豆、毛豆等豆类，蘑菇、黑木耳等菌类。个别宝宝对香菜、韭菜、芹菜也会过敏。

尽量避免宝宝食用使其过敏的食物，等宝宝再长大一些，消化能力增强，免疫功能日趋完善时，有可能逐渐脱敏。

宝宝吃饭时恶心、呕吐怎么办

2岁多的宝宝牙齿已经长齐，所以喜欢嚼一些干硬的食物，但还有一部分宝宝没有养成咀嚼的习惯，部分宝宝甚至只肯吃米糊、烂饭或牛奶，菜和肉稍微大一些就咽不下去，出现恶心甚至引起呕吐现象。

这是因为妈妈养育宝宝过分细心，每天用肉泥、菜泥喂宝宝吃，时间一长，宝宝因此失去了咀嚼的机会，只能接受糊状或小颗粒状食物。如果宝宝到现在为止还不能接受块状食物，爸爸妈妈可以从以下几方面训练宝宝：

逐渐调整宝宝饭食的性状，把泥状食物改为碎末食物，宝宝习惯后再过渡到吃小块食物。要循序渐进，切忌直接改为喂干饭。

平时可给宝宝吃一些猪脯肉、肉枣、鱼柳、鱼干之类的零食，让宝宝练习咀嚼，锻炼牙齿。

爸爸妈妈在为宝宝准备饭菜时，要注意食物的色、香、味。吃饭时，爸爸妈妈的态度也很重要，大人和颜悦色，宝宝就会心情愉快，乐于接受食物。万一出现恶心、呕吐现象也不要抱怨，以免引起宝宝紧张。

宝宝为什么喜欢快餐

走在街道上能够看到各种各样的快餐店里座无虚席，生意火爆，顾客大都是宝宝和他们的家长，为什么宝宝都喜欢快餐呢？

快餐迎合宝宝的口味

一项调查表明，在宝宝最喜欢吃的食物中，12.3%是油炸类，21.8%是甜食类，7.9%是谷物类，21.0%是肉类食品，而14.8%是饮料食品。其中，爱吃油炸食品的原因中，有73.3%的宝宝认为好吃，而5.7%的宝宝认为有香味。而快餐尤其是洋快餐中正恰恰拥有这些吸引宝宝的东西，炸猪排、炸鸡腿和炸土豆条等油炸食品，又香又脆，确实很吸引宝宝。

广告的作用

为了让自己的品牌深入人心，快餐企业大打广告战，在全国许多电视台的黄金时段都能看到洋快餐广告。商家正是针对宝宝对新鲜事物的好奇心，广告中利用明星形象，展示各种美味食品，更用随餐赠送的小玩具吸引宝宝们的眼球，牢牢抓住了这一消费群体，使宝宝们成为洋快餐店的忠实顾客。

家长的不恰当诱导

调查中发现，我国城市儿童通常在节假日、生日、考试成绩好的时候到快餐店就餐。被调查者中有66.2%的宝宝在节假日由父母带着去快餐店；34.3%在洋快餐店庆祝自己的生日；在考试成绩好或表现好的时候，17.8%的宝宝会从父母那里得到吃洋快餐的奖励。换句话说，许多家长把洋快餐作为礼物送给宝宝，洋快餐被当成奖励，无形中向宝宝传达了“洋快餐是好的、高级的”这种含义。

宝宝常吃快餐不健康

看着自己的宝宝贪婪而香甜地吃着炸薯条、喝着可乐，不少家长可能都沉浸在幸福之中，可能会庆幸为挑食的宝宝找到了简便易得的食品。殊不知，宝宝身体疲弱、生长发育迟缓都与这种饮食结构有关。油炸食品不容易消化，多吃容易得胃病。宝宝的胃肠道功能还没有完全发育成熟，高温食品进入胃内后会损伤胃黏膜而得胃炎。油脂在高温下会产生一种叫丙烯酸的物质，这种物质很难消化。多吃油炸食物的宝宝会感到胸口发闷发胀，甚至恶心、呕吐或消化不良，个别宝宝吃了油炸食物后还会连续几顿吃不下饭。而长期吃甜食，嗜饮甜饮料会给儿童带来精神方面的隐患，使宝宝情绪激动，具体可以表现为好哭好闹、爱发脾气、多动好动、容易烦躁。

宝宝吃得多为什么长不胖

一般来说，吃得多的宝宝长得相对胖一点，但如果宝宝吃得多却总长不胖，妈妈就需要看看宝宝是否消化不良，还需要从食物上找找问题所在。

如果宝宝消化功能差，吃得多，拉得也多，食物不能被充分吸收利用，这样就长不胖。妈妈平时需要培养宝宝良好的饮食习惯，饮食应定时、定量。

如果宝宝所食用的食物蛋白质、脂肪等含量长期偏低，体重也不会增加，宝宝的食物应该以丰富、均衡为原则。

另外，还要看看宝宝每天所需营养素的量是否跟得上。1岁多的宝宝活动量加大，如果每天所摄取的营养素跟不上宝宝运动量的需要的话，宝宝就长不胖。

不可忽视的一点，就是当宝宝还有某种内分泌疾病的时候，他也可能表现为吃得多而体重下降，体质虚弱，此时应该带宝宝去医院全面体检，查出原因，及时治疗。

小贴士

宝宝出生后定期体检一定要按时做，这样能及时发现宝宝的身体异常，不至于影响到宝宝生长发育。

聪明宝宝的美食

红烧鱼面筋

原料：净青鱼肉150克，水发黑木耳5克，山药30克，鸡蛋1个，葱段、姜片适量，水淀粉适量，植物油300毫升，鲜汤适量，酱油、香油、黄酒、糖、水各少许。

做法：

❶ 将剔净的青鱼肉切条，放入搅拌机中绞成泥状，加鸡蛋、水打匀；黑木耳、山药切丁备用。

❷ 锅中加油烧至四成热，将搅拌好的鱼蓉用小汤勺舀入油中，炸成金黄色，捞出控油。

❸ 锅中留少许底油，放入葱、姜爆香，加入鲜汤、酱油、黄酒、糖烧开。

❹ 倒入鱼面筋、黑木耳丁、山药丁煮熟。

❺ 用水淀粉勾芡，淋上香油即可。

营养功效：富含优质蛋白、铁、磷等营养素，可以促进宝宝的生长发育。

糖醋藕片

原料：净藕250克，清水50毫升，素油、糖、干淀粉、醋、盐、番茄沙司适量。

做法：

❶ 将藕切成3.96厘米长、1.65厘米宽的片，放盐浸透，拍上干淀粉。

❷ 开油锅，油温七成，将藕片逐一下锅，煎至呈黄色捞出。

❸ 锅留底油，加盐、糖、清水50毫升，烧开后加醋、水淀粉勾芡，翻几下淋上明油、沙司出锅，浇在煎好的藕片上即可。

南瓜黄桃派

原料：南瓜250克，干炸粉2包，黄桃3个，淀粉适量，植物油500克（实耗30克左右），糖、蔬菜叶子少许。

做法：

❶将南瓜去皮洗净，煮熟后捣成泥，加入干炸粉拌匀。

❷将黄桃去皮切成小丁，煮熟，加入少量淀粉和糖拌成糊。

❸锅中加油烧热，用小勺舀起南瓜泥放入锅中炸黄。

❹装入盘中，浇上黄桃糊，再配上烫熟的蔬菜叶子即可。

营养功效：含有糖类、维生素、钙、磷、铁等营养素，很适合宝宝吃。

茶叶烧鲤鱼

原料：鲤鱼500克，绿茶25克，素油、酱油、盐、黄酒、糖、醋、姜、葱末、淀粉适量。

做法：

❶鲤鱼去鳞、鳃、内脏，洗净，两边肉厚处划三直刀，用盐、黄酒腌10分钟；茶叶用开水泡3次，每次泡5分钟，用开水150克左右，共泡茶水500克左右备用。

❷油锅烧开后将鱼拍上淀粉入锅炸透滗去油，加黄酒、酱油、糖、醋、葱、姜、茶叶水旺火烧开，文火烧至汁剩100克时下味精，水淀粉勾芡即可。

营养功效：鲤鱼有滋补健胃的功效，很适合幼儿食用。

煸烧肘子

原料：猪肘1个，素油25毫升，酱油150毫升，黄酒50毫升，水250毫升，花椒、糖、姜块、葱段、茴香适量。

做法：

❶将肘子洗净、去毛，切成5厘米见方的块，用热水洗过。

❷锅放油烧热，油温七成，下进肘子煸透捞出。净锅内加水250毫升及黄酒、酱油、姜（拍扁）、葱、花椒、茴香，旺火烧开，文火烧烂，加糖，收汤即可。

营养功效：肘子含较多的蛋白质，特别是含有大量的胶原蛋白质，对幼儿生长发育很有益处。

鸡蛋面片

原料： 面粉100克，鸡蛋1个，葱花少许，高汤2大匙，香油、酱油各适量。

做法：

1. 将面粉放在1个大碗内，打入鸡蛋，用蛋液将面粉和成面团。
2. 将揉好的鸡蛋面团擀成薄薄的圆片，再用刀切成小面片。
3. 锅中加入高汤烧开，下入面片煮软。
4. 撒入葱花，滴入香油和酱油即可。

营养功效： 富含蛋白质、糖类、维生素、钙、铁、磷、钾、镁等营养素，且容易消化，是很受宝宝们欢迎的主食。

小贴士

1. 鸡蛋最好洗净后再打入碗中，以免蛋壳上的细菌污染蛋液，使宝宝受到感染而生病。
2. 面团最好多揉一会儿，揉得越均匀，煮出来的面片越好吃。

黑木耳炒黄花菜

原料： 黑木耳（干）5克，黄花菜（干）40克，葱花5克，水淀粉、植物油、高汤各适量，盐少许。

做法：

1. 将黑木耳泡发，去根洗净，撕成小片；黄花菜用冷水泡发，洗净，挤去水分，切成小段。
2. 锅中加油烧热，下入葱花煸香，放入黑木耳、黄花菜煸炒几下，加入高汤，炒至黑木耳、黄花菜熟。
3. 加盐，用水淀粉勾芡即可。

小贴士

黄花菜必须炒熟，否则会使宝宝中毒。

营养功效： 含有丰富的蛋白质、铁、磷、B族维生素等促进大脑发育的营养素，有益于宝宝的智力发育。

鸡肉软米饭

原料：软米饭75克，鸡肉20克，高汤1大匙，酱油、白糖、料酒、胡萝卜适量。

做法：

❶ 将鸡肉洗净，剁成极细的末，放入锅内，加入高汤、酱油、白糖、料酒煮熟，边煮边用筷子搅拌，使其均匀混合。

❷ 将软米饭放入锅中，和煮好的鸡肉一起拌匀。

❸ 切一片花形胡萝卜作为装饰，即可给宝宝食用。

营养功效：营养丰富，可以为宝宝补充能量、优质蛋白质和必需的脂肪酸。

小贴士

鸡胸肉含有较多的B族维生素，大腿肉含有较多的铁质，翅膀肉中则含有丰富的骨胶原蛋白，妈妈可以根据宝宝的营养需求，选择不同部位的肉为宝宝烹调。

全麦吐司沙拉

原料：全麦吐司1片，熟鸡肉30克，鲜蘑菇、圣女果、生菜等各色蔬菜适量，蛋黄沙拉酱1匙。

做法：

❶ 将吐司切成1厘米见方的小丁，或用手撕成小片。

❷ 将鲜蘑菇洗净，煮熟后切成小薄片；生菜洗净，撕成小片；圣女果洗净，切成片。

❸ 将熟鸡肉切成小碎丁备用。

❹ 将所有原料放入一个大碗中混合，淋上蛋黄沙拉酱即可。

营养功效：全麦食品含有丰富的粗纤维、维生素E、B族维生素以及锌、钾等矿物质。

小贴士

肠胃不好的宝宝可以将各色蔬菜焯熟后再拌，以免对宝宝的脾胃造成伤害。

聪明宝宝的一日饮食安排

2岁7～9个月宝宝一日饮食安排

此时宝宝已完成由液体食物向固体食物的过渡，但每天还应饮用400～500毫升牛奶。

每天所需的总热量达到1300千卡，蛋白质、脂肪和糖类的比例为1∶0.8∶4～5。

每天应当吃3次正餐、1次点心，同时适当地吃些应季水果。

不要让宝宝过多地吃糖和含糖量高的点心。

2岁7～9个月宝宝一日饮食表

食谱A

早餐8:00	牛奶200毫升，肉包子1个
早点10:00	苹果1个，鱼肝油3滴，钙剂1克
午餐11:30	肉卷1个（面50克，肉末20克，葱1克），蒸蛋羹1碗（蛋1个），冬瓜汤（冬瓜20克，虾皮10克）
午点15:00	牛奶200毫升，芝麻饼1个
晚餐18:00	卤面条1碗（面50克，肉片20克，番茄20克，黑木耳5克）

食谱B

早餐8:00	牛奶200毫升，面包2块，鸡蛋1个
早点10:00	鸭梨1个，鱼肝油3滴，钙剂1克
午餐11:30	米饭1小碗，海米青菜1盘，番茄鸡蛋汤1碗
午点15:00	鲜橙汁200毫升，雪饼2块
晚餐18:00	八宝粥1碗

食谱C

早餐8:00	牛奶200毫升，果酱馒头1～2片
早点10:00	豆腐脑1碗，橘子1个，鱼肝油3滴
午餐11:30	米饭1碗（米50克），酥鱼（鱼50克），炒绿豆芽（豆芽50克），青菜虾米皮汤（菜10克，虾米皮10克）
午点15:00	牛奶200毫升，膨化米花10克
晚餐18:00	猪肝片炒面条（面50克，肝20克，黄瓜30克，黑木耳10克），青菜豆腐汤（青菜20克，豆腐20克）

Part 20

宝宝2岁10个月~3岁

宝宝身心发育情况

3岁末，宝宝脑内的神经纤维迅速发展，在脑的各部分之间形成了复杂联系，为幼儿动作发展和心理发展提供了生理前提。神经系统的抑制过程明显发展，但兴奋过程仍占优势，因此，幼儿仍容易兴奋。儿童借助于词语刺激，可以形成复杂的条件联系，这是儿童心理复杂化的生理基础。

身体发育		
体重	男孩13.53～15.60千克	女孩13.13～15.13千克
身高	男孩93.4～95.6厘米	女孩91.7～93.2厘米
头围	男孩49.8～50.95厘米	女孩48.7～49.8厘米
胸围	男孩50.5～52.5厘米	女孩50.2～52.2厘米
牙齿	20颗乳牙	

感觉运动发育

3岁的孩子，自主性很强，能随意控制身体的平衡和跳跃动作。可掌握有目的地用笔、用剪刀、用筷子和杯以及折纸、捏面塑等手的精细技巧。学会单脚蹦，会拍球、踢球、越障碍、走S线等。

语言、适应行为发育

3岁孩子，主动接近别人，并能进行一般语言交往。学会复述经历，学会较复杂用语表达。好奇心强，喜欢提问。生活自理能力增强，会自己穿脱衣服及鞋袜。此阶段，个性表现已很突出，喜爱音乐的爱听歌曲；对画画感兴趣的喜欢各种颜色；对文学感兴趣的喜听故事，朗读也带表情，语言流畅，能表达自己的意思，会讲故事、背诗词等，会编简单谜语。

心理发育

幼儿期儿童的心理发育是在新的生活条件和各种活动中向前发展。

3岁儿童独立行走后便能自由行动，主动接近别人，和其他儿童一起玩，接触更多事物，对幼儿期儿童的独立性、社会性和认识能力的发展均有积极作用。

3岁儿童的双手动作发展得复杂多样，自己穿脱衣服，自己洗手、洗脸等。双手协调，不论在动作的速度和稳定性上都有明显增进。

3岁儿童已掌握300～700个词，和人交往时已能使用合乎日常语法的简单句，并出现问句形式。

由于动作和语言的发展，智力活动更精确，更有自觉性质，在感知、想象、思维方面都得到发展。幼儿透过游戏活动，开始出现高级情感萌芽，懂得一些简单的行为准则，知道“洗了手才能吃东西”、“不可以打人，打人妈妈不喜欢”。这些行为准则，可以和小朋友们和睦相处，也是为品德发展做准备。

自我意识开始发展。自我意识就是人对自己和自己心理的认识。人由于自我意识的发展，才能进行自我观察、自我分析、自我体验、自我控制以及自我教育等。

自我意识是人的意识的一种表现。人的意识形成是和参与社会生活及言语发展直接联系的。幼儿能够自由活动，可广泛参加社会生活，同时又为掌握语言、为意识发展创造了条件。自我意识发展，使儿童作为独立活动的主体参加实践活动。自己提出活动目的，并积极地克服一些障碍去取得吸引他的东西，或做他想做的事，这种积极行动和取得的成功，能激起他愉快的情感和自己行动的自信心，从而促进儿童独立性的发展。此阶段的儿童，喜欢自己做事，自己行动，常说“我自己来”、“我自己吃”、“我偏不”，成人应尊重儿童独立性的愿望和信心，同时要给予帮助。

幼儿自我意识发展，当他开始出现的自尊心受到戏弄、嘲笑、不公正待遇或在别的儿童面前受到责骂等时，可引起愤怒、哭吵或反抗行为。自我意识的发展具有复杂的内容，经历很长的过程，在幼儿期只是开始发展。

本阶段宝宝喂养重点

这个阶段的宝宝每天所需的营养比以前略有增加，总热量可以达到1350千卡左右。

宝宝在此阶段普遍已经能够独立进餐，但会有边吃边玩的现象，父母要有耐心，让宝宝慢慢用餐，以保证孩子真正吃饱，避免出现可能的进食不当导致的营养不良。

宝宝在2岁半后户外活动增加，饮食种类逐渐多样化。因此，对于健康的宝宝来说，就不需要专门补充维生素D和钙剂了。

这个阶段的宝宝肠胃功能还处在不断完善的过程中，要鼓励宝宝充分咀嚼，以减轻胃肠道消化食物的负担，保护胃肠道，促进营养素的充分吸收和利用。

聪明宝宝的营养需求

常吃核桃能让宝宝更聪明

核桃仁不仅外形非常类似于人脑的形状，而且核桃仁中所形成的能量也即营养结构与人脑的需求极为吻合，并且容易被大脑吸收。

核桃中含有大量的脂肪和蛋白质，它们是大脑最好的营养物质。

核桃的蛋白质中还含有一种对人体极为有益的物质——赖氨酸。它是健脑的重要物质，能够给予大脑神经所需的营养，有助于提升孩子的智力，增强记忆力。

核桃含有丰富的B族维生素和维生素E。

B族维生素参与机体内蛋白质、脂肪、糖的代谢，能使脑细胞的兴奋和抑制处于平衡状态。维生素E具有防止脑细胞衰老的功效，从而增强记忆力、强健大脑。

核桃中的卵磷脂，对脑神经有良好的保健作用。

它可以提高大脑活力，加快脑部神经细胞之间的信息传递，从而使神经系统顺畅地传递信息，达到安定神经，增强记忆和提高学习效率的目的。

因此为了宝宝的聪明健康，请多给宝宝吃些核桃。核桃是宝宝益智、健脑的守护神。

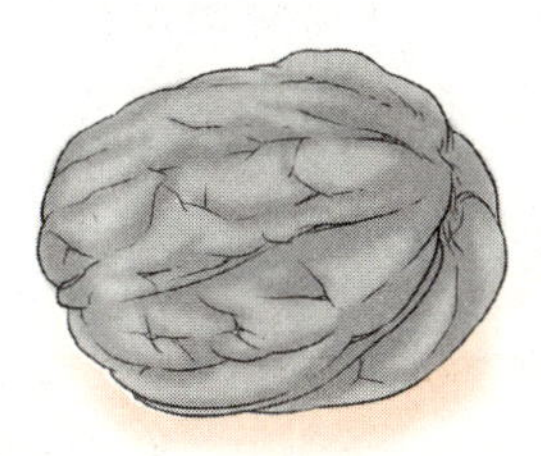

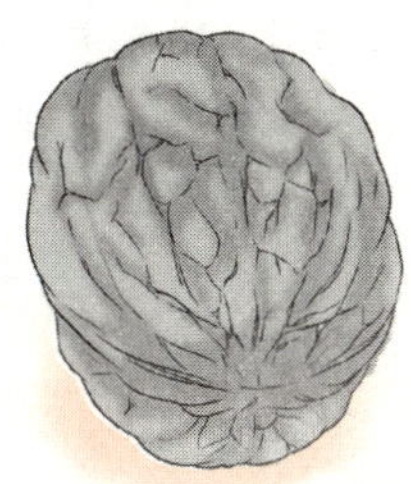

聪明宝宝的喂养

3岁幼儿的喂养特点

儿童与成人每日饮食都应当平衡搭配，这样才有利于身体的营养吸收和利用。每顿应以主要供热量的粮食作为主食，也应有蛋白质食物供给，作为幼儿生长发育所需的物质。奶、蛋、肉类、鱼和豆制品等都富有蛋白质。人体需要的20种氨基酸主要从蛋白质食物中来，各类蛋白质所含氨基酸种类不同，必须相互搭配，摄入氨基酸才全面。如豆腐拌麻酱，氨基酸可以互相补充，其营养相当于动物瘦肉所提供的营养，这种互相补充叫作蛋白质互补。

蔬菜和水果是提供维生素和矿物质等微量元素的来源，每顿饭都应有一定数量的蔬菜才符合身体需要。

有些家庭早饭只是牛奶、鸡蛋，不提供糖类食品。身体为了维持上午所需热量，只好将宝贵的蛋白质当作热量消耗掉，影响幼儿生长发育。有些家庭早上只有粥、馒头、咸菜之类，只能供热量用，无蛋白质食品也不符合幼儿生长发育的需要。幼儿食物烹调要符合消化功能，即细、软、烂、嫩，还要适合幼儿口味，避免用调味品，如味精、花椒、辣椒、蒜等。

不要吃太多的生冷瓜果

婴幼儿的消化功能不完善。夏天天气炎热，食欲又欠佳，消化道中的消化酶分泌较少，酶的活力也较低。如果吃了过多的生冷瓜果，因糖分较多，再加上冷的刺激，会影响食物的消化吸收，造成消化紊乱。如不能积极治疗而拖延下来，变成慢性，会造成幼儿营养不良症。所以生冷瓜果不能多吃，少量、适当吃一点则不至于影响健康。

测测你的喂养方法是否得当

❶ 孩子不愿吃饭，你的第一反应是什么？

A：那不行，一定要让他吃，不能让孩子由着性子。

B：孩子是不是病了？

正确答案：B

专家分析：宝宝的消化系统会不会有问题，这是妈妈首先要考虑的，如果得了胃溃疡或胃炎等，孩子通常会有食欲不佳、嘴里有异味、面色差、舌苔变厚、大便不正常等情况，这时要赶紧带他去看医生。

当然，也可能宝宝对某些食物不喜欢，如果妈妈硬是逼着他吃，会使宝宝更加厌恶吃饭或吃这类食物了。

❷ 孩子不爱活动，吃得也很少，你会怎么办？

A：带孩子多活动，可以增加食欲。

B：没有关系，咱家孩子就是这种性格。

正确答案：A

专家分析：如果宝宝平时运动量不足的话，就会使胃肠道蠕动减弱，导致胃肠功能较差，消化液分泌不足，吃饭时就没有胃口。

❸ 当你知道宝宝特别喜欢吃某种食物时，会怎么做？

A：喜欢吃，就让他多吃点。

B：那些孩子不爱吃的食物，我要想办法做得让他爱吃。

正确答案：B

专家分析：宝宝喜欢吃的，妈妈就做，宝宝不喜欢吃的，妈妈就不做，长此以往会造成孩子的营养不均衡。所以，妈妈对宝宝的挑食，不能采取迁就的态度，而应该想办法让宝宝吃。

❹ 宝宝吃的饭和全家人一样吗？是否存在硬和辣的食物？

A：没有，小孩的饭菜还是要做得软一些。

B：和全家人一起吃，口味偏好也应该是接近的。

正确答案：A

专家分析：宝宝的咀嚼能力一般来说比较差，如果食物过硬，宝宝吃起来会很费劲，就不喜欢吃了。如果食物太辣，或有其他异味怪味，宝宝也同样不会喜欢。

❺ 你家宝宝的零食是否达到7种以上？

A：是的，孩子吃零食也能补充营养。

B：没有那么多，我和他爸爸都不让他多吃零食。

正确答案：B

专家分析：宝宝都喜欢吃零食，但是如果零食吃得太多，尤其是饭前吃零食，更会影响孩子吃正餐的食欲。有些妈妈甚至把甜点、饮料、糖果等作为宝宝好好吃饭的奖励，久而久之，宝宝会形成有奖励就吃饭、没有就不愿意吃的坏习惯。

⑥ 在孩子吃饭时，你会训斥他吗？

A：从来没有这样做。

B：没办法呀！他老是不好好吃饭！

正确答案：A

专家分析：有些爸爸妈妈脾气比较暴躁，会强行给孩子喂饭，不听话就会训斥，或是讲些恐怖话语和故事吓唬孩子，甚至打骂。其结果会造成用餐期间笼罩着紧张气氛，令孩子产生强烈的逆反心理，更加不愿意吃饭。

小贴士

宝宝吃饭时，应关掉电视机，收拢玩具。一顿饭的时间最好控制在30分钟之内。

偏胖和偏瘦宝宝怎么吃

偏胖和偏瘦对宝宝的健康成长都没有什么好处，妈妈应该通过调整宝宝的饮食，尽快纠正这两种情况。

◎ 肥胖的宝宝

肥胖的宝宝要避免过量进食，少吃或不吃高热能的食物（如土豆、地瓜、粉条等含淀粉的食物），可常吃些瘦肉、鱼、豆腐、蔬菜、水果等食物。

最好在吃饭前喝一碗菜汤，可以使自己产生饱胀感，减少主食的摄入量。

平时有饥饿感时，也可以吃些水果，或喝些汤充饥。

◎ 过瘦的宝宝

宝宝偏瘦通常和零食吃得多有关。零食吃得过多，到正餐时吃得就少，如此周而复始，就会形成营养缺乏，使宝宝变瘦。偏食使宝宝得不到全面的营养素，也是使宝宝偏瘦的原因之一。

除了纠正宝宝不良的饮食习惯、培养宝宝良好的进餐习惯外，妈妈还可以多给宝宝吃一些高蛋白、高热能又容易消化吸收的食物，增加能量的供给，帮助宝宝尽早恢复正常。

此外，宝宝所吃的食物应该尽量多样化，并要做得色、香、味俱全，以激起宝宝的食欲，使宝宝摄入充足而均衡的营养。

怎么给宝宝适当选择零食

◎ 选择含有丰富营养素、低糖、低能量、高膳食纤维的食品

如水果、酸奶、奶片、枣、牛肉干、粗纤维饼干、海苔片等。核桃仁、花生、杏仁等坚果类食品虽含维生素E和锌、铁等矿物质，但脂肪含量也多，只宜适量吃，不可过多。

◎ 尽量不选或少选含糖高、脂肪多的食品

如巧克力、冰淇淋、糖果等食品。

这些食品虽有特殊风味，对宝宝具有一定的吸引力，但这些食品毕竟含糖、脂肪高，为防止龋齿和肥胖则尽量少吃。各种人造奶油食品，以及大多西点都用氢化植物油，含大量的“坏脂肪”反式脂肪酸，增加了人们患心脑血管疾病的风险。果脯类食品在制作过程中维生素已遭破坏，除含能量外其他营养素很少。其他如水果糖、果冻都没多少营养，少吃为佳。

◎ **不要选择过咸、腌制食物及油炸膨化食品作为零食**

油炸食品，含能量高、营养低、不易消化，如炸薯片、薯条等。膨化食品，如虾条、雪饼等，主要是糖、淀粉和膨化剂制成，蛋白质含量很少，并且有的产品含大量色素、防腐剂、香精，多食不利，可导致肥胖。话梅类食品含盐分多，对健康也不利。至于街头烧烤，不卫生、质量不可靠，当然是最好不吃。

◎ **不宜购买附带玩具的小食品**

不少厂家为引诱儿童购买食品，在包装袋内附带游戏卡或各种小食品。这些附带物没有经过消毒，极易传染疾病。再有这些玩具存在极大安全隐患，容易让宝宝误吸误食。我国已明令禁止食品中附带玩具。

如何控制宝宝的零食量

不能将零食作为奖励

不要将零食作为奖励、惩罚、安慰或讨好宝宝的手段，长此以往，宝宝会形成一种错觉，以为奖励的东西都是好东西，无形之中在心理上产生一种认知感，这些食物是好吃的，并且喜欢吃。有的妈妈对宝宝的要求百依百顺，如宝宝觉得零食好吃，便允许他没完没了地吃，一味地迁就。这不是宝宝的问题，而是妈妈本身的问题。其实，妈妈稍微要点心思，宝宝就不会为了要吃零食而闹腾了。比如，在给宝宝拿零食时，最好不要让他看见装满零食的盒子。因为，宝宝一旦看见盒子里还有，吃完马上还会再要，这么大的宝宝是不会克制自己的愿望的。妈妈可事先把要给宝宝吃的零食拿出一点，放在一个器皿里，宝宝以为就这么多，吃完了自然也就罢休了。

合理安排吃零食的时间和量

吃零食不要距离正餐太近，应在两餐中间吃，不可离正餐时间太近，以免影响食欲。也不要在临睡时吃，以免增加消化系统负担，影响睡眠，晚上睡前1小时喝不加糖的牛奶以利睡眠和补充钙。每天吃零食的次数应尽量控制在3次内，量不宜过多，这样才不会影响正餐。大量吃零食，就会占去主食的位置，长此以往，容易引起营养不良。妈妈可以准备一些水果，让宝宝正餐时吃饱些。

适量减量

如果宝宝已经喜欢上了零食，妈妈可与宝宝协商，每日或每周可食用的零食分量为多少，最好是妈妈和宝宝都可以接受的范围，订一个双方都同意的标准，可以减少宝宝吃零食的概率。此外，妈妈还可以巧妙地逐次减少每回约定的分量。

小贴士

想成功戒掉宝宝的零食，妈妈应该采取温和而坚定的态度，也就是，说到做到，不要严厉地凶宝宝，更不要威胁、利诱，只要坚持原则、柔声劝阻即可。举个例子来说，如果宝宝晚上吵着要吃零食，妈妈这时就得拿出魄力，用坚定的态度告诉宝宝，现在要睡觉，明天早上才可以吃。就算宝宝哭闹，妈妈都不能妥协，反而久之宝宝就会知道，哭是没有用的，而乖乖顺从。

宝宝总是胃口不好该怎么办

宝宝胃口不好，一般是由以下几种原因引起的：

◎ 零食吃得过多。有些妈妈担心宝宝吃不饱，或过度溺爱宝宝，给宝宝吃了过多的糖果、点心、水果等零食，使宝宝根本没有饥饿感，到了正餐的时候自然就没有食欲。

◎ 吃饭时间不固定。有的妈妈一见宝宝喊饿就喂饭，使宝宝的消化系统没有一定的运行规律，甚至出现肠胃功能紊乱，自然就会出现厌食。

◎ 饮食无度。有些妈妈生怕宝宝营养不够，拼命给宝宝吃大量的高蛋白、高糖饮食物，伤及宝宝娇嫩的肠胃，使宝宝的消化功能下降，久而久之，必然引起厌食。

◎ 精神因素的影响。有的家庭经常在吃饭的时候当着宝宝的面争吵，或训斥、批评宝宝，使宝宝的情绪不佳，也会影响宝宝的食欲。

如果宝宝出现厌食现象，妈妈可以在食物烹调、生活习惯、饮食方式等方面进行调节，争取帮宝宝找回失去的食欲。

◎ 控制宝宝的零食。平时要少给宝宝零食。即使给，零食的次数和数量也要进行限制。饭前2小时内，一定不能给宝宝零食吃。

◎ 在烹调上进行创新，尽量使食物多样化、艺术化。

◎ 对已经厌食的宝宝顺其自然。如果宝宝不肯吃饭，不要过分紧张，可以不动声色地把食物拿开，等宝宝饿的时候再给宝宝吃。

◎ 给宝宝一个良好的吃饭情绪。可以在饭前给他讲一些有趣的故事，或给宝宝听听音乐、看看有趣的画报，使宝宝高兴起来。千万不要在吃饭的时候训斥宝宝。

聪明宝宝的美食

泥鳅炖豆腐

原料：活泥鳅300克，豆腐250克，盐、葱、姜、黄酒、淀粉、清水各适量。

做法：

❶ 将活泥鳅放入盆中养1～2日后，去鳃、内脏，洗净。

❷ 将泥鳅放入锅内，加盐、葱、姜、黄酒、清水适量，用武火烧沸后，转用文火炖煮，至泥鳅五成熟时，加入豆腐，至泥鳅熟烂时，调水淀粉即成，分顿食之。

营养功效：此品有利湿清热之功，适于甲肝湿重淤热型。对小便不利、发热不高、头重乏困、水肿、食欲不振等症状的患儿，效果颇佳。

沙司三丁

原料：土豆300克，胡萝卜、黄瓜各100克，鸡蛋1个，牛奶25毫升，番茄沙司50克，色拉油100毫升，盐适量。

做法：

❶ 土豆、胡萝卜煮熟后去皮切丁，黄瓜切丁后用盐腌20分钟后沥干盐水。

❷ 鸡蛋分开黄、白，蛋白蒸熟切丁，蛋黄用打蛋器一面搅打，一面慢慢滴入色拉油直至成为奶油浆。

❸ 在各种丁上浇上奶油浆、牛奶、番茄沙司，加盐即可。

营养功效：此菜可明目润喉，强心降压。

糖醋里脊

原料：猪里脊肉200克，鲜笋50克，水淀粉1小匙，干淀粉适量，油、高汤、盐、糖、醋、酱油各适量。

做法：

❶ 将猪里脊肉拍松，切成菱形块，加入盐、水淀粉拌匀，腌5分钟左右；鲜笋洗净，切成丁备用。

❷ 将腌好的里脊肉块滚上干淀粉，放入油锅中炸至金黄，捞出控油。

❸ 另起锅加油烧热，下入笋丁翻炒几下，加入盐、糖、高汤、醋、酱油，用水淀粉勾芡。

❹ 浇在里脊块上即可。

> **小贴士**
>
> 炸肉块的时候油温不要太高，炸的时间不能过长，否则会外煳里生，使宝宝难以下咽。

营养功效：含有丰富的优质蛋白，脂肪、胆固醇含量相对较少，比较适合偏胖的宝宝。

香脆蛋黄卷

原料：面粉300克，梨1个，鲜香菇5朵，午餐肉泥200克，油、时令蔬菜、鸡蛋适量，高汤1匙。

做法：

❶ 用温开水将面粉和成团，擀成普通盛菜盘子大小的面皮；鸡蛋磕入碗中，打成糊备用。

❷ 将梨洗净去皮，切碎丁备用；香菇择洗干净，切成小丁。将梨丁、香菇丁加入搅拌好的午餐肉泥，搅匀成馅。

❸ 将馅包在面皮里，在干面粉中滚一滚，做成面棍，再从鸡蛋糊里过一遍。

> **小贴士**
>
> 鸡蛋最好洗净后再打入碗中，以免蛋壳上的细菌污染蛋液，使宝宝受到感染而生病。

❹ 锅中加油烧热，用中小火将蛋包面棍炸熟，取出来切成1寸长的蛋卷。

❺ 装盘，配上烫熟的时令蔬菜，浇上高汤即可。

营养功效：香脆美味，营养丰富，很适合宝宝。

卤肉饭

原料： 干香菇2朵，瘦猪肉100克，洋葱10克，植物油、料酒、酱油、白糖各少许，清水、软饭适量。

做法：

❶ 将香菇用温水泡软，去蒂切小块备用；将猪肉放入搅拌机中绞碎；将洋葱洗净，切成碎末备用。

❷ 锅中加油烧热，下入洋葱末爆炒。

❸ 加入香菇和肉末炒至半熟，加入料酒、酱油、白糖、清水，小火焖1小时左右，即成卤肉汁。

❹ 将做好的卤肉汁浇在软饭上即可。

营养功效： 味道香美，容易消化，可以为宝宝提供丰富的营养。

小贴士

泡香菇最好用30℃～40℃的温水，并且要多泡一会儿，使香菇中的鲜味物质乌苷酸充分溶解，烹调出来的香菇味道才鲜美。

草莓麦片粥

原料： 速溶麦片50克，草莓2～3枚，蜂蜜少许，清水适量。

做法：

❶ 锅内加入清水烧开，下入麦片，煮2～3分钟。

❷ 将草莓洗净后放入碗中，用勺子背研碎，再加入少许蜂蜜拌匀。

❸ 加到麦片锅内，边煮边搅拌，煮1～2分钟即可。

营养功效： 味道鲜美，营养丰富，还有帮促进消化和预防便秘的作用。

小贴士

❶ 不要用洗涤灵等清洁剂浸泡草莓，以免使这些物质残留在草莓上，造成二次污染。

❷ 草莓中含有很多有机酸，在用草莓给宝宝做食物的时候最好不用铝质容器，以免溶出过多的铝，危害宝宝的健康。

蚝油牛肉

原料：牛肉1000克（去筋络），蚝油25毫升，素油、葱、黄酒、酱油、糖、小苏打粉、盐、水淀粉、麻油、水适量，蛋清1个。

做法：

❶ 牛肉洗净，切薄片，加黄酒、蛋清、小苏打粉、适量水腌4小时后加水淀粉拌匀。

❷ 油烧热入牛肉片炸至断血出锅；锅留底油，加酱油、蚝油、糖、盐、葱，水烧开，再加少许水淀粉勾芡，再将牛肉片放入，加少许麻油炒匀即可。

营养功效：此菜补脾胃、益气血，可治脾虚水肿、虚损消瘦等症。

牛肝拌番茄

原料：牛肝50克，番茄1/4个，高汤适量，盐少许。

做法：

❶ 将牛肝外层的薄膜剥掉，用凉水将其血水泡出，放入锅中，加适量高汤煮熟。

❷ 番茄用水焯一下，取出去皮去子，捣碎；将牛肝凉凉之后切碎。

❸ 将切碎的牛肝和番茄放入碗中，加入少许盐，拌匀即可。

小贴士

牛肝一定要多冲洗几次，尽量降低其中的毒性。

营养功效：富含蛋白质、糖类、维生素、钙、铁、磷、钾、镁等营养素，可以为宝宝补充多种营养。

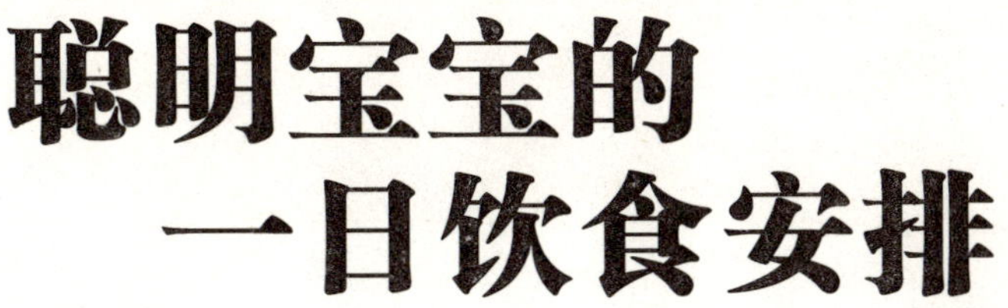

聪明宝宝的一日饮食安排

2岁10个月～3岁宝宝一日饮食安排

每天所需的营养比以前略有增加，总热量可以达到1350千卡左右。

由于宝宝肠胃功能还处在不断完善的过程中，对食物的消化能力还不够强，妈妈应该多鼓励宝宝充分咀嚼，以减轻胃肠道消化食物的负担，保护肠胃。

2岁10个月～3岁宝宝一日饮食表

食谱A

早餐8:00	牛奶200毫升，蒸蛋羹（鸡蛋1个）
早点10:00	橘子1个，鱼肝油3滴
午餐11:30	猪肝炒面（面50克，肝30克，葱适量），凉拌菜拼盘（莴笋、萝卜各20克，豆腐干10克），排骨汤加青菜（排骨和青菜各20克）
午点15:00	牛奶200毫升，夹心饼干1～2片
晚餐18:00	米饭（米50克），青菜氽丸子（肉末30克，青菜30克）

食谱B

早餐8:00	牛奶200毫升，素合子2个
早点10:00	橘子1个，香蕉1根，鱼肝油3滴
午餐11:30	米饭1碗（米50克），鱼香肉丝1份，冬瓜汤（冬瓜20克，虾皮10克）
午点15:00	牛奶200毫升，曲奇饼干2块
晚餐18:00	蛋炒饭1碗（米50克，鸡蛋1个），炒绿豆芽（豆芽30克），青菜虾米汤（青菜10克）

Part 21

0～3岁聪明宝宝功能性饮食餐桌

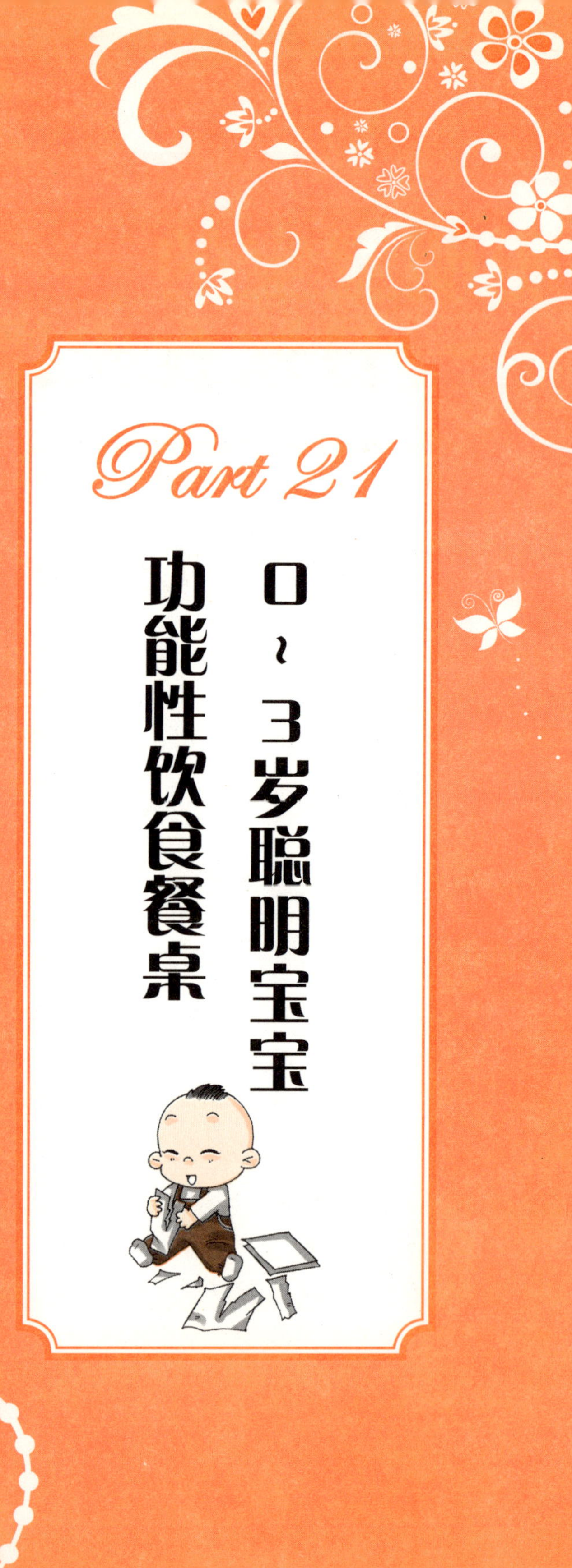

黄疸

黄疸是新生儿时期的宝宝很容易出现的症状，分生理性、病理性2种，是由宝宝血液中的胆红素浓度增高引起的。生理性黄疸在宝宝2～3天出现，第4～5天时可能加重，10～14天后会自行消退。禀赋虚弱的早产儿黄疸持续的时间会较长些。一般情况下，出现生理性黄疸的宝宝精神良好，大小便正常，没有其他临床症状，不需要治疗。

如果宝宝在出生后24小时内即出现黄疸，2～3周内还不消退，甚至有继续加深的趋势；或出生后1周甚至数周后出现黄疸，同时出现皮肤颜色鲜明如橘皮、精神委靡、烦躁不安、不愿意吃奶、大便秘结、小便短赤、腹胀、呕吐，舌苔黄腻、神经抽搐等症状的，则为病理性黄疸。病理性黄疸的原因比较复杂，严重时还会引起核黄疸，造成神经系统后遗症。妈妈应该提高警惕，及时带宝宝去医院治疗。

病理性黄疸的特征：

◎ 出现时间早。宝宝出生后24小时内即出黄疸。

◎ 黄疸程度重。颜色呈金黄色或黄疸遍及全身，手心、足底有较明显的黄疸。

◎ 持续时间长。出生2～3周黄疸仍不减退，甚至有加深的趋势，或减轻后又加深。

◎ 有其他症状。伴有贫血或大便颜色变淡、体温不正常、食欲不佳、呕吐等表现。

家庭护理

◎ 生理性黄疸无须处理，一般可以自行消退。

◎ 一旦出现病理性黄疸，妈妈应立即引起重视，马上带宝宝到医院诊治。因为，病理性黄疸通常是疾病的外在表现，应寻找病因。

◎ 注意保持宝宝皮肤、肚脐部及臀部的清洁，以预防破损感染。

◎ 宝宝有黄疸时，要尽量避免使用磺胺类药物、阿斯匹林和含苯钠酸钠的药物，以免诱发核黄疸。

食疗方案

◎ **蘑菇汤**

原料：鲜蘑菇20克，清水适量。

做法：将鲜蘑菇去蒂洗净，加适量清水煮成汤即可。

用法：随时喂服。

鹅口疮

新生儿鹅口疮是一种霉菌（白色念珠菌）引起的口腔黏膜感染性疾患。患儿口腔布满白色物质，形状如鹅口，因此叫“鹅口疮”。

家庭护理

鹅口疮比较容易治疗，可用制霉菌素研成末与鱼肝油滴剂调匀，涂搽在创面上，每4小时用药1次，疗效显著。用1%甲紫涂搽疗效也不错，但因用药后口唇周围染色，影响观察并污染衣物，故临床上用得很少。

预防措施

宝宝患鹅口疮，主要是奶头、食具不卫生，使霉菌侵入口腔黏膜。因此，哺乳的妈妈要经常清洁乳头、奶瓶，宝宝用过的其他物品也要经常清洗或消毒。

食疗方案

苦瓜汁

原料：苦瓜1根，冰糖适量。

做法：将苦瓜榨成汁取60毫升，放入沙锅内煮开，加入适量冰糖，使之溶化搅匀。

用法：即可服用，不拘时服。

冰糖银耳羹

原料：银耳，冰糖，冷开水适量。

做法：将银耳10～12克，加冷开水浸1小时左右，待银耳发好后再加冷开水及冰糖适量，放蒸锅内蒸熟即可。

用法：1顿或分顿食用，每日1次。

竹叶蒲公英绿豆粥

原料：淡竹叶10克，蒲公英10克，绿豆30克，粳米30克，冰糖适量。

做法：先将蒲公英、淡竹叶水煎取汁；再将绿豆、粳米共煮糜粥，调入药汁、冰糖即成。

用法：食粥，每日3次，煎量视宝宝食量而定。

西洋参莲子炖冰糖

原料：西洋参3克，莲子去心12枚，冰糖25克。

做法：将西洋参切片，与莲子放在小碗内加水泡发后，再加冰糖，隔水蒸炖1小时，喝汤吃莲子肉，剩下的西洋参片，次日可再加莲子同法蒸炖。

用法：每日3次，西洋参可用2次，最后1次吃掉。

小贴士

发现宝宝患鹅口疮要及时到医院请有经验的医生治疗，在门诊常遇到将本病误诊为其他口腔感染的情况，如有的患儿表现为黏膜充血比较明显，可能会被误诊为细菌或病毒感染性口炎，由于用药不当或自行使用抗生素，反而造成了病情加重。

生地旱莲草粥

原料： 生地15克，旱莲草15克，粳米30克。

做法： 将生地、旱莲草水煎，取汁去渣，粳米加清水煮粥，熟时加入生地旱莲草汁，再煮沸片刻，即可服用。

用法： 食粥，每日3次。

脐疝

满月后，脐带脱落部位早已愈合。但是有的宝宝肚脐却越来越向外突出，膨胀出1个包，皮肤颜色正常，这就是脐疝。脐疝是因为脐带脱落之后，脐带血管及胶样物质退化消失，腹膜与瘢性皮肤组织相粘连，两侧腹直肌鞘的正中纤维未形成，这样，就在脐部形成一个薄弱的环口。当宝宝用力哭闹时，腹压增高，脐部腹膜向外膨出而形成脐疝。

家庭护理

脐疝无须治疗，随着年龄的增长，脐周围肌肉发育完好，在2岁以前可以自行愈合。但如果脐环过大就难以自愈了，需要手术修补治疗。患有脐疝的，应尽量避免其哭闹、便秘、咳嗽等情况出现，因为这几种情况都会使腹压增高，加重脐疝，影响脐环的愈合过程。如脐疝过大可用纱布包裹腹部，但注意不要过紧，以免引起不良后果。已满3岁的宝宝，如果脐疝仍未愈合，应考虑手术修补。

食疗方案

萝卜汁

原料： 红心萝卜1个，白糖适量。

做法： 将萝卜洗净，去皮，切块，捣成泥状挤出汁水或用榨汁机榨汁，加白糖调味，共煮2～3分钟即可。

用法： 温服。此法可治疗宝宝便秘，减轻腹压，预防脐疝的发生。

湿疹

婴儿湿疹是吃奶的宝宝身上较常见的一种皮肤疹，也叫奶疹。此病一般是由于过敏引起的，具体原因比较复杂，在吃牛奶的宝宝身上更为多见，所以有人推测可能是由于对异性蛋白不适应而引起的过敏。典型的婴儿湿疹多发生在头、面、耳部周围，开始呈红色小米粒大小的疙瘩，较密集，后出现黄色、半透明的黏稠渗出液，而后结痂。在双眉、头皮、耳垂周围黄痂较多。此疹也可发生在大腿根、腋下、外阴部、颈部等处，常因摩擦而使皮肤红肿、糜烂，形成鲜红色潮湿的伤面。患儿因剧痒而烦躁不安，用手抓患处，可引起出血，继发细菌感染，严重者可化脓发热。患处附近的淋巴结肿大。

家庭护理

◎ 给宝宝洗脸、洗澡时不要用肥皂刺激，如身体、四肢湿疹较重时，暂时不要盆浴，洗后要立即涂药。

◎ 给宝宝换上清洁、柔软舒适的衣服，枕头要常换洗，衣服被褥均要用浅色的纯棉布制作，不要用化纤制品。

◎ 不要使宝宝着凉受热，要躲避冷风，夏季不要暴晒。

◎ 乳母应忌食辛辣刺激性食物，如辣椒、葱、蒜、酒等。

◎ 喂宝宝的牛奶应多煮些时间，用以破坏牛奶中的致敏物质。患湿疹严重时要及时请皮肤科医生治疗，家长不要随便给宝宝涂药，以免加重过敏。一般湿疹经治疗后容易好转，但也容易复发，家长不用过分着急。

预防措施

◎ 母乳喂养的妈妈多吃一些植物油，有助于帮宝宝补充各种必需脂肪酸，预防湿疹的发生。

◎ 找出使宝宝过敏的食物，少喂或不喂，尽量避免过敏。

◎ 饮食宜清淡，少吃盐，避免体内积液过多，诱发湿疹。

◎ 避免饮食过度。肥胖宝宝患湿疹的可能性比一般宝宝大得多，妈妈应注意不要让宝宝吃得太多，以免引起肥胖。

◎ 尽可能吃新鲜食物。避免让宝宝吃含有气体、色素、防腐剂、稳定剂或膨化剂的食品。

食疗方案

荷叶粥

原料： 粳米30克，鲜荷叶1张，食糖少许。

做法： 粳米常法煮粥，待粥熟时，取鲜荷叶，洗净，覆盖粥上，再微煮少顷，揭去荷叶，粥成淡绿色，调匀即可，可加食糖少许。

用法： 食粥，每日3次。

绿豆海带汤

原料： 绿豆30克，海带10克，鱼腥草10克，白糖、水适量。

做法： 先洗净海带、鱼腥草，将鱼腥草加适量的水煎20分钟，去渣取汁，然后加入绿豆、海带煮熟，加入白糖调味即可。

用法： 每天1剂，连服5～7剂。

玉米须心汤

原料： 玉米须15克，玉米心30克，冰糖适量。

做法： 先煎玉米须、玉米心，去渣取汁，加冰糖调味饮用。

用法： 每日1次，可连服5～7天。

菊花茶

原料： 菊花2钱，开水适量。

做法： 将菊花用开水冲泡成茶，凉凉后给宝宝喝。

用法： 随时喂服，能喝多少喝多少。

水痘

小儿水痘是由水痘病毒引起的，潜伏期为10～21天左右，发病的宝宝会有轻微发烧、不适、食欲欠佳等与感冒类似的症状，然后身上会出现小红点，由胸部、腹部开始，再扩展至全身。小红点变大，成为有液体的水疱。一两天后，水疱破裂，结成硬壳或疙瘩。新的小红点不断分批出现，并重复同一过程。各期皮疹可同时存在，即同时可见斑疹、丘疹、疱疹、结痂。1～3周后，痂皮脱落，完全康复，不会留有疤痕。

家庭护理

患水痘并不可怕，可得到终身的免疫。患水痘后应剪短指甲，衣服、被褥要清洁，以免感染。疱疹瘙痒、破溃可用外用药。患水痘期间，要做好隔离工作，多让幼儿休息，多喝水。给吃些清淡的食品，不要吃鱼、虾等刺激性的东西。要保持室内卫生，室内要常通风换气。不要给宝宝洗澡，要勤换内衣。由于在出疱疹期有严重的瘙痒感，因此要注意给宝宝剪短指甲，以免他用手抓破皮疹，造成感染，留下瘢痕。

预防措施

虽然水痘疫苗没有列在计划免疫范围内，但专家还是建议没有得过的小儿接种疫苗。最好在身边没有被感染的人时就注射疫苗。因为注射疫苗后，需要经过一段时间后才能产生抗体。

食疗方案

胡萝卜芫荽羹

原料：胡萝卜、芫荽各60克。

做法：胡萝卜、芫荽洗净切碎，加水煮烂。

用法：加冰糖服，每日1剂，分3次服完。连服1星期，婴儿只服汤汁。

金银花甘蔗茶

原料：金银花10克，甘蔗汁100毫升。

做法：金银花水煎至100毫升，兑入甘蔗汁代茶饮。

用法：每日1剂，7～10天为1疗程。

薏仁红豆粥

原料：薏仁20克，红豆、茯苓各30克，粳米100克，冰糖适量。

做法：所有材料洗净共煮，粥熟豆烂拌冰糖。

用法：每日1剂，分3次服完。适于

小贴士

水痘患儿不能入托、上学，需等全身疱疹完全干燥结痂后才能解除隔离，一般在10天左右。

水痘已出，发热、尿赤、神疲纳差者。

马齿苋荸荠糊

原料： 鲜马齿苋、荸荠粉各30克，冰糖15克。

做法： 鲜马齿苋洗净捣汁，取汁调荸荠粉，加冰糖，用滚开的水冲熟至糊状。

用法： 每日1剂。适于水痘已出或将出、发烧、烦躁、便稀溏的宝宝。

风疹

风疹是由风疹病毒引起的常见的急性传染病。此病症状较轻，主要是低热、上呼吸道炎症、出疹。从出疹前5天到疹后5天均有传染性，因此要注意隔离。患儿的口、鼻、咽分泌物，大小便和血液均有病毒。风疹的潜伏期为10～21天。风疹患儿有低热或中度发热、流涕、喷嚏、咳嗽、咽痛、眼结膜充血等症状，可出现呕吐与腹泻，发热后1～2日出现皮疹，先出在面颈部，然后往下蔓延，1日之内出遍躯干四肢，手、足心一般不出疹，一般3天消退，退后没有色素沉着。

家庭护理

风疹多无合并症，但病后2周要注意休息，多喝水。个别患儿在病后数周可出现肾炎、脑炎等。风疹没有特效治疗，发热期要卧床休息，吃软的易消化食物。在风疹流行期间，不要带孩子去公共场所，室内要通风。风疹病毒可侵犯胚胎导致先天畸形，妊娠早期妇女感染了风疹，新生儿易患先天风疹综合征。免疫接种后6～11天少数人有低热、皮疹、淋巴结炎等接种反应。

预防措施

多给宝宝吃碱性的食物，如葡萄、海带、番茄、芝麻、黄瓜、胡萝卜、香蕉、苹果、橘子、萝卜、绿豆、薏苡仁等，有助于减少荨麻疹发病。

食疗方案

苦瓜豆腐汤

原料： 苦瓜150克，瘦猪肉100克，豆腐400克，料酒、酱油、香油、精盐、植物油各适量。

做法： 将苦瓜切细条；瘦肉剁成末，加料酒、酱油、香油腌10分钟；豆腐切块。炒锅置火上，加油烧热，下瘦猪肉末滑散，加入苦瓜条翻炒数下，倒入沸水，推入豆腐块，用勺划碎，加酱油、精盐，淋入香油即可。

用法： 佐餐食用。

芋头煲猪排骨

原料： 芋头50克，猪排骨100克，水适量。

做法： 将芋头和猪排骨洗净切块，同放砂锅中，加水适量，文火煲熟。

用法： 每日2次。

冬瓜芥菜汤

原料： 冬瓜200克，芥菜30克，白菜根30克，芫荽5株，红糖适量。

做法： 所有材料洗净水煎，熟时加适量红糖调匀即可。

用法： 饮汤服用，1日3次。

归芪防风瘦猪肉汤

原料： 当归20克，黄芪20克，防风10克，瘦猪肉60克。

做法： 将3味中药用干净纱布包裹，与瘦猪肉一起炖熟即可。

用法： 饮汤食瘦猪肉。

小贴士

如果宝宝除了局部瘙痒的皮肤症状外，还伴有腹痛、下痢、呕吐甚至呼吸困难等症状，就是全身性急性荨麻疹，必须赶紧送医院治疗。

发热

正常宝宝的基础体温为36.9℃～37.5℃。基础体温指的是直肠温度，即从肛门所测得，一般口腔温度较其低0.3℃～0.5℃，腋下及颈部温度又较口腔温度低0.3℃～0.5℃。一般当体温超过基础体温1℃以上时，可认为发热。其中，低热是指体温波动于38℃左右，高热时体温在39℃以上。连续发热2个星期以上称为长期发热。

家庭护理

◎ 宝宝不会叙述自己的病情，不舒服时只会哭，因此，家长要仔细观察患儿的情况。

◎ 健康的宝宝活泼好动，如果发热后仍精神较好，想玩想动，病情就不大严重。如果精神不振、表情淡漠、倦怠，就是病情较重了。

◎ 宝宝一般面色红润，如果面色不对，发黄、发青、发紫等均是重病的表现。

◎ 高热后要注意是否烦躁、兴奋，如果对周围的响动敏感，惊恐，要特别注意，可做物理降温，解开衣被，防止发生惊厥。

◎ 如发现前囟饱满隆起，要请医生检查。如有剧烈呕吐，或喷射性呕吐；有腹泻，或里急后重；有皮疹出现等，均应尽快请医生诊治。

小贴士

尿液里有尿色素，正常人的尿液是淡黄色的，如果喝水多，尿液就增多，尿的颜色就浅一些。发热时，人体内的水分由皮肤和肺排出，而尿量减少，尿色素在尿中的浓度增高，尿的颜色也就逐之变深。

食疗方案

绿豆汤

原料： 绿豆50克，水500毫升，冰糖适量。

做法： 将绿豆煮烂，取其绿豆汤，加入适量冰糖即可。

用法： 每日3次。绿豆具有清热、解毒、祛暑的作用，服之既能补充营养，又利于毒素排泄，从而可以协助退热。

流感

小儿流感是由流感病毒引起的急性呼吸道传染病，6个月～3岁的婴幼儿是流感的高危人群。婴幼儿流感的临床症状往往不典型，部分患病的宝宝会突然高热，或伴有呕吐和腹泻等消化道症状，可见高热惊厥；还有的宝宝表现为急性喉炎，气管、支气管炎，出现声音嘶哑、犬吠样咳嗽、喘息、喉中痰鸣。

家庭护理

需及时治疗、隔离患流感的宝宝。一般要隔离至退热，平均1周左右。尤其是在流感发病前3天内传染性最强，要注意消毒措施。患流感且咳嗽的宝宝在饮食上应避免给他吃凉性的食物，卧床休息，补充适当水分。

预防措施

平时多补充维生素C，可以减少感染的机会。

接种流感疫苗。按国际规定，流感疫苗的主要成分包括3个流感病毒株，分甲3、甲1和乙型株。每年这3个病毒株都根据世界卫生组织的推荐而有变化。目前在110个国家建立起1个全球性流感监测网，每年汇集情报，进行分析，在每年2月的专门会议上向全球公布并推荐疫苗厂家生产。3岁以上的儿童只需接种1次，剂量为0.5毫升；3岁以下则需接种2次，每次0.25毫升。

食疗方案

金银花饮

原料： 金银花20克，山楂10克，蜂蜜250克，水适量。

做法： 将金银花、山楂放入沙锅内，加水适量，置急火上烧沸，5分钟后取药液1次，再加水煎熬1次取汁，将2次药液合并，放入蜂蜜搅拌均匀即成。

用法： 每日3次，或随时饮用。

陈皮姜粥

原料： 陈皮10克，生姜10克，大米50克，水适量。

做法： 取陈皮、生姜，连同大米，加水适量，大火煮开后，以微火慢煲成粥。

用法： 每天进食2小碗，对于肠胃不适的流感宝宝特别有益。

生姜萝卜汤

原料： 生姜25克，萝卜50克，红糖、水适量。

做法： 生姜切丝，萝卜切片，两者共放锅中加水适量，煎煮10～15分钟，再加入红糖适量，稍煮1～2分钟即可。

用法： 1日2次，连服3日。

萝卜蜂蜜饮

原料： 白萝卜1个，蜂蜜2匙，冷开水200毫升。

做法： 新鲜白萝卜榨汁约100毫升，兑冷开水200毫升，加蜂蜜2匙即可。

用法： 1日2次，连服3日。

风寒感冒

风寒感冒是由于吹风或受凉，风寒之邪侵入宝宝的身体，使肺气失宣引起的，多发生在气候比较寒冷的秋、冬季节。

宝宝得了风寒感冒后，一般会出现怕冷、低热、无汗、鼻塞、流清鼻涕、打喷嚏、咳嗽、痰白清稀、头痛、喉痒、舌苔薄白等症状。

因为是受寒引起的，治疗风寒感冒最主要的一点是辛温解表，通过食疗（比如喝姜糖水、吃姜粥）或其他方法（如热水泡脚、盖被子捂汗等）使宝宝出一点汗，使风寒散出去就好了。

家庭护理

◎ 采取物理降温的方式帮宝宝退烧。

◎ 注意观察宝宝的精神、面色、呼吸次数和体温。如果宝宝有高热惊厥史，一旦体温在38℃左右时，就要赶快服退烧药退烧。

◎ 帮宝宝清洁鼻腔。妈妈可以用脱脂棉轻轻地帮宝宝擤鼻涕，还可以先用医用盐水滴鼻，再用吸鼻器将宝宝鼻腔中的盐水和黏液吸出来。

◎ 应当给宝宝多喝水，以补充发烧消耗的体液，促进毒素的排出。

◎ 饮食以流食、半流食为主。如果宝宝用奶瓶容易呛咳，可以改用勺子喂。

◎ 水果和蔬菜不要减少。它们富含维生素和矿物质，对宝宝的痊愈是很有好处的。

◎ 可以给宝宝喝一些热鸡汤，以增强宝宝的机体免疫力，缓解感冒引起的鼻塞、喉咙不适等症状。

预防措施

◎ 尽量不带宝宝去公共场所，爸爸妈妈患病也应尽量与宝宝隔离，以防出现交叉感染。

◎ 动物肝脏中含有多种维生素，特别是含有大量的维生素A和较多的维生素B_{12}，这些维生素，能增强肌体的抵抗力，预防风寒感冒，可以让宝宝吃些肝脏食品。

食疗方案

粳米葱白粥

原料： 粳米50克，葱白（连根）2～3段，清水、白糖适量。

做法：

❶ 将粳米淘洗干净，先用冷水泡1个小时左右，再连水倒入锅中煮粥。

❷ 待米快熟时，将切成小段的葱白放进去，煮至熟软。

❸ 加入白糖调味，即可给宝宝吃。

用法：趁热服用，每日1次。达到微汗的效果最佳。

豆豉葱白煲豆腐

原料：豆腐1～2块，豆豉6克，葱白3根。

做法：先将豆腐、豆豉用1碗水煎至半碗，再加入葱白3根，煎沸即可。

用法：趁热服用，每日1次。

小贴士

0～3岁的宝宝正处在生长发育阶段，病情瞬息万变。即使是最常见的感冒，也会引起很多严重的疾病。因此，如果妈妈发现宝宝发热一直不退、症状不但没有好转反而加重，或突然出现烦躁不安、气喘等症状，一定要及时带宝宝到医院诊治，切不可自己随便买药给宝宝服用，更不要随便让宝宝服用抗生素。

风热感冒

风热感冒是由风热邪气入侵人体导致肺气失和引起的，主要发生在气候温暖的春季、初夏和初秋等季节。

风热感冒的主要症状：

发高热、怕风（但不明显）、头部胀痛、有汗、咽喉红肿及疼痛、咳嗽、痰黏或黄、鼻塞、流黄鼻涕、容易口渴、舌尖边红、苔薄白微黄、大便干、小便发黄。如果检查宝宝的扁桃体，还会发现宝宝的扁桃体也会变得又红又肿。

家庭护理

治疗风热感冒，主要方法是辛凉解表。菊花、薄荷、桑叶等性质寒凉的药物通常是治疗风热感冒的首选。

◎ 尽量多喝水，以补充发烧消耗的体液，促进毒素的排出。

◎ 饮食以流食、半流食为主。

◎ 水果和蔬菜不要减少。它们富含维生素和矿物质，对宝宝的痊愈是很有好处的。

◎ 不要吃生姜、红糖、肉桂、大茴香、小茴香、羊肉、牛肉、大枣、桂圆、荔枝等性质偏热的食物，否则会助长热势，使病情变得更糟。

预防措施

锌元素能直接抑制病毒增殖，增强机体细胞免疫功能，特别是吞噬细胞的功能。肉类、海产品和家禽含锌最为丰富。此外，各种豆类、坚果类以及各种种子也是较好的含锌食品。

食疗方案

梨粥

原料： 鸭梨3个，大米50克，清水适量。

做法： 将鸭梨洗净切碎，放入锅中加适量水煎半个小时，去渣取汁，和大米一起煮成粥即可。

用法： 趁热食用，每天1次。

绿豆茶

原料： 绿豆30克，绿茶3克，糖、水适量。

做法： 绿豆捣烂，绿茶用纱布包起来，加水适量煎至半碗，去茶叶包。

用法： 加糖适量服用。

小贴士

如果宝宝显得很不舒服，或者有新症状出现（比如呼吸困难、耳朵痛等），应立即带宝宝去看医生。

暑热感冒

小儿暑热感冒多发生在炎热的夏季，也称作“肠胃型感冒”，病症特点是发热、身倦无汗、骨节酸痛、头晕、头胀、口渴喜饮，同时会伴有恶心、呕吐、腹泻等症状，小便短而黄，舌苔黄腻。

家庭护理

- ◎ 治疗暑热感冒，最主要的方法是清暑解表。藿香正气水是最常用的暑热感冒治疗药物（但是要注意，不能给宝宝服用含酒精的藿香正气水制剂）。
- ◎ 尽量多喝水，以补充发烧消耗的体液，促进毒素的排出。
- ◎ 饮食以流食、半流食为主。
- ◎ 发病期间忌食油腻甜食，并应注意夜间不能长时间用电扇、空调降温，避免再受夜寒。如果体温过高可以在26℃～28℃的室内洗温水澡。

预防措施

给宝宝多吃具有清火作用的食品。

下面介绍适合宝宝吃的几款消暑食品：

黄瓜。生、熟吃都可以，还可去皮切片，加入少许糖、醋、酱油及大蒜泥，拌和佐餐。

西瓜。除了红红的瓜瓤可以吃外，瓜皮也可以煎水服用。

丝瓜。做汤时烹煮时间不宜长，最好能保持丝瓜的鲜绿色泽。用丝瓜皮和丝瓜花一起熬水给宝宝喝，也有防暑解热的功效。

冬瓜。可以切片煮汤或炒食，也可以清煮蘸调料食用。

绿豆。绿豆稀饭消暑效力较弱，单用绿豆熬汤效力较强。

食疗方案

黄瓜蜜条

原料：黄瓜150克，蜂蜜10克，清水适量。

做法：

❶ 将黄瓜洗净，去蒂、子，切成条状。

❷ 将黄瓜条放入锅中，加入少许水，用中火煮沸后去掉汤汁，凉至微温。

❸ 蜂蜜调匀，再次煮沸即可。

用法：直接吃，每日1次。

苦瓜粥

原料：苦瓜100克，粳米60克，冰糖100克。

做法：

❶ 将苦瓜洗净，切成小块；粳米淘洗备用。

❷ 锅中加水烧开，加入粳米、苦瓜煮粥，粥煮至半熟时，加入冰糖100克，糖化解后即成。

用法：直接喝，每日1次。

咳嗽

咳嗽是儿科中常见的疾病，多发生在冬、春季节。宝宝由于本身的抵抗力比较差，当风、寒、热等外邪侵入宝宝体内的时候，通常会损伤宝宝的脏腑，并因此出现咳嗽症状。

家庭护理

◎ 保持适宜的室内温度。室内温度过高会降低宝宝呼吸道的纤毛运动功能，使呼吸道容易遭到致病菌的侵袭，使咳嗽经久不愈。对宝宝来说，室内最适宜的温度是18℃～22℃。

◎ 保持适当的湿度。室内的浮尘通常吸附了大量的病毒和细菌，如果被宝宝吸入肺内，就会引起呼吸系统感染，导致宝宝咳嗽。所以，宝宝的房间不应该太干燥，湿度应保持在50%左右。

◎ 房间与房间的温差不能过大。宝宝调节能力较差，对温度变化不能做出相应的反应，很容易因为不适应不同房间的温度变化而生病，使咳嗽经久不愈。

◎ 保证充足的睡眠。睡眠不足会使宝宝的抵抗力降低，很容易感冒，这正是导致宝宝咳嗽的最主要原因之一。

预防措施

◎ 帮宝宝调养脾胃。哺乳期的宝宝要坚持母乳喂养，已经断奶的宝宝可以多吃一些山药、扁豆、莲子等补脾胃、助消化的食物。还要多吃蔬菜，以保护宝宝的呼吸道及胃肠道黏膜，使其免受病毒或细菌的侵袭。

◎ 注意足部保暖。宝宝的脚受了凉，上呼吸道黏膜微血管便会立即收缩，潜伏在鼻咽部的细菌和病毒就会迅速繁殖起来，引起感冒、咳嗽等病症。由于双脚离心脏较远，供血相对比较少，保暖功能相对要差。妈妈最好每天晚上用温水给宝宝洗洗脚，并浸泡三五分钟，以促进宝宝足部的血液循环，帮宝宝保护双脚。

◎ 多带宝宝到室外活动。多带宝宝去户外活动，呼吸新鲜空气，对增强宝宝中枢神经系统对体温的调节功能、提高宝宝的御寒能力非常有帮助。

◎ 呼吸道传染病流行季节，尽量避免带宝宝去人多拥挤的公共场所，以免宝宝受到感染，并因此而咳嗽不止。

◎ 防治过敏性咳嗽。避免让宝宝食用海产品、冷饮等容易引起过敏的食物。家里不要养宠物和花，不要铺地毯，尽量避免使宝宝接触花粉、尘螨、油烟、油漆等容易引起过敏的事物。不要让宝宝抱着长绒毛玩具入睡。

食疗方案

烤橘子

原料：橘子1个。

做法：将橘子直接放在火上用小火烤，并不断翻动，烤到橘皮发黑、橘子里冒出热气即可。

用法：待橘子稍凉一会儿，剥去橘皮，让宝宝吃温热的橘瓣。烤橘子的镇咳作用相当明显，并有很好的祛痰效果。

百合梨糖

原料：百合10克（鲜百合更好，用量加倍），梨1个，冰糖适量。

做法：将百合洗净，梨切片。百合、梨、冰糖三者混合放入碗中，蒸熟，放冷后即可。

用法：1日2次，连服3日。

小贴士

如果宝宝痰多，妈妈应该注意防止宝宝的呼吸道被痰堵住，造成窒息，这时就要注意及时为宝宝拍痰。妈妈可以用家里的枕头做成一个有斜度的平面（倾斜度为20°～30°），让宝宝俯卧在枕头上，头低脚高，利用地心吸力，使宝宝肺部的痰液自动流出。同时，妈妈可以用一只手护住宝宝背部，另一只手窝起来，用空心掌轻拍宝宝背部，帮宝宝把呼吸道中的痰震出来。

肺炎（支气管肺炎）

小儿肺炎是临床常见病，四季均易发生，以冬、春季为多，如治疗不彻底，易反复发作，影响孩子发育。小儿肺炎临床表现为发热、咳嗽、呼吸困难，也有不发热而咳喘重者。

家庭护理

◎ 遵医嘱用药。妈妈应该严格按照医生的指导给宝宝服药，千万不要给宝宝滥服药物，特别是滥用抗生素类药物。

◎ 让宝宝卧床休息。这样可以帮助宝宝减轻呼吸困难的痛苦。但是，妈妈应每隔2～3小时给宝宝翻1次身，并轻轻拍打宝宝的背部，促进排痰。

◎ 保证室内阳光充足，空气流通，温度、湿度合适。宝宝居室的室温以18℃～20℃为宜，湿度以50%～60%为好。

◎ 宝宝衣被要合宜。不要给宝宝穿、盖太多衣物，使宝宝因为太热而感到烦躁，诱发呼吸急促，加重呼吸困难。

◎ 如果宝宝出现了呼吸急促，妈妈可用枕头将宝宝的背部垫高，帮助宝宝呼吸。

◎ 及时帮助宝宝排痰。发现宝宝有痰液时，妈妈应该通过拍背等方法及时让宝宝咳出痰液，保持呼吸道通畅。如果宝宝太小不会咳，则要帮宝宝吸出痰液。

◎ 密切观察宝宝的精神、面色、呼吸、体温及咳喘等体征的变化，如果发现宝宝有严重喘憋，或突然出现呼吸困难、烦躁不安等情况，需立即帮宝宝吸痰、吸氧，并及时请医生采取措施救治。

◎ 根据宝宝的年龄和消化能力，尽量让宝宝吃营养丰富、易于消化的食物。处在哺乳期的宝宝应该以乳类为主食，最好是实行母乳喂养。适当地多给宝宝喝水。

◎ 人工喂养的宝宝可在牛奶中多加些水，将奶调稀，并减少每次的喂奶量，增加喂食的次数，避免出现呛咳。

◎ 多吃水果、蔬菜。

预防措施

◎ 远离感染源。家里人如果患了感冒，最好少到宝宝面前去。如果妈妈患了感冒，喂奶时最好洗净双手、戴上口罩，以免使宝宝受到感染，引起肺炎。

◎ 给宝宝一个清新的呼吸环境。除了经常开窗通风、在室内保持合适的温度和湿度外，爱抽烟的家人不要在家中吸烟，以免宝宝受到二手烟的危害，患上肺炎。

◎ 均衡饮食。合理而充足的营养可以帮助宝宝提高身体素质，抵御病原体的入侵，减少肺炎的发生。

◎ 进行适度锻炼。妈妈可以带宝宝到

户外进行日光浴、空气浴，也可以在家里为宝宝进行温水浴，锻炼宝宝的身体，帮助宝宝增强体质。

◎ 服用提高免疫力的药物。经常患呼吸道感染的宝宝可以服用一些黄芪、转移因子口服液等提高免疫力的药物，帮宝宝预防肺炎，但必须在医生的指导下进行。

食疗方案

粟米杏仁山药糊

原料：山药200克，粟米250克，杏仁500克，清水适量，麻油少许。

做法：

❶ 将山药削去皮，切成小段，放入锅中煮熟，用研磨器磨成泥。

❷ 将粟米炒熟，研成粉末状。

❸ 将杏仁去掉皮尖，炒熟研粉。

用法：每天早上用开水将10克粟米杏仁粉调成糊，兑入适量山药泥，调入麻油后喂宝宝服下。

麻杏甘石汤

原料：麻黄3克，杏仁6克，生石膏9克，甘草3克，生桑皮9克，炙枇杷叶9克，前胡3克。

做法：将所有材料用水煎服。

用法：趁热食用，每日1次。

口腔溃疡

口腔溃疡是小儿易患的一种口腔黏膜疾病，口腔溃疡处为边缘色红、中心是黄绿色的溃烂点，疼痛剧烈，流口水。患病宝宝经常伴有口臭、口干、尿黄、大便干结。轻者只溃烂一两处，重者可扩展到整个口腔，甚至会引起发烧以及全身不适。

家庭护理

无论哪种原因的口腔溃疡，宝宝都会感到非常疼痛，吃东西的时候更是会疼上加疼，最要命的是溃疡在短时间内还好不了，非要经过1～2周的时间才能痊愈。对付口腔溃疡还没有特效疗法，但可减轻宝宝的痛苦。首先，在宝宝口腔有溃疡时，要仔细观察宝宝的口腔，找到溃疡的具体部位。如果溃疡在颊黏膜处，就要进一步找到造成溃疡的原因，比如看看患处附近的牙齿是否有尖锐不光滑的缺口，如果有这种缺口，就应当带宝宝去医院处理。

其次，饮食镇痛。不要给宝宝吃酸、辣或咸的食物，否则宝宝的溃疡处会更痛。应当给宝宝吃流食，以减轻疼痛，也有利于溃疡处的愈合。

还需要转移宝宝的注意力。多关心一下宝宝，多和宝宝谈心，转移他的注意力，给宝宝创造一个轻松、愉快的生活环境。此外，还有一些小偏方能促进宝宝溃疡愈合，爸爸妈妈不妨试试：

❶ 将维生素B_2和维生素C药片1～2片压碎成面，撒于溃疡面上，让宝宝闭口片刻，每日2次。这个方法虽然很有效，但是会引起一定的疼痛，小

宝宝可能会不太配合。

② 用全脂奶粉，每次1汤匙并加少许白糖，用开水冲服，每天2～3次，临睡前冲服效果最佳。通常服用2天后溃疡即可消失。

③ 番茄切开挤汁，然后把番茄汁含在口中，每次含数分钟，1日多次。

有些宝宝的溃疡症状会反复发作，对此情况，给宝宝适当补锌会有所好转。锌在肌红蛋白里含量最高，比如牛肉、猪肉、动物肝脏，还有硬坚果，但宝宝不能吃硬坚果，爸爸妈妈可以把坚果磨成粉，冲泡给宝宝喝。

预防措施

多给宝宝吃一些富含核黄素的食物，如牛奶、动物肝脏、菠菜、胡萝卜、白菜等。督促宝宝多喝水，注意口腔卫生，并保持大便通畅。

食疗方案

蛋花绿豆汤

原料：鸡蛋1个，绿豆30克，白砂糖适量。

做法：将绿豆放陶罐内用冷水浸泡10多分钟，放火上煮沸约2分钟（不宜久煮），这时绿豆未熟。蛋打入碗内拌成糊状。取绿豆水冲鸡蛋花，加入适量白砂糖饮用。

用法：每日早晚各1次。

流行性腮腺炎

流行性腮腺炎俗称“痄腮”，是宝宝口腔中的腮腺受到腮腺炎病毒侵犯引起的急性呼吸道传染性疾病。腮腺炎病毒可通过唾液飞沫和直接接触传染，主要在冬、春两季发病，任何年龄皆可患病，传染性很强。宝宝患过1次病后，通常可获得终身免疫，很少再患第二次。

宝宝被腮腺炎病毒感染后，一般有2～3周的潜伏期，接着会出现畏寒、发热、头痛、咽喉痛、食欲不振、恶心、呕吐、全身疼痛等症状。一两天后，宝宝一侧的耳垂下方的腮腺就会变得肿大、疼痛起来，并逐渐向周围扩大。1～4天后，肿大波及另一侧的腮腺。腮腺肿大时，宝宝往往会感觉到疼痛，用手摸上去会感觉到有些发热，还能感觉到有弹性。

如果治疗不及时，可能并发睾丸炎或卵巢炎，影响宝宝成年后的生育能力。所以，宝宝患了流行性腮腺炎后，妈妈一定不能大意，应尽快带宝宝到医院诊治，争取早日痊愈。

家庭护理

- 马上进行隔离，直至腮腺肿胀完全消退。
- 宝宝居室要定时通风换气，保持空气流通。
- 宝宝的生活用品、玩具、文具等物品都要采取煮沸或曝晒等方式进行消毒，避免交叉感染。

◎ 注意口腔卫生。经常用温盐水给宝宝漱口，可以帮宝宝清除口腔内的食物残渣，防止继发感染。

◎ 及时退烧。如果宝宝发热超过39℃，可采用头部冷敷、温水擦浴等方法，或在医生指导下服退热止痛药为宝宝退烧。

◎ 多卧床休息。

◎ 饮食宜清淡，少吃酸、辣、甜及干硬食品，以免刺激唾液腺，使唾液分泌增多，加剧肿痛。

◎ 多吃便于咀嚼吞咽的流质和半流质食物，如米汤、藕粉、橘子水、水果汁、蔬菜汁及牛奶、鸡蛋汤、豆浆等。

◎ 多喝水。

◎ 不要吃鱼、虾、蟹等发物。

预防措施

可通过接种疫苗的方式进行预防。当前卫生部批准使用的流行性腮腺炎疫苗有3种，其中冻干流行性腮腺炎灭活疫苗在宝宝满8个月时就可以接种。接种后，少数宝宝会在6～10天内出现发热现象，不超过2天就会自愈，不需要进行处理。

食疗方案

绿豆菜心粥

原料： 绿豆50克，白菜心2个，清水适量，盐或冰糖适量。

做法： 绿豆洗净，入锅煮至将熟时，放入白菜心，再煮20分钟，加入少许盐或冰糖调味，晾凉即可。

用法： 每日2次，连服4日。

小贴士

宝宝得了腮腺炎，应隔离至腮腺肿胀完全消退后才可入托或上学。

腹痛

腹痛有多种原因，诊断时要考虑各方面的因素，才不会贻误治疗。

腹痛一般分为以下几种情况：

◎ 急性、慢性腹痛。急性腹痛要首先考虑外科疾病。慢性腹痛多数是内科疾病。

◎ 发病的年龄。1岁以内婴儿，以肠套叠、内科疾病为多见。幼儿以肠蛔虫症、内科疾病、嵌顿疝等较多。儿童以肠蛔虫症、急性阑尾炎、肠痉挛、肠系膜淋巴结炎及其他内科疾病较多见。

◎ 按腹痛发作部位诊断。上腹正中部疼痛者多为消化性溃疡、急性胃炎、急性胰腺炎、胸膜炎、大叶性肺炎、胆道蛔虫症等；右上腹疼痛者可考虑肝炎、胆囊炎、胆石症、肠蛔虫症等；左上腹疼痛，一般为脾脏疾患等；肚脐周围疼痛多为肠蛔虫症、肠痉挛、急性肠炎、过敏性紫癜等；右下腹部的疼痛可分为急性阑尾炎、肠系膜淋巴结炎、肠结核等病症；左下腹部则多为痢疾、粪块堵塞、乙状结肠扭转等，腰部疼痛者可考虑肾盂肾炎、输尿管结石等。

◎ 从腹痛原因分析。可分为腹内、腹外及外科性原因。腹内原因包括肠蛔虫症、肠痉挛、急性胃炎、急性肠炎、出血性小肠炎、痢疾、便秘、肠系淋巴结炎、原发性腹膜炎、溃疡病、胰炎等。腹外原因（或全身性疾病）包括大叶性肺炎、胸膜炎、心包炎、心肌炎、变态反应性疾病（荨麻疹、过敏性紫癜、哮喘）、上呼吸道感染、腹型癫痫等。外科原因是指急性阑尾炎、肠套叠、肠梗阻、胆道蛔虫症、回肠憩室穿孔、肾盂积水、肾结石、卵巢囊肿扭转、髂窝脓肿，嵌顿疝等。

家庭护理

对于消化不良引起的腹痛，家长不必紧张，注意调整宝宝的饮食即可。每日饮食的量和次数要有规律，不要暴饮暴食，多吃青菜、水果。对于肠道蛔虫引起的腹痛主要是养成饭前便后洗手的好习惯。因便秘引起腹痛者，家长应矫正宝宝偏食，促其多吃富含纤维素、果胶的蔬菜和水果，养成定时排便的习惯，腹痛就会随便秘的解除渐渐消失。对于其他类型发作时可局部热敷，也可酌情给予解痉、镇痛等对症治疗。

食疗方案

葱白粥

原料：葱白5克，粳米50克。

做法：将粳米洗净后与葱白一同放入锅中，加适量清水煎煮成粥即可。

用法：每日2次。本方具有调中和胃的作用，主治小儿腹痛。

腹泻

腹泻是宝宝仅次于呼吸道感染的第二位常见病，大多在夏、秋换季时发病，并且以2岁内的婴幼儿最为多见。

一般情况下，宝宝的腹泻可分为感染性和非感染性两种。感染性腹泻是由于宝宝的肠道感染了病毒（以轮状病毒为主）、细菌、真菌、寄生虫等引起的。非感染性腹泻是由于喂养不当（如进食过多、过少、过热、过凉，突然改变食物品种等）导致的消化不良引起的。感染病毒的宝宝大便次数很多，每天多达十几次，大便中大多有很多水分。消化不良引起的腹泻，轻的大便次数增多，变稀，伴有呕吐、食欲不振等症状；重的大便次数增加到一天十余次甚至几十次，大便呈水样、糊状、黏液状、脓血便等形态，同时还伴有高热、烦躁、精神委靡等现象。

腹泻通常会使宝宝脱水，严重的话还会引起休克；经常性的腹泻会使宝

宝出现营养失调，延缓宝宝的生长和发育，一定不能置之不理。

家庭护理

◎ 注意腹部保暖。可用毛巾裹腹部或用热水袋为宝宝热敷腹部。

◎ 让宝宝多休息。

◎ 注意保护宝宝的臀部。宝宝大便后，妈妈要用细软的卫生纸轻轻地帮宝宝擦干净，或用细软的纱布蘸上温开水轻洗，洗完后在肛门周围涂上些油脂类的药膏。宝宝的尿布要及时更换，避免摩擦皮肤，使宝宝出现红臀或皮肤溃烂。

◎ 3天后不见好转，应立即改变治疗方案。重度脱水的宝宝要带到医院就诊。

◎ 切忌滥用抗生素。

◎ 不要随便给宝宝禁食。只要宝宝想吃，就要给宝宝喂哺足够的母乳或营养丰富、容易消化的辅食。

◎ 不要过度补充营养。不要一味地给宝宝添加牛奶、鸡蛋等高脂肪、高蛋白的食物，加重宝宝的肠胃负担，使腹泻加重。这时可给宝宝喂一些米汤等比较容易消化的食物，以减轻宝宝的肠胃负担，促使消化功能早日恢复，早日止住腹泻。

◎ 及时补液，预防脱水。妈妈可在医院购买口服补盐剂，用温开水冲开后给宝宝喝，也可以在500毫升开水（或米汤）中，加入20克白糖（2平匙）和1.75克食盐（半啤酒瓶盖），自制补盐液，帮宝宝预防脱水。

预防措施

◎ 母乳喂养。母乳中所含的各种营养成分的数量及比例都非常适合宝宝的需要，并且含有多种消化酶和抗体，可以帮助宝宝预防营养不良和细菌感染，帮宝宝预防腹泻。所以，如果没有特殊疾病，妈妈最好对宝宝进行母乳喂养。

◎ 注意宝宝的饮食质量。混合喂养及人工喂养宝宝时，妈妈应注意合理搭配饮食，不宜过多或过早给宝宝喂米糊或粥食等食品，以免发生消化不良，使宝宝腹泻。

◎ 增加锻炼，增强体质。平时妈妈应多带宝宝到户外活动，提高宝宝对自然环境的适应能力，帮助宝宝增强体质，提高抵抗力。

食疗方案

胡萝卜汤

原料： 胡萝卜1根，清水适量。

做法：

❶ 将胡萝卜洗净，对半切开，去掉里面的硬心，切成小块。

❷ 加水煮烂，捣成泥。

❸ 用干净纱布过滤去渣，然后加入适量清水（比例为每500克胡萝卜加1000毫升水），煮成汤即可。

用法： 每次100～150毫升，每天2～3次。胡萝卜中所含的果胶能吸收肠道中的致病菌和毒素，胡萝卜中的膳食纤维则具有促使大便成形的作用，是很好的制菌止泻食物。

蛋黄膳

原料：鸡蛋（每天1个）。

做法：将鸡蛋煮熟后去壳和蛋白，用蛋黄放在锅内小火熬炼取油。

用法：1岁内婴儿每天1个蛋黄油，分2～3次服，3天为1个疗程。

小贴士

宝宝腹泻症状减轻时，可以改喂冲淡的脱脂奶、米汤、酸奶等食物，使宝宝的肠道功能有一个恢复的过程。

菌痢

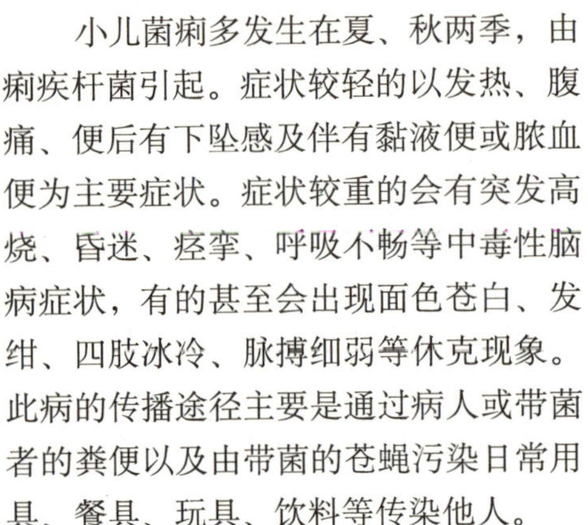

小儿菌痢多发生在夏、秋两季，由痢疾杆菌引起。症状较轻的以发热、腹痛、便后有下坠感及伴有黏液便或脓血便为主要症状。症状较重的会有突发高烧、昏迷、痉挛、呼吸不畅等中毒性脑病症状，有的甚至会出现面色苍白、发绀、四肢冰冷、脉搏细弱等休克现象。此病的传播途径主要是通过病人或带菌者的粪便以及由带菌的苍蝇污染日常用具、餐具、玩具、饮料等传染他人。

家庭护理

- ◎ 患病宝宝应卧床休息，腹痛时腹部可放热水袋。
- ◎ 饮食一般以流质或半流质为宜，忌食多渣、多油或有刺激性的食物，瓜果等生冷之物也暂勿食用，以免增加胃肠负担，加重胃肠功能紊乱。
- ◎ 宝宝大便有里急后重时，可让大便解在尿布上，可防止肛门直肠脱垂。
- ◎ 每次大便后妈妈需用温水洗净臀部，并用5%鞣酸软膏涂于肛门周围的皮肤上。
- ◎ 如有脱肛时，可用纱布或软的手纸涂上凡士林，托住脱垂的肛门，一面轻轻按摩，一面往上推，可复位。
- ◎ 宝宝的食具、衣被均需消毒。
- ◎ 急性发病期应当避免给宝宝吃油腻、荤腥、生冷、干硬、粗纤维等不易消化的食物。特别是忌食既胀气又不宜消化的牛奶、鸡蛋、蔗糖等食物。

预防措施

- ◎ 关键是防止病从口入，注意环境卫生、饮食卫生尤为重要。
- ◎ 消除蚊蝇，保持室内外清洁卫生。
- ◎ 培养宝宝饭前便后洗手、不喝生水、不吃生冷类蔬菜瓜果的习惯；不让宝宝贪食冷饮、冷食，购买时一定要看清产品标志。

食疗方案

茶姜冲剂

原料：红茶、鲜生姜汁各200克，白糖500克。

做法：

❶ 红茶加水适量煎煮，每20分钟取煎汁1次，加水再煮，共取煎液3次，合并煎液再用小火煎熬浓缩。

❷ 到将要干时加入鲜姜汁加热至黏稠停火，待温后拌入干燥白糖将煎液吸净，混匀，晒干，压碎装瓶备用。

用法：每次10克，每日3次，以沸水冲服，连服7～8天。

石榴止痢煎

原料：酸石榴皮15～30克，红糖适量。

做法：取酸石榴皮15～30克加水煎，再加适量红糖，即可饮用。

用法：每日2次，早、晚食用。

大蒜粥

原料：紫皮大蒜30克，粳米100克。

做法：

❶ 将大蒜去皮，洗净，切成段；粳米淘净。

❷ 大蒜放入沸水锅内，煮1分钟后捞出。粳米放入煮蒜的水内，用武火烧沸后，转用文火煮至米烂成粥，再将蒜重新放入粥里，煮熟即成。

用法：每日2次，早、晚餐食用。

马齿苋粥

原料：鲜马齿苋60克，粳米100克。

做法：

❶ 将马齿苋洗净，切成3厘米长的节；粳米淘净。

❷ 粳米放入锅内，加马齿苋，清水适量，用武火烧沸后，转用文火煮至米熟即可。

用法：每日2次，早、晚餐食用。

肠套叠

肠套叠是指一段肠套入邻近的另一段肠腔内，是婴儿时期的急腹症。这种病有几个特点：男孩多于女孩；多发生在4～12个月以内的健康胖宝宝身上；发病季节多在7～8月份。

家庭护理

患了肠套叠是很痛苦的，肚子阵阵绞痛，剧哭不止，双手紧握，四肢乱动，面色苍白。发作1～2分钟后，腹痛消失，患儿安静如常。约15分钟后，腹痛再次出现，重复循环，伴有呕吐。起病后到8～12小时，由于肠管缺血、坏死，可发现果酱大便排出，这时切莫认为是肠道感染，应马上到医院就诊。

预防措施

肠套叠有以下几种发病原因：对增加辅食不适应；夏季饮用冷食多，引起肠道病毒、细菌感染机会多。因此，给宝宝添加辅食，妈妈要注意原则，1次不要添加过多种类的食物，观察宝宝的反应。另外，要注意宝宝的饮食卫生。

食疗方案

枸杞藕粉汤

原料：枸杞子25克，藕粉50克，适量水。

做法：先将藕粉加适量水小火煮沸后，再加入枸杞子，煮沸后，可食用。

用法：每日2次，每次100～150克。

蛔虫病

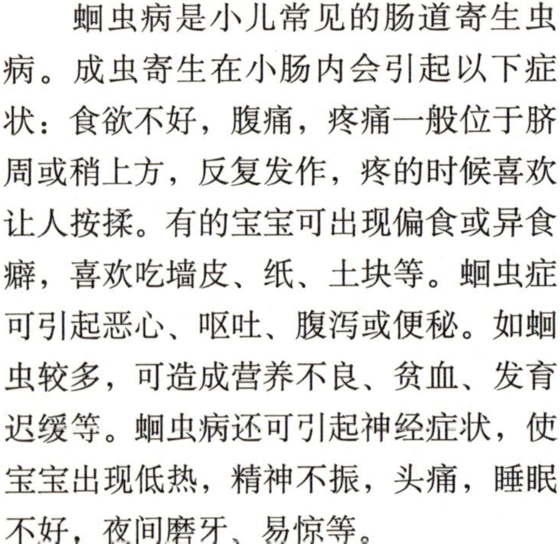

蛔虫病是小儿常见的肠道寄生虫病。成虫寄生在小肠内会引起以下症状：食欲不好，腹痛，疼痛一般位于脐周或稍上方，反复发作，疼的时候喜欢让人按揉。有的宝宝可出现偏食或异食癖，喜欢吃墙皮、纸、土块等。蛔虫症可引起恶心、呕吐、腹泻或便秘。如蛔虫较多，可造成营养不良、贫血、发育迟缓等。蛔虫病还可引起神经症状，使宝宝出现低热，精神不振，头痛，睡眠不好，夜间磨牙、易惊等。

家庭护理

对无症状的可不必急于治疗，如果不再感染，一年内可将成虫自然排出；对于有明显症状的，要使用药物驱虫；对并发症，要及时送医院诊治。

预防措施

为防止宝宝患蛔虫病，父母一定要教宝宝注意个人卫生，保持手的清洁，饭前便后要洗手。家长不要随便给宝宝买街头小贩的不洁食品，熟食要加热，生食蔬菜要洗烫干净，水果要洗净去皮。同时托幼机构按时进行驱蛔治疗以消灭感染源。

食疗方案

桃叶汁饮

原料：鲜桃叶60片。

做法：把新鲜桃树叶洗净打烂，开水冲泡，连渣服下。

用法：每次2次，早晚服用。

丝瓜仁

原料：丝瓜仁适量。

做法：将适量黑色的生丝瓜子去皮取仁，空腹温水送服。

用法：每次50粒，每日1次。

蛲虫病

蛲虫就是小白线虫，主要感染1岁以上的宝宝，尤其在幼儿园、托儿所集体生活的，感染此病的较多。蛲虫病是这样得的：人吞入虫卵后，虫卵在胃及十二指肠内孵化，在肠中发育成成虫。当夜间熟睡时，肛门处于松弛状态，蛲虫爬到肛门排卵，使宝宝感到奇痒。有的宝宝用手去抓，造成手的污染，不但可使自己再次感染蛲虫，而且手摸过的东西还会感染他人。当然蛲虫卵也很容易污染被褥及其他地方。

家庭护理

实际上蛲虫的生命力只有1～2个月，如果注意卫生，不吃药就能自愈。要让宝宝养成饭前便后洗手的习惯，勤洗被褥，勤洗烫内裤，玩具要定期消毒。提倡尽早穿满裆裤。经过这样的预防，1～2个月后，宝宝不吃药蛲虫就消失了。

食疗方案

香榧子

原料： 香榧子适量。

做法： 将香榧子炒熟，不可炒焦，即可服用。

用法： 5岁以上儿童，每日每次2粒，嚼细烂，日服3次，连服1周。5岁以下小儿，服香榧子粉为宜。即炒熟香榧子，研细末，每次1克，温开水送服，日服3次，连服1周。

便秘

便秘是指大便干硬不正常，排泄困难的症状。小儿便秘可见大便干硬难解，或隔2～3天甚至更长时间才排便1次，多因饮食不当、乳食积滞、燥热内结，或病后体弱不足所致。以饮食疗法治之，根据不同症型酌选方药，多可收到较好的效果。

家庭护理

◎ 饮食要均衡，五谷杂粮以及各种水果蔬菜都应该摄入，不能偏食。

◎ 可以让宝宝吃一些含有粗纤维的蔬菜和水果（如芹菜、韭菜、萝卜、香蕉等），以刺激肠壁，使肠蠕动加快，促进粪便排出。

◎ 不宜吃话梅、柠檬等酸性果品。

◎ 多喝水。1岁以上的宝宝可以喝一些蜂蜜水，以起到润肠通便的作用。

◎ 牛奶中加入5%～8%的蔗糖，可以起到软化大便、促进粪便排出的作用。

◎ 开塞露法：将开塞露的尖端封口剪开（管口处如有毛刺一定要修光滑），先挤出少许药液滑润管口，然后让宝宝侧卧，将开塞露管口插入宝宝的肛门，轻轻挤压塑料囊，使药液注入肛门内。注入开塞露后，妈妈可在宝宝的肛门处夹一块干净的纸巾，以免液体溢出，起不到应有的效果。

◎ 甘油栓法：将圆锥形的甘油栓轻轻塞入宝宝肛门，而后轻轻地按压，使甘油栓尽量在宝宝的肝门内多待片刻。等甘油栓充分融化后，再帮助宝宝排便。

◎ 肥皂条法：洗净双手，将肥皂削成铅笔粗细、长约3厘米的圆锥形肥皂条，先用少量水将肥皂条润湿，再轻轻插入宝宝的肛门内，也可以起到刺激肠道、帮助宝宝排便的作用。

预防措施

◎ 培养宝宝定时排便的好习惯。一般来说，宝宝3个月左右，妈妈就可以帮助宝宝逐渐形成定时排便的习惯。

◎ 为宝宝进行按摩。妈妈将手掌朝下平放在宝宝脐部，按顺时针方向轻轻推揉10～15分钟，可以加快宝宝的肠道蠕动，促进排便。

◎ 保证足够的运动量。妈妈可以多抱抱宝宝，或帮宝宝揉揉腹部，尽量使宝宝多活动，每天都要保证宝宝有一定的活动量。

食疗方案

香蕉泥

原料：香蕉1/2根，柠檬汁5克，白砂糖适量。

做法：将香蕉去皮，除去白丝，切成小块，放入搅拌机中，加上适量白砂糖和5克柠檬汁，搅成均匀的果泥即可。

用法：每天1次，分2～3次吃完。

红薯粥

原料：新鲜红薯150克，粳米100克，清水、白砂糖适量。

做法：取新鲜红薯150克洗净切成小块，加入洗净粳米100克及适量清水同煮为粥，快熟时加适量白砂糖搅匀调味，再煮片刻即可。

用法：每天2次，早晚服用。

呕吐

呕吐是婴幼儿常见病之一，呕吐多由宝宝脾胃功能失调引起。患病宝宝表现为乳、食物经其食道自口吐出。患病的宝宝应注意饮食，最好禁食一两顿，然后喂食容易消化且细软的食物，胃功能正常后恢复正常饮食。

家庭护理

注意饮食，宜定时定量，避免暴饮暴食，不要过食煎炸、肥腻食品及冷饮；呕吐较轻者可进易消化的流食或半流食，少量多次给予，呕吐重者暂予禁食；令患儿侧卧以防呕吐时呛入气管；积极查明呕吐原因，针对病因治疗。给药时药液不要太热，服药宜缓，可采用少量多次服法，必要时可服1口，停一息，然后再服。

此外，对待宝宝应该循循善诱，温和地教导，不应当对宝宝大声呵斥，防止宝宝受到惊吓。

食疗方案

山楂汤

原料：山楂100克，白糖25克。

做法：将山楂洗净去核，切碎，浓煎成汁，加入白糖搅拌均匀。

用法：每次50毫升，1日3次，连服3日。

伤食

伤食就是由于饮食不当损伤脾胃而引起的一系列消化系统病症。伤食不但会给宝宝的肠、胃、肾等内脏增加负担，引起恶心、呕吐、食欲不振、厌食、腹胀、腹痛、口臭、手足发烧、皮色发黄、精神委靡等症状，还可能造成这些脏器的病变，尤其要引起注意。

家庭护理

◎ 短期内禁食。如果宝宝出现了呕吐和腹泻，妈妈应该让宝宝禁食6～8小时，使宝宝的肠胃得到休息。这时候可以用少许白糖、盐加上适量温开水（米汤也可）为自制糖盐水给宝宝喝下，为宝宝补充水分和电解质。

肠胃功能的恢复是需要时间的，如果宝宝出现了伤食现象，妈妈不要太性急，过不了几天就想给宝宝增加鸡蛋、肉类等高蛋白、高脂肪食物的摄入量，而应该循序渐进。宝宝病后的饮食应逐渐由流质（如米汤、牛奶）食物过渡到半流质（如米糊、粥）食物，然后是软饭、软菜，最后再恢复为正常的饮食。这个过程需要1周左右。

◎ 自主用药需谨慎。妈妈毕竟不是专业的医生、药师，给宝宝用药一定要谨慎，不但要仔细阅读说明书，掌握用法和用量，还要及时查看药物的保质期，确保药物没有实效，才能给宝宝服用。

预防措施

◎ 哺乳期的妈妈要注意忌口。处在哺乳期的妈妈饮食要清淡，少吃高脂肪、高蛋白食物，以免母乳中的脂肪含量过高，使宝宝消化不良，因此出现“奶积”。

◎ 调整宝宝饮食结构。不要给宝宝增加过多高热量、高脂肪的食物，多让宝宝吃容易消化和吸收的食物。妈妈可以让宝宝多吃蔬菜、水果，少吃肉，适当添加米饭、面食和一些高蛋白的食物，以免增加宝宝的肠胃负担。

◎ 晚上不要吃得太饱。晚上宝宝的肠

胃蠕动变慢，吃太多东西容易造成消化不良，因而出现积食。即使喝配方奶，也要多加些水，将奶粉调得稍微稀一点。

◎ 宝宝刚睡醒后的 1 小时内不要进食。胃肠等内脏从休息状态运转到正常状态需要一定的时间，这时最好不要给它们增加负担，否则就容易引起积食。

◎ 每顿让宝宝只吃七分饱。再有营养的食物也不能一次吃太多，否则就会伤害宝宝的脾胃，反而对宝宝的身体有害。

◎ 三餐要定时定量。

◎ 坚持户外活动。妈妈可以在天气好的时候，带宝宝到户外活动半小时到1小时，增强宝宝的体质。

食疗方案

白萝卜粥

原料： 白萝卜200克，大米50克，清水、红糖适量。

做法：

❶ 将白萝卜洗净，切成碎末放入锅中，加入适量清水煮30分钟左右。

❷ 将大米淘洗干净，投入锅中，煮成稠粥，加入红糖，煮沸即可。

用法： 分2～3次吃完，每天吃1次。

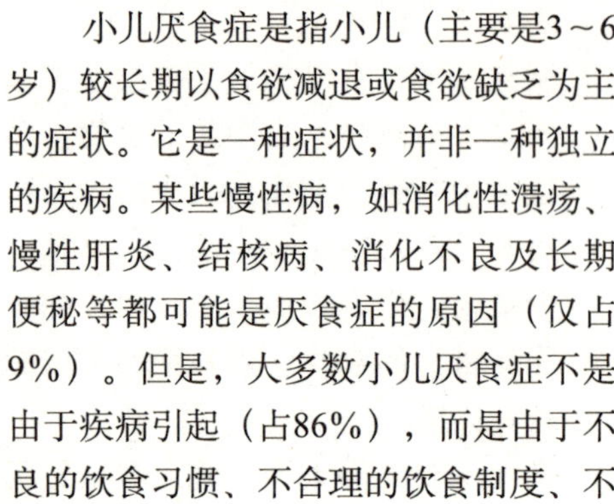

小贴士

“口气”最能反映宝宝的消化状况。消化正常的宝宝口气很淡，也没有异味；而消化不良时，乳食积滞，往往先发生口臭，特别是早晨刚刚醒来时，如果宝宝口臭、口酸，就是乳食停滞的表现。有这种现象时，可以给宝宝减食或停食1顿，以利于肠胃功能的恢复。

厌食症

小儿厌食症是指小儿（主要是3～6岁）较长期以食欲减退或食欲缺乏为主的症状。它是一种症状，并非一种独立的疾病。某些慢性病，如消化性溃疡、慢性肝炎、结核病、消化不良及长期便秘等都可能是厌食症的原因（仅占9%）。但是，大多数小儿厌食症不是由于疾病引起（占86%），而是由于不良的饮食习惯、不合理的饮食制度、不佳的进食环境及家长和孩子的心理因素造成的。

家庭护理

◎ 父母要保证宝宝饮食规律，定时进餐，保证饮食卫生。

◎ 生活规律，睡眠充足，定时排便。

◎ 营养要全面，多吃粗粮、杂粮和水果、蔬菜。

◎ 节制零食和甜食，少喝饮料。

食疗方案

开胃西瓜丝

原料： 西瓜皮500克，淀粉、葱、姜、糖、盐、香油各少许、油适量。

做法：

❶ 将瓜皮削去翠衣，切条，入开水锅烫一下取出；

❷ 将葱、姜末在油锅中炒一下，加适量水、盐和糖，放入瓜皮条翻炒片刻，用水淀粉勾芡，淋几滴香油即成。

用法： 可经常食用。

小贴士

当宝宝故意拒食时，不能迁就，如一两顿不吃，家长也不要担心，这说明孩子摄入的能量已经够了，到一定的时间宝宝自然会要求进食；绝不能以满足要求作为让宝宝进食的条件。

紫癜

过敏性紫癜是儿童常见病之一，属于自身免疫性疾病，发病急是它的突出特点。近年来过敏性紫癜发病率呈上升的趋势，6～14岁儿童的发病率较高，患病儿童多数是过敏体质。过敏性紫癜发病较急，宝宝或家长首先看到的通常是皮肤紫癜，大多开始出现在双侧小腿、踝关节周围，有时还伴有荨麻疹，病情较重的宝宝上肢、胸背部也可出现出血点，甚至会有大片淤斑或血性水疱。紫癜的特征是高出皮肤、大小不等、呈紫红色、压之不退色的出血点。一般1～2周消退，也可反复出现或迁延数周、数月不退。其次是有关节疼痛，有1/3～2/3患儿会发生关节红肿疼痛，不能走动，多见于踝关节、膝关节，甚至部分患儿出现关节腔积液。关节肿胀的特点是消退后不留后遗症。还有少数患儿出现脐周疼痛、呕吐，甚至便血、肠套叠。另有约30%的患儿会出现肾脏损害，如血尿、蛋白尿或管型尿，这种较严重的表现称为紫癜性肾炎，一般发生在病后2～4周。肾炎发病轻重不一，多数为轻型，通常不治自愈，少数可出现肾衰竭、尿毒症。

家庭护理

◎ 衣服、床单应平整、清洁、柔软、舒适，以免对皮肤有机械性刺激，导致出血。

◎ 勤给宝宝剪指甲，防止挠破皮肤；宝宝活动时动作要轻、缓，切勿碰及硬锐器物，避免跌倒。

◎ 家人在护理操作时动作应轻巧，避免对宝宝皮肤黏膜造成损伤。

◎ 宝宝的食物不要过烫、过硬、过于粗糙，以免损伤口腔黏膜。

预防措施

鱼、虾、蛋、奶、饮料、豆制品、韭菜、牛肉干等，都有可能引起宝宝过敏性紫癜的发病，在给宝宝吃此类食物时，要留心观察。

食疗方案

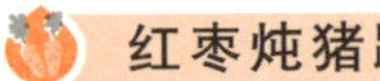

红枣炖猪蹄

原料： 猪蹄1只，红枣20个。

做法： 所有材料加水共炖至极烂，吃肉饮汤。

用法： 可经常食用。

参杞红枣煮鸡蛋

原料： 党参15克，枸杞子10克，红枣10个，鸡蛋1个。

做法： 所有材料同放沙锅内煮汤，蛋熟后去壳再热，吃蛋饮汤。

用法： 每次一碗，一日2次。

流涎

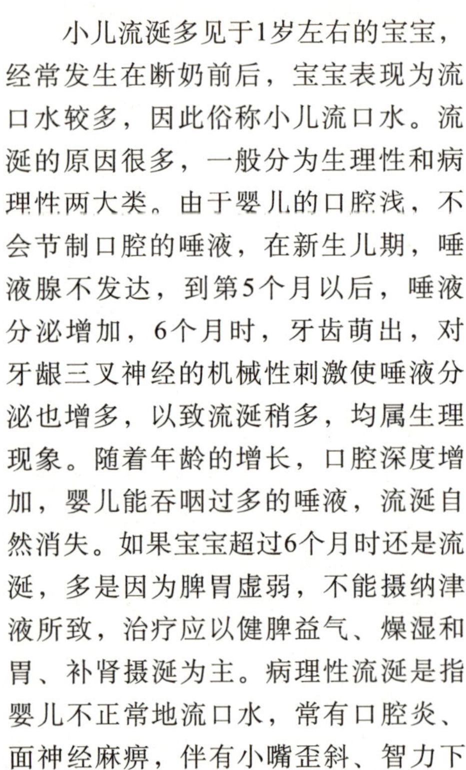

小儿流涎多见于1岁左右的宝宝，经常发生在断奶前后，宝宝表现为流口水较多，因此俗称小儿流口水。流涎的原因很多，一般分为生理性和病理性两大类。由于婴儿的口腔浅，不会节制口腔的唾液，在新生儿期，唾液腺不发达，到第5个月以后，唾液分泌增加，6个月时，牙齿萌出，对牙龈三叉神经的机械性刺激使唾液分泌也增多，以致流涎稍多，均属生理现象。随着年龄的增长，口腔深度增加，婴儿能吞咽过多的唾液，流涎自然消失。如果宝宝超过6个月时还是流涎，多是因为脾胃虚弱，不能摄纳津液所致，治疗应以健脾益气、燥湿和胃、补肾摄涎为主。病理性流涎是指婴儿不正常地流口水，常有口腔炎、面神经麻痹，伴有小嘴歪斜、智力下降等。如果到了2岁以后宝宝还在流口水，就可能是异常现象，如脑瘫、先天性痴呆等。

家庭护理

无论是生理性流涎还是病理性流涎，均应该及时处理。常流口水的宝宝，由于唾液经常浸泡下巴等部位的皮肤，也会引起局部皮肤发红，甚至糜烂、脱皮。所以，局部护理是非常重要的。平时可用柔软质松敷料垫在颈部以接纳吸收流出的口水，并经常更换。最好能经常用温水给宝宝清洗面部、下颌部及颈部，清洗完了可涂些儿童专用的油脂类护肤品。保持口周、下颌、颈部等部位的干燥，可在颈部涂擦爽身粉，并要及时更换围涎巾，尤其是在冬季。

食疗方案

摄涎饼

原料： 炒白术20～30克，益智仁20～30克，生姜50克，面粉、清水适量，白糖50克。

做法：

❶ 先把炒白术和益智仁一同放入碾槽内，研成细末。

❷ 把生姜50克洗净后捣烂绞汁。

❸ 再把药末同面粉、白糖拌匀，加入姜汁和清水和匀，做成小饼15～20块，入锅内，如常法烙熟。

用法： 早晚2次，每次1块，嚼食，连用7～10天。

赤豆鲤鱼汤

原料： 赤小豆100克，鲜鲤鱼1条（500克），黄酒少许。

做法： 将赤小豆煮烂取汤汁，将鲤鱼洗净去内脏，与赤豆汤汁同煮，放黄酒少许，用文火煮1小时。

用法： 取汤汁分3次喂服，空腹服，连服7日。

白术糖

原料： 生白术30～60克，绵白糖50～100克，水适量。

做法： 先将生白术晒干后，研为细粉，过筛；再把白术粉同绵白糖和匀，加水适量，调拌成糊状，放入碗内，隔水蒸或置饭锅上蒸熟即可。

用法： 每日服10～15克，分作2～3次，温热时嚼服，连服7～10天。

小贴士

有些妈妈用母乳喂养宝宝到15个月以上才断奶，然后才给宝宝添加辅食，这样的宝宝脾胃就比较虚弱，容易发生消化不良，流涎的发生率较高。

手足口病

手足口病是一种由肠道病毒71型和柯萨奇病毒等多种肠道病毒引起的传染病，5岁以下的宝宝非常容易得。患手足口病之初，宝宝会出现咳嗽、流鼻涕、烦躁、哭闹等症状，多数不发烧或有低烧。发病1～3天后，宝宝的口腔内、口唇内侧、舌面、软腭、硬腭、颊部、手足心、肘、膝、臀部、前阴等部位会出现小米粒或绿豆大小、周围发红的灰白色小疱疹或红色丘疹（不痒、不痛、不结痂、不结疤、不像蚊虫咬、不像药物疹、不像口唇牙龈疱疹，也不像水痘），病情比较重的宝宝会出现发热、流涕、咳嗽等伴随症状。大约5天后，疱疹开始由红变暗，然后消退。口腔内的疱疹破溃后会出现溃疡，导致宝宝流口水，不能吃东西。

手足口病具有流行面广、传染很强、传播途径复杂的特点。病毒可通过唾液飞沫或苍蝇叮爬过的食物，经鼻

腔、口腔传染给健康的宝宝，也可直接接触传染。重症宝宝的病情发展很快，甚至会引起心肌炎、肺水肿、无菌性脑膜脑炎等并发症，非常容易导致死亡，一定不要掉以轻心。

家庭护理

◎ 一旦发现宝宝感染了手足口病，应及时就医，并对宝宝进行隔离。一般的患病宝宝需要隔离2周左右。

◎ 多让宝宝卧床休息。

◎ 宝宝用过的物品要彻底消毒。可用含氯的消毒液浸泡，不宜浸泡的物品可放在日光下曝晒。

◎ 有条件的话，每天可用乳酸熏蒸房间，进行空气消毒。

◎ 房间要定期开窗通风，保持空气新鲜、流通，温度适宜。

◎ 家人应尽量少进出宝宝房间，禁止吸烟，防止空气污浊，避免继发感染。

◎ 不要让宝宝接触花草、玩沙土。

◎ 保持宝宝的口腔清洁。可在饭前、饭后用生理盐水帮宝宝漱口。对不会漱口的宝宝，妈妈可以用棉棒上蘸生理盐水，轻轻地帮宝宝清洁口腔。

◎ 可将维生素B_2粉剂或鱼肝油直接涂在宝宝口腔糜烂的部位，或让宝宝口服维生素B_2、维生素C制剂，帮宝宝减轻疼痛，促使糜烂早日愈合，并预防继发感染。

◎ 注意保持宝宝的皮肤清洁，防止感染。

◎ 手足部皮疹初期可涂炉甘石洗剂，有疱疹形成或疱疹破溃时可涂0.5%碘氟药酒。

◎ 臀部有皮疹的宝宝，应注意随时清理大小便，保持宝宝臀部的清洁干燥。

◎ 帮宝宝把指甲剪短，必要时可用柔软的棉布包裹宝宝双手，防止抓破皮疹。

◎ 宝宝的衣服、被褥要清洁，衣着要舒适、柔软，并要注意经常更换。

◎ 可以通过多喝温水或洗温水浴等方法为宝宝散热、降温。

◎ 宝宝患病后胃口较差，不愿意吃东西，宜给宝宝吃清淡、可口、柔软、易消化、温性的流质或半流质食物，禁食冰冷、辛辣、过咸等刺激性食物。患病期间不要让宝宝吃鱼、虾、蟹等水产品。

预防措施

◎ 饭前、便后、外出后用肥皂或洗手液给宝宝洗净双手。

◎ 不要让宝宝喝生水、吃生冷食物。

◎ 避免接触患病的宝宝。

◎ 疾病流行期间，尽量少带宝宝到人群聚集、空气流通差的公共场所去。

◎ 宝宝使用的奶瓶、奶嘴和其他餐具使用前后应充分清洗，最好煮沸或笼蒸消毒。

◎ 注意保持家庭环境的卫生，居室要经常通风，要勤晒衣被。

◎ 及时给宝宝换衣服，及时对宝宝的衣物进行晾晒或消毒。

◎ 接触宝宝前、给宝宝更换尿布后、处理粪便后均要洗手，并妥善处理污物。

◎ 轻症宝宝不必住院，宜居家治疗、休息，避免交叉感染。

食疗方案

绿豆丝瓜粥

原料： 绿豆、大米各50克，丝瓜150克，清水、白糖各适量。

做法：

❶ 将绿豆、大米淘洗干净，先将绿豆放入锅中，加适量清水煮至开花后，再下大米煮粥。

❷ 将丝瓜去皮洗净，切成小片。

❸ 待粥八成熟时，将丝瓜片下入锅中，一起煮熟。

❹ 加入白糖，再煮一二沸即成。

用法： 温服。1岁内的宝宝每日1剂，1岁以上的宝宝每日2剂，连服3～5天。

百日咳

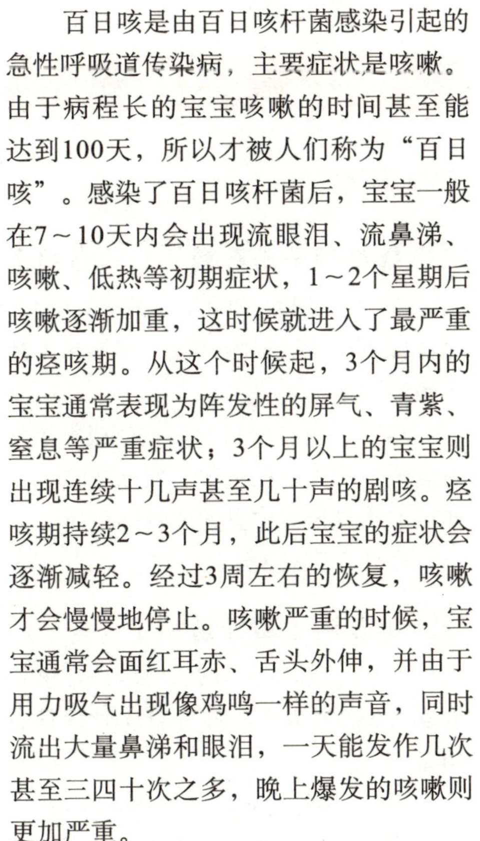

百日咳是由百日咳杆菌感染引起的急性呼吸道传染病，主要症状是咳嗽。由于病程长的宝宝咳嗽的时间甚至能达到100天，所以才被人们称为“百日咳”。感染了百日咳杆菌后，宝宝一般在7～10天内会出现流眼泪、流鼻涕、咳嗽、低热等初期症状，1～2个星期后咳嗽逐渐加重，这时候就进入了最严重的痉咳期。从这个时候起，3个月内的宝宝通常表现为阵发性的屏气、青紫、窒息等严重症状；3个月以上的宝宝则出现连续十几声甚至几十声的剧咳。痉咳期持续2～3个月，此后宝宝的症状会逐渐减轻。经过3周左右的恢复，咳嗽才会慢慢地停止。咳嗽严重的时候，宝宝通常会面红耳赤、舌头外伸，并由于用力吸气出现像鸡鸣一样的声音，同时流出大量鼻涕和眼泪，一天能发作几次甚至三四十次之多，晚上爆发的咳嗽则更加严重。

如果治疗得当，百日咳的病程会大大缩短。但是如果不加理睬，听任其发展的话，不仅宝宝会受到更多痛苦，还会引起营养不良、免疫力降低、脑炎、肺炎等疾病，危害宝宝的健康和生命安全。

家庭护理

- 要保持宝宝居室内的空气流通。频繁剧烈的咳嗽容易造成室内氧气不足，应该及时开窗，使宝宝的居室得到较多的氧气补充。
- 不要在室内吸烟，生炉子、炒菜时也要关紧门窗，以防煤灰和油烟呛着宝宝。
- 不要让宝宝和别的病人接触，以免被感染，引起别的并发症。
- 宝宝的被服用具等应经常曝晒或煮沸消毒。
- 可以带在空气新鲜的地方适当活动，有助于咳嗽的减轻。切忌让宝宝卧床不动。
- 尽量不要让宝宝过度兴奋。
- 如果宝宝出现呼吸困难、青紫或抽

搐等症状，妈妈要立即将宝宝送到医院进行急救。

◎ 饮食要清淡，不能吃辛辣刺激和太油腻的食物。

◎ 注意给宝宝补水。

◎ 尽量选择营养高、易消化、较黏稠的食物，少量多次地给宝宝喂食，以保证足够的营养。

◎ 呕吐后过半小时需进食，保证宝宝的营养。

◎ 给宝宝喂水喂饭时要特别小心，尽量避免造成宝宝窒息。

食疗方案

川贝蒸鸡蛋

原料： 鸡蛋1只，川贝粉6克（中药房有售，也可以买整只的川贝自己研末）。

做法： 将鸡蛋洗干净，在一头敲出花生米大小的孔，装入川贝粉，轻轻晃几下，使川贝粉和蛋液充分混合，然后用1片消过毒的湿纸封住口，放到锅里蒸熟即可。

用法： 每天1枚，分2～3次吃完。

汗症

小儿汗症是指在安静状态下，宝宝全身或局部出汗过多，甚至大汗淋漓。中医将白天无故出汗称为“自汗”；夜间睡眠出汗、醒后停止出汗称为“盗汗”。无论自汗还是盗汗，多与体质虚弱有关。

家庭护理

◎ 汗症的治疗原则是益气养阴，平时可以多吃一些糯米、小麦、红枣、核桃、莲子、山药、百合、蜂蜜、泥鳅、黑豆、胡萝卜等食品。

◎ 小儿自汗，平时不要多吃寒凉生冷的食物；小儿盗汗，平时应该少吃辛热煎炒上火的食物。

食疗方案

核桃莲子山药羹（自汗适用）

原料： 核桃仁300克，莲子300克，黑豆150克，山药粉150克，米粉、牛奶或稀饭适量。

做法： 所有材料分别研压成粉后均匀混合，加入米粉适量，每次1～2匙，拌在牛奶或稀饭中煮熟成羹即可。

用法： 每日2次。

枣姜汤（自汗适用）

原料： 红枣500克，焙干去核；生姜500克，切片；炒甘草和炒食盐各60克。

做法： 4种药物均研成细末即可。

用法： 每日晨起空腹服用，开水调服6～10克。

泥鳅汤（盗汗适用）

原料：泥鳅150～200克，盐、油适量。

做法：以热水洗去鱼身黏液，剖腹去内脏，用适量油煎至黄焦色，加水适量，文火煮至汤浓，加适量盐，饮汤。

百合蜂蜜饮（盗汗适用）

原料：鲜百合100克，蜂蜜100克。

做法：将百合和蜂蜜拌在一起，蒸1小时后凉凉。

用法：每日早、晚各服1匙，开水冲服，或百合煮稀饭，吃时加蜂蜜。

小儿轮状病毒感染

轮状病毒容易在干燥、寒冷的季节流行，每年10月到次年2月是小儿轮状病毒腹泻的发病高峰，表现为患儿身体严重脱水，少数还会危及心脏。

家庭护理

◎ 宝宝腹泻无脱水时，应治疗腹泻，预防脱水。

◎ 继续母乳喂养，鼓励多进食易消化食物。

◎ 记录大小便次数，3天后不见好转应改变治疗方案。

◎ 如果已经伴有脱水现象，就要口服补液治疗脱水，重度脱水应去医院就诊，采取静脉补液。

◎ 停止进食高脂肪和难以消化的食物，以减轻宝宝的胃肠负担，逐渐恢复消化功能，注意补充维生素和电解质。

◎ 切忌滥用抗生素。

食疗方案

苹果汤

原料：苹果1个，盐、白糖适量，水250毫升。

做法：将苹果切碎加水250毫升和少量食盐，再加1平勺的白糖，煎汤饮。

用法：适用于1岁以内的宝宝。较大的幼儿可以直接吃蒸熟的苹果肉。

栗糊膳

原料：栗子3～5个，糖、水适量。

做法：栗子去壳捣烂，加水煮成糊状，加糖调味后食用。

用法：每天2～3次，有温中止泻的作用。

小贴士

抗菌消炎药能抑制或杀灭乳酸杆菌，使乳酶生失去药效。此外，苏打等碱性药物、活性炭、鞣酸蛋白等收敛药物也会降低乳酶生的药效，这些药物都不宜同时服用。

小儿佝偻病

佝偻病，也就是人们常说的“软骨病”，是婴幼儿常见的一种慢性营养缺乏病。它是由于体内维生素D不足引起的全身钙、磷代谢失常，使钙、磷不能正常沉着在骨骼的生长部分，严重的可以发生骨骼畸形。此病发病缓慢，不易发现，一旦症状明显常伴有抵抗力低下，还容易并发呼吸道和消化道感染性疾病而危及生命。

佝偻病的症状和体征：

宝宝烦躁不安、易激惹、夜惊和多汗，是佝偻病的典型症状。在吃奶或哭闹时出汗特别明显，睡觉时汗多，可浸湿枕头；由于汗的刺激，小儿常摇头擦枕，以致枕部一圈头发脱落；出现方颅、前囟门大、10个月还没有出牙、肋串珠、肋外翻、鸡胸、漏斗胸、“O”形腿或“X”形腿等；患儿运动功能发育也明显迟缓。

预防措施

宝宝每天在室外活动2个小时以上，体内的7－脱氢胆固醇就会在紫外线的照射下转化为具有活性的维生素D。

要及时、合理地添加如蛋黄、猪肝、豆制品和蔬菜等辅食，也能增加维生素D的摄入量。

食疗方案

虾皮豆腐

原料： 虾皮20克，豆腐50克，盐、麻油少许。

做法： 将虾皮洗净，豆腐沸水烫过捞出切小块。虾皮入锅，加水半碗煮沸，再将豆腐块入锅，共煮沸10分钟即可。

用法： 吃豆腐喝汤，吃时放少许盐和麻油调味，佐餐或单独服食，1天1次，可连服数天。

清炖二骨汤

原料： 猪骨头250克，黑鱼骨250克，盐少许，清水适量。

做法： 猪骨、黑鱼骨洗净，砸碎，加清水适量炖至汤呈白色黏稠时，加盐少许调味，弃渣饮汤。

用法： 每日饮汤1～2次，经常食用。

遗尿

小儿遗尿是指3岁以上的宝宝在睡眠中，小便不受控制地排出的一种疾病。如果是因为白天游戏过度、精神疲劳或者睡前饮水过多等原因，发生了遗尿，就不能算是此病。

预防措施

◎ 睡前数小时，避免让宝宝喝较多的水。

◎ 平日让宝宝养成睡前排尿的习惯。白天多带宝宝活动，可以增加静脉淋巴回流，减少水潴留。

◎ 半夜时，定时唤醒宝宝起床排尿。

◎ 宝宝不尿床时，给予鼓励和奖励。

◎ 宝宝尿床后，让其自行清理，但切勿责骂。

◎ 尽量少给宝宝吃豆类、薏仁、冬瓜等利尿的食物，有助于减少遗尿的发生。

食疗方案

黑豆益智猪肚汤

原料：黑豆20克，益智仁20克，桑螵蛸20克，金樱子20克，猪肚1个。

做法：4味药用干净纱布包裹，与猪肚一起炖熟。

用法：饮汤食猪肚。

四味猪膀胱汤

原料：益智仁20克，芡实20克，山药20克，莲子（去心）20克，猪膀胱1具，盐少许。

做法：将益智仁煎水去渣取汁，以药汁把芡实、山药、莲子泡浸2小时，装入洗净的猪膀胱内，文火炖熟，用盐适量调味。

用法：食猪膀胱饮汤。

小贴士

当宝宝心中有挫折感、忧伤、惊恐时，容易造成睡眠中小便失控。所以，父母应当多从心理上关心孩子。

维生素A缺乏症

新出生的宝宝体内储存的维生素A很少，会很快被消耗尽。如果不注意母乳、牛奶的喂养，不重视辅食的添加，就会造成缺乏。

患此病的宝宝畏光，角膜干燥、混浊，皮肤干燥、局部呈鱼鳞状；指甲多纹，失去光泽；毛发干脆易脱落。同时由于呼吸道、泌尿道上皮细胞增殖，易引起呼吸道继发感染和脓尿。宝宝的身体发育也较同龄儿迟缓。

预防措施

牛乳，蛋黄，动物肝脏，豆类，富含胡萝卜素的深绿色果蔬如菠菜、番茄、胡萝卜、苜蓿、甘蓝、水芹、柑、橘、杏等，都是补充维生素A的推荐食品。

食疗方案

猪肝汤

原料：猪肝50克，菠菜50克，植物油13毫升，精盐2克，葱、姜末各5克，料酒3毫升，水150毫升。

做法：

❶ 将猪肝洗净，切成0.3厘米厚、2厘米宽、3厘米长的片，放入碗内，加入少许料酒、精盐及水50毫升腌片刻；

菠菜择洗干净，切成小段，用开水烫一下，捞出，沥干水。

❷ 锅置旺火上加入植物油烧热，下入葱、姜末爆香，放入盐，加水100毫升，烧沸后将猪肝片下入锅内，烧开后撇去浮沫，放入菠菜段，再烧开后，倒入碗内即成。

用法：可经常食用。

奶油菠菜汤

原料：菠菜300克，高汤500毫升，洋葱丁50克，奶油50克，面粉10克，盐5克，牛奶250毫升。

做法：

❶ 菠菜烫熟并挤干水分切碎备用；先在小锅中加入鸡汤250毫升，再加入洋葱，煮开后把切碎的菠菜放入，转中火煮5分钟，再把高汤滤出略微放凉，菠菜保温备用。

❷ 另锅熔化奶油，加入面粉、盐，炒均匀后慢慢加入高汤250毫升，搅拌至汤呈浓稠状，再把滤出的菠菜汤汁加入，最后再加入牛奶，一直搅拌并加热至浓汤热透，最后再把煮好的菠菜加入，中火加热5分钟即可。

用法：可经常食用。

小贴士

小儿摄入过量的维生素A，会引起维生素A中毒症，所以应当严格按照保健医生的建议剂量给宝宝添加维生素A。

维生素K缺乏症

维生素K缺乏症是由于维生素K缺乏引起的凝血障碍性疾病。该病若是发生于1周内的新生儿称为新生儿出血症，发生于婴儿期者称为迟发性维生素K依赖因数缺乏症。

临床主要表现为皮肤出血、呕血、便血、穿刺部位长时间出血，常合并颅内出血及肺出血而导致死亡，严重颅内出血常遗留后遗症。

维生素K缺乏症为新生儿期、婴儿期常见疾病，多见于3个月以内单纯母乳喂养而母亲不吃蔬菜的小儿。此病起病急骤，病情严重，容易误诊。

预防措施

如果孕妇及宝宝因疾病而使用抗凝药、大量抗生素时，或单纯母乳喂养而母亲少食含维生素K丰富的食物，或双胎、早产及患有慢性肝胆疾病小儿，则易导致维生素K缺乏。因此，哺乳期母亲应多食含维生素K丰富的食物，如猪肝、黄豆、菠菜、卷心菜、紫花苜蓿等。

食疗方案

椒香奶酪土豆

原料：豆200克，奶酪100克，盐、胡椒粉各少许。

做法：土豆蒸或煮熟，弄成泥，拌上奶酪，放盐、胡椒粉，拌匀即可食用。

用法：可经常食用。

奶酪蛋饼

原料：鸡蛋4个，奶酪50克，火腿50克。

做法：

1. 奶酪、火腿切小丁。
2. 鸡蛋打散，小火烘平底锅，倒入蛋液，烙成薄饼。
3. 蛋饼快熟时，上面撒上切好的奶酪丁和火腿丁，蛋饼烙透即可。

用法：可经常食用。

鼻出血

鼻出血是小儿的易发病，这是由于小儿鼻黏膜血管丰富、黏膜较为脆嫩所导致的。春季空气中水分少，鼻黏膜干燥也易于出血。由于多种疾病可以导致鼻出血，宝宝如果经常出现鼻出血，应该积极就医，找出病因，治疗原发病。

家庭护理

◎ 出血发生时，要立即止血，以免出血过多。

宝宝鼻出血的应急处理方法：

1. 让宝宝取坐位，头稍前倾，尽量将血吐出，避免将血咽入胃中刺激胃。
2. 用拇指、食指捏住宝宝双侧鼻翼，也可用干净的棉球、纱布、手绢填塞鼻孔止血，同时用凉毛巾敷额头及鼻部，也有利于血管收缩、止血。
3. 让宝宝保持安静，避免哭闹。

经过上述处理，一般多在数分钟内止住出血，如果十几分钟仍不止血，则应送医院诊治。

◎ 食疗可以起到辅助作用。鲜藕、荠菜、白菜、丝瓜、芥菜、蕹菜、黄花菜、西瓜、梨、荸荠等都是有利于止血的果蔬。

预防措施

◎ 平时多吃新鲜蔬菜和水果，并注意多喝水或清凉饮料补充水分，这样有助于避免宝宝发生鼻出血。

◎ 发生过鼻出血的宝宝不要多吃煎炸，肥腻以及虾、蟹、雄鸡等食物。

食疗方案

生藕荸荠萝卜汤

原料：生藕、荸荠、萝卜各250克，水适量。

做法：生藕、荸荠、萝卜各去皮切碎加水煮汤，婴儿喝汤，大点的宝宝可以吃藕、荸荠、萝卜。

用法：随意服食，也可连吃数天。有预防和治疗作用。

紫菜白萝卜汤

原料： 紫菜30克，白萝卜500克，盐少许。

做法： 紫菜洗净，白萝卜切片，加水煎汤后加少许食盐调味服用。

用法： 每日1次。

哮喘

小儿哮喘是呼吸道变态反应性疾病，以反复发作性呼吸困难伴喘鸣音为特征。哮喘的主要症状是咳嗽、气急、喘憋、呼吸困难，常在夜间与清晨发作。2岁以下的小儿往往同时患有湿疹或其他过敏，起病可缓可急，缓者轻咳、打喷嚏和鼻塞，逐渐出现呼吸困难；起病急者一开始即有呼吸困难、气促鼻翼扇动，严重时可出现缺氧，口唇紫绀，伴有咳嗽及泡沫痰，并可能危及生命。

家庭护理

患病宝宝应该多吃些富含蛋白质、维生素、微量元素的食物，如瘦肉、禽蛋、豆制品以及新鲜蔬菜、水果、干果等。

预防措施

有些宝宝对某种蛋白质过敏，会引发哮喘，所以在给宝宝添加辅食的过程中，一定要细心观察，尤其是在秋末冬初的季节，体质稍差的宝宝更易出现过敏性哮喘。

食疗方案

蒸柚子鸡

原料： 青柚子1个，子鸡1只，水适量。

做法：

❶ 子鸡宰杀后，洗净切块备用；切开柚子顶盖，掏去柚瓤。

❷ 将鸡块塞入柚子内，加水，盖上顶盖置碗中，隔水蒸3小时左右，吃鸡肉饮汤。

用法： 每日1次，每次1只，连服数日。

冰糖蜜西瓜

原料： 西瓜1个（约500克左右），蜂蜜50克，冰糖50克。

小贴士

如果孩子出现过哮喘的症状，无论持续时间长短，无论是否复发过，都应该到医院进行专科检查。如果孩子经常出现咳嗽而一般的抗生素难以缓解症状，或者有过敏性鼻炎症状，也应该及时到医院检查。专家特别提醒：目前，一些基层医院限于设备和技术水平，难以对小儿哮喘进行准确诊断，因此，建议家长带孩子到大医院进行检查。

做法：

❶ 将西瓜洗净，切下蒂部（约10厘米）做盖，用汤匙挖去少量瓜瓤。

❷ 将冰糖略砸碎，与蜂蜜同装入西瓜内，加盖，置大碗内，隔水蒸1小时后取出。

用法：吃瓜内糖水，1天1只，连吃7天。冬天也可用冬瓜，将冬瓜瓤子掏除干净，制作及服法同上，效果基本相同。

小儿夜啼

宝宝白天安静如常，入夜啼哭或每夜多次啼哭，就称为小儿夜啼。小儿夜啼主要可分为生理性和病理性两大类。生理性夜啼哭声响亮，哭闹间歇时精神状态和面色均正常，食欲良好，吸吮有力，发育正常，无发烧等。病理性夜啼多是由于宝宝患有某些疾病，引起不舒适或痛苦，其哭闹特点为突然啼哭，哭声剧烈、尖锐或嘶哑，呈惊恐状，四肢屈曲，两手握拳，哭闹不休，即使抱起或喂奶仍无济于事。有的宝宝伴有精神委靡、烦躁不安、面色苍白、吸吮无力或不吃奶的表现。

预防措施

◎ 睡前避免给宝宝吃容易胀气的食物，如苹果、甜瓜、巧克力等甜物。

◎ 睡前有喝奶习惯的话，奶粉不要兑得太浓，最好在睡前半小时之前喂奶。

食疗方案

竹叶灯心乳

原料：竹叶卷6克，灯心3克，乳汁100毫升。

做法：先煎竹叶卷、灯心，约取50毫升药汁，兑入乳汁中和匀。

用法：每次服30～50毫升，1日内饮完。

蔻姜乳

原料：白豆蔻、生姜各3克，乳汁100毫升。

做法：先煎前2味，取汁约30毫升，加入乳汁调匀。

用法：每次饮20～30毫升，分数次饮完。适用于脾胃虚寒所致的夜啼。

贫血

贫血是婴幼儿时期常见的一种疾病。贫血的症状与其病因、发生急缓和程度轻重有关。患病宝宝的皮肤、黏膜苍白为突出表现，并可出现心动过速、呼吸加速、食欲减退、恶心、腹胀、精神不振、注意力不集中、情绪易激动等症状。病程较长的宝宝还可出现易疲倦、毛发干枯、营养低下、体格发育迟缓等现象。

家庭护理

给宝宝增加动物的肝脏、瘦肉、鱼肉、鸡蛋黄等含铁量高且易吸收的辅食，多让宝宝吃富含维生素C的食物，如橘子、橙子、番茄、猕猴桃等，可以促进铁的吸收利用。

预防措施

◎ 一些不良的饮食方式，如营养过剩、偏素食、吃油腻导致的肠胃超负荷；过食冷饮、暴饮暴食等，都会引起消化紊乱，进而引发铁吸收障碍。因此，专家特别提醒父母，一定让宝宝养成健康均衡的进食方式和习惯。

◎ 提倡用铁制炊具如铁锅、铁铲来烹调食物，也有助于促进铁元素的吸收。

食疗方案

龙眼枸杞粥

原料： 龙眼肉、枸杞子、黑米各15克，水适量。

做法： 将龙眼肉、枸杞子、黑米分别洗净，同入锅，加水适量，大火煮沸后改小火煨煮，至米烂汤稠即可。

用法： 每日1剂，分早、晚2次吃完。经常食用有效。

当归羊肉汤

原料： 羊肉150克，生姜50克，当归30克，盐、其他作料少许。

做法： 将羊肉、生姜分别洗净，切片，与当归同入锅，加水2碗，煎煮30分钟。加盐、其他作料少许调味。

用法： 趁热喝汤。第二天原锅中加水再煎，弃渣喝汤。每2日1剂，连续服用2个月。

小贴士

牛奶是婴幼儿的重要食品之一，但牛奶的含铁量较少，而且宝宝身体对牛奶中铁的吸收率仅有10%。铁不足就会导致婴幼儿身体虚弱、易困易倦，发生缺铁性贫血。

肥胖

宝宝的体重超过平均值20%以上就算肥胖。过于肥胖的宝宝会常有疲劳感，用力时会气短或腿痛。严重时，由于脂肪的过度堆积限制了胸扩肌和膈肌运动，会发生呼吸困难。因体重过重，走路时两下肢负荷过度还会导致膝外翻和扁平足。而且，肥胖也限制了宝宝的运动机能发展，不利于身体的生长发育。

家庭护理

◎ 严格限制主食、甜食及油脂的摄入量，少吃含脂肪高的坚果，不吃甜食和含糖饮料。

◎ 多给宝宝吃蔬菜，可以增加饱腹感，防止能量摄入过多。

◎ 多选粗粮、杂粮、鱼、瘦肉作为主食及蛋白质食物的来源。

◎ 食盐不应过多，宝宝的食物烹调宜清淡。

食疗方案

减肥冬瓜粥

原料： 冬瓜80～100克，粳米100克。

做法： 将冬瓜用刀刮去皮后洗净切成小块，再同粳米一起置于沙锅内，一并煮成粥即可。

用法： 每日早、晚2次服食，常食有效。

玉米奶粥

原料： 黄玉米渣50克，牛奶或豆奶150毫升，红枣20克，水适量。

做法： 将玉米渣加适量水煮成稠粥，待煮至粥面泛泡时，将事先泡好的红枣加入，煮开后再加入牛奶或豆奶，煮熟即可食用。

用法： 平时，将此玉米奶粥用于每日早、晚餐中，坚持长期服食。

扁桃体炎

扁桃体炎是小儿的常见、多发病。急性扁桃体炎发病较急，主要症状有恶寒、发热、全身不适、扁桃体红肿、吞咽困难且疼痛等。慢性扁桃体炎症状较轻，常感到咽喉部不适，有轻度梗阻感，有时影响吞咽和呼吸。

家庭护理

◎ 宝宝饮食要清淡，吃容易消化的食物，采取少食多餐的方式进餐。可吃乳类、豆制品、蛋类等高蛋白食物，适当多吃富含维生素C的食物，如香蕉、苹果、梨、西瓜、石榴、无

小贴士

宝宝得了慢性扁桃体炎可以考虑扁桃体切除，现在多采用扁桃体快速挤切术。手术时先在患儿嘴内喷表面麻醉药，稍等一会儿，咽部感觉就会迟钝，再让他躺在床上，医生使用一种叫挤切刀的器械，在患儿张口的一瞬间就能将扁桃体全部切除。手术十分迅速，患儿还未感觉疼痛，手术就完成了，患儿一直清醒，所以能马上吃冷食，目的是促进血管收缩，预防术后出血。手术不需住院，术后门诊观察1～2小时便可以回家。

花果、荸荠、菜汤、红枣汤等食品。

◎ 不要给患病的宝宝吃油腻、黏滞和辛辣刺激的食物，冷饮也要少吃。

食疗方案

枸杞冬菜粥

原料： 枸杞子20克，冬菜30～50克，粳米100克，白糖适量。

做法： 粳米洗净，入锅煮粥至稠，放入冬菜、枸杞子煮10分钟，用白糖调味。

用法： 每日1剂，早、晚分服，连服1周。

萝卜甘蔗汁

原料： 白萝卜、甘蔗（红皮）各若干。

做法： 两者洗净后，分别榨汁备用。

用法： 每次用白萝卜汁20毫升、甘蔗汁10毫升，加适量糖水冲服，每日3次。

惊风

小儿惊风也称小儿惊厥，是以肢体抽搐、两目上视和意识不清为特征的小儿常见病症之一，临床上分为急惊、慢惊两种。急惊风往往高热39℃以上，面红气急，躁动不安，继而出现神志昏迷、两目上视、牙关紧闭、角弓反张、四肢抽搐等；慢惊风表现嗜睡无神、两手握拳、抽搐无力、时作时止，有时小儿会在沉睡中突发痉挛。现代医学认为惊风是中枢神经系统功能紊乱的一种表现，引发的原因很多。

家庭护理

◎ 急惊风发病突然，必须争分夺秒地进行抢救。在家庭中如果宝宝发生急惊风时，可以采取掐人中、按合谷穴等方法先进行急救，以赢得时间，然后立即到医院进行诊治。

◎ 慢惊风在急性发作时，常用手法同急惊风，先缓解病情。

◎ 惊风发作时，加强保护，可以用裹了纱布的筷子放在孩子上、下牙齿之间让他咬住，以防咬破舌头。衣服要宽松，及时清除咽喉部的分泌物如痰液，头后仰，托起下颌，保持呼吸道通畅，防止窒息。

◎ 在抽搐发作时，不要强行扯拉患儿的手足，以防扭伤四肢筋骨，留下后遗症。

预防措施

正在发热期的宝宝多吃瓜果，多喝水和菜汤，既可以补充水分，又可以协助降低体温，预防惊风。

食疗方案

桑仁粥

原料： 鲜紫桑葚30克，糯米（或粳米）50克，冰糖适量。

做法： 将桑葚洗净后与糯米同煮成粥，粥将成时加入冰糖。糯米先下锅，桑葚后下锅。

用法： 此粥用于小儿惊风恢复期或惊风后遗症的调理。每日服2次。

枸杞鲜蘑炒猪心

原料： 猪心500克，枸杞子20克，鲜蘑200克，葱、姜、料酒、盐、胡椒面、糖、醋、干辣椒各少许，玉米粉、酱油、花椒、食油、水各适量。

做法：

❶ 将猪心洗净，投入锅内，加入酱油、花椒、葱、姜、盐、水煮60分钟后，捞出凉透，切成极薄片。

❷ 鲜蘑用凉水洗净，切片；枸杞子洗净；辣椒洗净，剁碎；糖、醋、胡椒面、玉米粉调成汁。

❸ 炒锅烧热，倒入少许油，入辣椒炸香，放入葱、姜、枸杞子、猪心片、鲜蘑片、料酒、盐后翻炒，然后倒入糖、醋等调成的汁，再翻炒1分钟即成。

用法： 此粥用于小儿惊风恢复期或惊风后遗症的调理。每日服2次。

肝炎

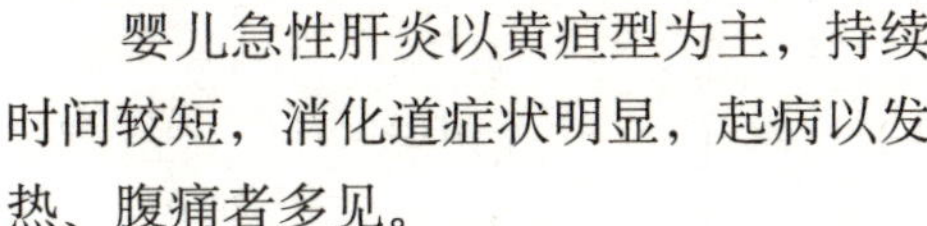

婴儿急性肝炎以黄疸型为主，持续时间较短，消化道症状明显，起病以发热、腹痛者多见。

6月龄以内的肝炎患儿发生重型肝炎较多，病情危重，病死率高；高热、重度黄疸、肝脏缩小、出血、抽搐、肝臭是严重肝功能障碍的早期特征，病期12天左右发生昏迷，昏迷后4天左右死亡。

儿童以轻型、无黄疸型或亚黄疸型居多，起病隐匿，常在入托查体时发现。

家庭护理

◎ 对于急性肝炎患儿，必要的休息尤为重要。有不少患儿发生重型肝炎是由于休息不好、活动量过大，或活动过早等。待黄疸和消化道症状减轻后，才能逐渐起床活动。症状消失，肝功能正常后，尚需继续注意休息观察1个月。对于恢复期患儿已无明显症状者或慢性肝炎患儿，不宜太过分强调休息，应动静结合。否则，会影响小儿的情绪和体重的增加，反而对病的康复和机体健康不利。

◎ 合理安排起居饮食，适当注意营养，在小儿病毒肝炎的治疗措施中占有非常重要的地位。要采用“三高一低”即高蛋白、高碳水化合物、高维生素、低脂肪的饮食，但也不可过于强调“三高一低”的要求，应根据小儿的消化功能和接受能力，以满足小儿的食欲为原则。尤其是恢复期病儿，应适当限制脂肪摄入，吃糖也不宜过多，否则会影响食欲，并可引起腹胀。

食疗方案

云芝粉

原料：干云芝1000克。

做法：将干云芝微烘后，研成细末，装入密封防潮的瓶中。

用法：每日2次，每次15克，用蜂蜜水送服。

板蓝根煨红枣

原料：板蓝根30克，红枣20个。

做法：将板蓝根洗净，切片后放入纱布袋，扎口，与洗净的红枣同入沙锅，加水浸泡片刻，中火煨煮30分钟，取出药袋，即成。

用法：每日1剂，分多次喝完。

小贴士

部分宝宝在治疗恢复期食欲亢进，自控能力又差，所以应注意不可让宝宝任意摄入脂肪过多，以防止发生肥胖和脂肪肝。摄入过多不仅对宝宝肝脏恢复不利，而且还会带来其他的不良后果。